T0253864

Sprachbildung in der Lehramtsausbildung Mathematik

Florian Schacht · Susanne Guckelsberger

Sprachbildung in der Lehramtsausbildung Mathematik

Konzepte für eine sprachbewusste Hochschullehre

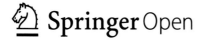

Florian Schacht
Universität Duisburg-Essen
Essen, Deutschland

Susanne Guckelsberger
Universität Duisburg-Essen
Essen, Deutschland

ISBN 978-3-662-63792-0   ISBN 978-3-662-63793-7 (eBook)
https://doi.org/10.1007/978-3-662-63793-7

Die Deutsche Nationalbibliothek verzeichnet diese Publikation in der Deutschen Nationalbibliografie; detaillierte bibliografische Daten sind im Internet über http://dnb.d-nb.de abrufbar.

Springer Spektrum

Planung/Lektorat: Annika Denkert
Springer Spektrum ist ein Imprint der eingetragenen Gesellschaft Springer-Verlag GmbH, DE und ist ein Teil von Springer Nature.
Die Anschrift der Gesellschaft ist: Heidelberger Platz 3, 14197 Berlin, Germany

Zum Geleit

Sprachliches Handeln, Wissen und Erkenntnis bilden einen Zusammenhang, der in systematischer Weise für ein sprachbewusstes Lernen im Fachunterricht genutzt werden kann. Im Zuge der Kompetenzorientierung in den verbindlich festgelegten Nationalen Bildungsstandards wurden zwar in den Kernlehrplänen und Fachcurricula Elemente des sprachlichen Lernens verankert (KMK 2005) – die Konkretisierung sprachlicher Lernziele im Fach und die Entwicklung und empirische Überprüfung geeigneter Modelle für einen sprachbewussten Fachunterricht galt es aber im interdisziplinären Austausch von sprach- und fachdidaktischen Ansätzen vorzunehmen. Im Kontext des Modellprojektes ProDaZ[1] – Deutsch als Zweitsprache in allen Fächern (gefördert von der Stiftung Mercator) werden seit nun inzwischen einem Jahrzehnt in Kooperation mit Fachdidaktiken, Lehrkräften und Studierenden zahlreiche sprachintegrierte und inklusiv-mehrsprachige Unterrichtskonzepte für unterschiedliche Schulformen entwickelt und erprobt. Dieser enge Austausch zwischen Sprache und Fach hat sich als äußerst produktiv erwiesen und bildet einen Grundstock für zahlreiche Anschlussprojekte, in denen Fächer wie Physik, Technik, Geschichte, Politik, Chemie, Kunst, Deutsch, Englisch u. a. domänenspezifische Fachkonzepte mit fachbezogenen sprachlichen Handlungen und Textsorten systematisch verknüpfen konnten.

Ein Kooperationsprojekt im Kontext von ProDaZ hat auch Prof. Florian Schacht (Mathematikdidaktik) und Dr. Susanne Guckelsberger (ProDaZ) zu dem vorliegenden Band inspiriert. Dieser bietet einen wegweisenden, fachdidaktisch und linguistisch fundierten Impuls für die Lehrkräftebildung in der Migrationsgesellschaft: Die Modellierung und Etablierung einer „Sprachbewussten Hochschullehre" am Beispiel des Fachs Mathematik, mit Erweiterungen auf Chemie und Informatik. Die vorgestellten Konzepte lassen sich auf weitere Fächer übertragen und bieten hochschuldidaktische Werkzeuge für die Qualifizierung der zukünftigen Lehrkräfte in der Migrationsgesellschaft. Wir hoffen, dass interessierte Dozierende Anregungen für die sprachbewusste Gestaltung ihrer Seminare finden und umsetzen können, und wünschen dem Band eine breite Resonanz in der Lehrkräftebildung!

Heike Roll
Erkan Gürsoy
Projektleitung ProDaZ – Deutsch als Zweitsprache in allen Fächern

---

[1] Das Projekt ProDaZ, angesiedelt am Institut DaZ/DaF an der Universität Duisburg-Essen, wird seit 2010 durch die Stiftung Mercator gefördert und befindet sich aktuell in der 2. Förderphase (2018–2022). URL: ▶ https://www.uni-due.de/prodaz/ (19.4.2021).

Vorwort und Dank

Das vorliegende Buch fasst Überlegungen und Konzepte zusammen, die wir in unserer interdisziplinären Zusammenarbeit an der Universität Duisburg-Essen seit 2016 entwickelt haben. Den institutionellen Rahmen bildet eine Kooperation zwischen der Didaktik der Mathematik und dem am Institut für Deutsch als Zweit-/Fremdsprache verorteten Projekt „ProDaZ – Deutsch als Zweitsprache in allen Fächern"[2], dessen zentrales Anliegen die fachorientierte, mehrsprachige und vernetzte Sprachbildung in allen Schulfächern ist.

Wir greifen am Beispiel des Fachs Mathematik eine Frage auf, die sich im Kontext der vielfältigen forschungs- und praxisbezogenen Bemühungen um einen sprachbewussten Fachunterricht auf der Ebene der universitären Lehrkräfteausbildung immer wieder stellt: *Wie lassen sich Fach und Sprache in der Lehramtsausbildung so aufeinander beziehen, dass die Studierenden als zukünftige Lehrkräfte befähigt werden, in ihrem Fachunterricht sprachbewusst zu handeln?*

Eine wichtige Grundlage für die Integration von fachlichen und sprachlichen Aspekten in der Lehramtsausbildung ist der enge Austausch zwischen den Disziplinen, damit geeignete Anknüpfungspunkte gefunden werden können. Übergeordnetes Ziel sollte es sein, die Bewusstheit und das praktische Handlungswissen der Studierenden in Bezug auf Sprache und Sprachbildung im jeweiligen Fach zu stärken und theoretisch fundiert auszubauen. Wir sprechen in diesem Zusammenhang von einer *sprachbewussten Hochschullehre.* Auf der Ebene der hochschulischen *Lerngegenstände* bedeutet dies zum Beispiel eine detailgenaue Auseinandersetzung mit empirischen Unterrichtsdaten aus fachlicher und sprachlicher Perspektive. Auch das aus hochschuldidaktischer Sicht zentrale Paradigma des *forschenden Lernens* spielt eine wichtige Rolle, weil es den Studierenden die Möglichkeit bietet, selbst entwickelte Unterrichtsmaterialien mit Schülerinnen und Schülern zu erproben oder Hypothesen zum fachlichen und sprachlichen Lernen zu entwickeln und zu prüfen.

In ▶ Kap. 1 werden zunächst exemplarisch Zusammenhänge zwischen fachlichem und sprachlichem Lernen im Kontext Mathematik aufgezeigt. Über vier *Leitideen* werden dann mögliche Ausbildungsinhalte für eine sprachbewusste Hochschullehre hergeleitet und anhand von Beispielen veranschaulicht. Die *Design-Prinzipien* geben Impulse für eine hochschuldidaktische Umsetzung. Den Abschluss von ▶ Kap. 1 bildet die curriculare Verortung der diskutierten Konzepte insbesondere mit Blick auf das forschende Lernen im Praxissemester (in NRW seit 2015).

▶ Kap. 2 greift die Leitideen und hochschuldidaktischen Design-Prinzipien auf und veranschaulicht sie anhand von kommentierten Beispielen aus der Lehre. Inhaltliche Schwerpunkte bilden die *erfahrungsbezogene und analytische Auseinandersetzung mit Sprache* im Fach Mathematik, die sprachbewusste *Aufgabenvariation* sowie das *forschende Lernen* an der Schnittstelle von Fach und Sprache.

In ▶ Kap. 3 kommen zunächst Studierende zu Wort, die rückblickend über ihre Erfahrungen mit fach- und sprachintegrierten Lehrveranstaltungen sprechen. Ergänzt wird dies durch einen Beitrag von *Sümeyye Erbay*, die aus ihrer Perspektive als (mittlerweile ehemalige) Studierende über ihr Projekt im Praxissemester berichtet. Die Beiträge unserer Essener Kolleg*innen *Fatma Batur* (Didaktik der Informatik) und *Jan Strobl* (Deutsch als

2   Gefördert von der Stiftung Mercator; Laufzeit 2009–2022.

Zweit-/Fremdsprache) sowie *Melanie Beese* (Deutsch als Zweit-/Fremdsprache), *Dennis Kirstein* (Didaktik der Chemie) und *Henning Krake* (Didaktik der Chemie) eröffnen Perspektiven über den Kontext Mathematik hinaus für eine sprachbewusste Hochschullehre in der Lehramtsausbildung Informatik und Chemie. Abschließend werden einige Anregungen für interdisziplinäre Vernetzungen auf Hochschulebene gegeben.

In erster Linie richtet sich das Buch an *Hochschuldozierende* in der Lehramtsausbildung, die sich dem Thema Sprachbildung auf universitärer Ebene intensiver widmen möchten. Auch wenn die Lehramtsausbildung Mathematik in spezifischer Weise adressiert wird, sind viele Konzepte so angelegt, dass sie sich auf andere Disziplinen übertragen lassen. Zugleich kann das Buch auch für *Studierende* im Lehramt Mathematik von Interesse sein, die in ihrer Rolle als zukünftige Lehrkräfte theoretische Hintergründe und praktische Ideen für empirische Projekte zu Sprachbildung im Fach Mathematik erhalten möchten. Schließlich mögen die hier entwickelten Vorschläge auch Anregungen für die *Lehrerfortbildung* geben.

Wir möchten unseren Kolleginnen und Kollegen für die vielen Impulse und Diskussionen danken, die die Ausarbeitung der Konzepte für eine sprachbewusste Hochschullehre bereichert haben, stellvertretend insbesondere Prof. Dr. Heike Roll und Dr. Erkan Gürsoy.

Unser herzlicher Dank gilt weiterhin Prof. Dr. Heike Roll und Prof. Dr. Kerstin Tiedemann für ihre hilfreichen Kommentare zur Manuskriptfassung.

Ohne die aktive Mitwirkung unserer Studierenden hätte das vorliegende Buch so nicht entstehen können. Wir bedanken uns dafür sehr herzlich, namentlich an dieser Stelle bei Isabelle Brachtendorf, Sümeyye Erbay, Jacqueline Jagenow, Gianina Pooth, Martin Remmen, Fabian Rösken, Julia Stechemesser und Yasin Türkmenoglu.

Nicht zuletzt danken wir dem Projekt ProDaZ und der Universitätsbibliothek Duisburg-Essen für die Möglichkeit, dieses Buch als Open Access-Publikation zu veröffentlichen.

Florian Schacht
Susanne Guckelsberger
Essen
Februar 2021

Inhaltsverzeichnis

Tabellenverzeichnis

Abbildungsverzeichnis

Grundlagen zur Sprachbildung in der Lehramtsausbildung Mathematik

Inhaltsverzeichnis

© Der/die Autor(en) 2022
F. Schacht, S. Guckelsberger, *Sprachbildung in der Lehramtsausbildung Mathematik*,
https://doi.org/10.1007/978-3-662-63793-7_1

1

Sprache gilt als das zentrale Medium fachlichen Lernens in Bildungseinrichtungen (Becker-Mrotzek et al. 2013; Schmölzer-Eibinger und Thürmann 2015). Ausreichende Kompetenzen in der Sprache, in der der Unterricht stattfindet – und das bedeutet für viele Lernende: in ihrer Zweitsprache[1] – sind die Voraussetzung dafür, am Bildungsprozess erfolgreich teilhaben zu können. Dass dies auch für vermeintlich „sprachferne" Fächer wie Mathematik gilt, belegt die beeindruckende Fülle von Forschungsbefunden und Entwicklungsarbeiten zur Sprachbildung im Mathematikunterricht.

Der Themenkomplex ist gerade mit Blick auf die mathematikdidaktischen Arbeiten ein wichtiges Forschungs- und Entwicklungsfeld, das in den letzten Jahren zunehmend an Bedeutung gewonnen hat. So ist es ein großes Verdienst grundlegender Arbeiten, etwa Interaktionsmuster und Routinen im Mathematikunterricht herauszuarbeiten (vgl. z. B. Voigt 1984, 1994; Krummheuer und Voigt 1991), die sprachlichen Eigenschaften des Fachs Mathematik detailliert zu erfassen (vgl. z. B. Maier und Schweiger 1999) oder Detailanalysen von Kommunikation im Mathematikunterricht vorzunehmen (vgl. Pimm 1987; von Kügelgen 1994).

In den Fokus einer breiteren öffentlichen Diskussion rückte das Thema insbesondere durch die großen Schulleistungsstudien (z. B. Secada 1992; Stanat 2006; OECD 2007), die u. a. Disparitäten der Mathematikleistungen zwischen lebensweltlich ein- und mehrsprachig aufwachsenden Schüler*innen zu Tage förderten. In diesem Zusammenhang konnte insbesondere gezeigt werden, dass nicht Mehrsprachigkeit an sich der entscheidende Faktor für entsprechende Leistungsdisparitäten ist, sondern vielmehr die Sprachkompetenz in der Unterrichtssprache Deutsch als Medium der fachbezogenen Verständigung (vgl. Prediger et al. 2015, Prediger und Redder 2020). Weiterhin belegen empirische Studien die besondere Bedeutung von sprachlicher Kompetenz für das Mathematiklernen (Heinze et al. 2009; Prediger 2010, Prediger et al. 2018). Dass Sprachbildung als Aufgabe aller Fächer mittlerweile eine ganz selbstverständliche – und auch curricular festgeschriebene – Forderung ist, lässt sich mithin auch auf die entsprechenden Konsequenzen zurückführen, die im Umfeld und im Nachgang der breit angelegten Schulleistungsstudien gezogen wurden.

Auch methodisch wird Sprache im Mathematikunterricht durchaus sehr breit beforscht: So finden sich theoretische Arbeiten etwa zur Vielfalt von Forschungsrahmen in diesem Themenfeld (z. B. Planas und Schütte 2018), eher quantitativ orientierte Studien (z. B. Leiss et al. 2019; Prediger et al. 2015; Ufer et al. 2013) oder qualitativ-rekonstruktive Arbeiten (z. B. Götze 2019).

Für den Kontext einer sprachbewussten Hochschullehre in der Lehramtsausbildung Mathematik sind dabei gerade solche Arbeiten von Bedeutung, die der Frage nachgehen, wie der Kluft zwischen empirischen Befunden und der unterrichtlichen Realität zum Thema Sprachbildung im Fach begegnet werden kann. Die Entwicklung und Beforschung entsprechender Lerndesigns wird etwa im Rahmen von fachdidaktischen Entwicklungsforschungsprojekten realisiert. Hier haben sich in den letzten Jahren ganz unterschiedli-

---

1   Der Begriff „Zweitsprache" wird hier verwendet, auch wenn z. B. in Deutschland das Deutsche für viele (insbes. auch neuzugewanderte) Schüler*innen ihre Dritt- oder Viertsprache ist. Im englischsprachigen Raum wird anstelle von „Zweitsprache" – „second language" – daher zunehmend der Ausdruck „additional language" verwendet (also: EAL – English as an Additional Language / Englisch als zusätzliche Sprache). Eine Entsprechung („Deutsch als zusätzliche Sprache") hat sich im deutschsprachigen Raum bislang noch nicht etabliert.

che Ansätze herausgebildet, deren gemeinsames Kennzeichen die Entwicklung von Lern-designs im Rahmen iterativer Forschungs- und Entwicklungszyklen ist: Design Science (Wittmann 1995), Design-Based Research (Barab und Squire 2004; Brown 1992; Collins 1992), Developmental Research (Freudenthal 1991; Gravemeijer 1994; Gravemeijer und Cobb 2006), Engineering Research (Burkhardt 2006). Entwicklungsforschungspro-jekte adressieren mithin ganz bewusst die Frage nach dem konstruktiven Umgang (für den vorliegenden Kontext) mit Sprachbildung im Mathematikunterricht: So beschreibt etwa Wessel (2015) im Rahmen von Designexperimenten ein Förderkonzept zum Thema Sprachbildung im Mathematikunterricht am Beispiel von „Anteilen" und arbeitet spezifi-sche kommunikationsfördernde Designprinzipien, den Zusammenhang von sprachlichen Registern und der Verwendung bzw. Vernetzung unterschiedlicher Darstellungen sowie die verstehensförderliche Wirkung gezielt eingesetzter Sprachmittel im Sinne eines Scaf-folding heraus. Der Ansatz der Entwicklungsforschung wird auch im Kontext der hier vorgestellten Konzepte für eine sprachbewusste Hochschullehre genauer beleuchtet mit Blick auf die Frage, inwiefern er sich als Gestaltungselement im Studium als produktiv erweist.

Insgesamt belegen die wissenschaftlichen Befunde zum Thema Sprachbildung im Mathematikunterricht die Bedeutung der durchgängigen und nachhaltigen Vernetzung von sprachlichem und fachlichem Lernen, um für alle Lernenden den bestmöglichen Zu-gang zu Bildung zu gewährleisten – auch (aber nicht nur) angesichts des hohen Anteils an mehrsprachigen Schüler*innen. Eine entsprechende Qualifizierung der zukünftigen Lehrkräftegeneration für Sprachbildung im Fach ist daher ein dringendes gesellschaftli-ches und bildungspolitisches Desiderat.

Im ersten Kapitel werden zunächst Rahmenbedingungen und Grundlagen für eine universitäre Lehramtsausbildung Mathematik vorgestellt, in der Fragen fachlichen und sprachlichen Lernens systematisch aufeinander bezogen werden. Wir sprechen in diesem Zusammenhang kurz von sprachbewusster Hochschullehre. In ▶ Abschn. 1.1 wird die Notwendigkeit einer fachspezifischen Vorbereitung von Studierenden auf die Umsetzung von Sprachbildung im Unterricht begründet. Anhand dreier Beispiele wird aufgezeigt, wo sich auf Hochschulebene günstige Schnittstellen für die Vernetzung von Mathematik (-didaktik) und Sprachbildung ergeben, und zwar (1) in Bezug auf die Verknüpfung fach- und sprachdidaktischer Konzeptbildungen, (2) mit Blick auf Zusammenhänge von Den-ken und Sprechen im Studium sowie (3) hinsichtlich der Bedeutung von Sprache für das Fach Mathematik. Das sehr reichhaltig bearbeitete und nach wie vor aktuelle Forschungs-feld „Mathematik und Sprache" wird dabei bewusst nur exemplarisch diskutiert, sodass der eigentliche Schwerpunkt – nämlich die Ausarbeitung von Konzepten für eine sprach-bewusste Hochschullehre – in den Blick genommen werden kann; auf die einschlägigen Forschungsarbeiten wird an den entsprechenden Stellen verwiesen.

Dies gilt insbesondere auch für den ▶ Abschn. 1.2, der die theoretischen Orientierun-gen für das Buch darlegt: In ▶ Abschn. 1.2.1 werden zunächst Leitideen zur Verortung von Sprache und Fach in der Lehramtsausbildung Mathematik formuliert, an denen sich die Inhalte der Lehrveranstaltungen orientieren. In ▶ Abschn. 1.2.2 werden hochschuldi-daktische Design-Prinzipien begründet, die für die praktische Gestaltung der Hochschul-lehre zentral sind. Abschließend wird in ▶ Abschn. 1.3 ein Seminarkonzept konkretisiert und curricular verortet, das der beschriebenen Konzeption für eine sprachbewusste Hoch-schullehre zugrunde liegt.

1

1.1 Einleitung: Sprachbildung in der Hochschullehre – allgemein und fachbezogen

》 Ich glaube nicht, dass es irgendeinen Mathematikunterricht gibt, in dem man keine sprachförderlichen Elemente braucht (Studierender, Praxissemester 2018).

Sprache und Fach sind auf das Engste miteinander verwoben. Sprache ist nicht nur Voraussetzung und Medium fachlichen Lernens, sondern auch selbst Lerngegenstand (Leisen 2010 ff., Becker-Mrotzek et al. 2013, Prediger 2013). So konstatieren etwa Becker-Mrotzek et al. (2013):

》 In den letzten Jahren hat sich zunehmend herausgestellt, wie sehr Sprache (und nicht nur Fachsprache) konstitutiv ist für das Lehren und Lernen in allen schulischen Fächern, von den Gesellschaftswissenschaften über Naturwissenschaften bis hin zur Mathematik. Es geht dabei konkret um den Aufbau von fachbezogenen Verstehens- und Mitteilungsfähigkeiten, die sich offenbar nicht von alleine einstellen, sondern die explizit und systematisch in einem guten Fachunterricht mit vermittelt werden müssen. Das betrifft sowohl das Mündliche wie das Schriftliche (Becker-Mrotzek et al. 2013, S. 7).

Auf das Fach bezogene Sprachkenntnisse kommen also dem fachlichen Lernen zugute – zugleich können diese Kenntnisse nicht unabhängig vom Fach erworben werden. Sprachbildung muss daher im Fachunterricht selbst verortet sein. Die Diskussion um „language across the curriculum" ist nicht neu, und Sprachbildung gilt auch in Deutschland längst als anerkannte Aufgabe aller Fächer (MSJK 1999; Thürmann et al. 2010; Becker-Mrotzek et al. 2013). Die hohe bildungspolitische Bedeutung, die dem Thema zugemessen wird, spiegelt sich nicht zuletzt in der Verankerung in den Bildungsstandards der Fächer (KMK 2005, 2012). Wurde die Notwendigkeit von sprachlicher (Zusatz-)Bildung bzw. Sprachförderung[2] zunächst vor allem mit Blick auf diejenigen Kinder und Jugendlichen gesehen, die Deutsch als Zweit- oder Fremdsprache sprechen, so hat sich mittlerweile die Erkenntnis durchgesetzt, dass Sprache für Lernprozesse von so großer Bedeutung ist, dass Sprachbildung in allen Fächern, über alle Bildungsetappen hinweg und für alle Schüler*innen erfolgen sollte (Gogolin und Lange 2010; Becker-Mrotzek et al. 2013; Benholz et al. 2015). Ziel ist es, durch den Auf- und Ausbau von fachbezogenen wie auch überfachlichen kommunikativen Fähigkeiten allen Lernenden eine aktive Teilhabe an schulischen Bildungsprozessen – und weit darüber hinaus an der Wissensgesellschaft (Ehlich 2015) – zu ermöglichen. Zu den zentralen Merkmalen eines sprachbildenden Fachunterrichts gehören ein verstehensorientierter Umgang mit Sprache und Mehrsprachigkeit im Fach sowie die systematische und individuelle sprachliche Unterstützung

---

2   Zur Unterscheidung von „Sprachbildung" und „Sprachförderung" verweisen wir auf Morris-Lange et al. (2016, S. 9): „*Sprachbildung* (bzw. sprachliche Bildung) ist als ein Oberbegriff zu verstehen, der alle Formen von gezielter Sprachentwicklung umfasst. Sprachbildung zielt darauf ab, die Sprachkompetenz aller Schülerinnen und Schüler zu verbessern, unabhängig davon, ob sie in Deutschland aufgewachsen oder neu zugewandert sind. Sprachbildung findet im Sprach- und Fachunterricht statt [...]. *Sprachförderung* bezeichnet eine spezielle Form von Sprachbildung. Zielgruppe sind Kinder und Jugendliche mit sprachlichen Schwierigkeiten, z. B. Geflüchtete, die Deutsch als Zweitsprache erlernen. Sprachförderung erfolgt sowohl im Regelunterricht als auch in gezielten Förderstunden (Schneider et al. 2012, S. 23)."

von Schüler*innen beim fachlichen Lernen (Gibbons 1998, 2015; Gogolin et al. 2011; Schmölzer-Eibinger et al. 2013; Beese et al. 2014).

Mit Blick auf die Lehramtsstudierenden als zukünftige Fachlehrerinnen und Fachlehrer bedeutet das: Sie müssen im Studium die Gelegenheit bekommen, sich nicht nur mit fachwissenschaftlichen und fachdidaktischen Aspekten ihrer Fächer, sondern auch mit dem Thema Sprachbildung auseinanderzusetzen. Ob, wie und in welchem Umfang die Vermittlung entsprechender sprachwissenschaftlicher und sprachdidaktischer Grundlagen in das Lehramtsstudium integriert ist, unterscheidet sich aufgrund der Bildungshoheit der Länder je nach Hochschulstandort.[3] So reichen die Qualifizierungsmaßnahmen für Lehramtsstudierende im Bereich Sprachbildung von obligatorischen Modulen für Deutsch als Zweitsprache/Sprachbildung (z. B. in NRW)[4] über freiwillige Zusatzqualifikationen und -zertifikate[5] bis hin zur Möglichkeit, Deutsch als Zweitsprache als Unterrichts- oder Lehramtserweiterungsfach bzw. Studienschwerpunkt zu wählen.[6]

Übergeordnetes Ziel ist es, bei aller Unterschiedlichkeit der Angebote im Einzelnen, die Bewusstheit und die Kenntnisse der Studierenden im Bereich Sprache, Mehrsprachigkeit und Sprachbildung zu stärken und sie so auf den Umgang mit unterschiedlichen sprachlichen Voraussetzungen bei den Lernenden vorzubereiten. Zu den klassischen Inhalten von Veranstaltungen im Bereich Sprachbildung/Deutsch als Zweitsprache gehören daher:

- Erwerbsprozesse des Deutschen als Erst-, Zweit- und Fremdsprache
- Sprach(en)politik
- Konzepte von Mehrsprachigkeit
- Grammatische Grundlagen des Deutschen
- Sprachvergleich
- Alltags-, Bildungs- und Fachsprache
- Lehrmaterialanalyse
- Unterricht für neu zugewanderte Schülerinnen und Schüler
- Sprachstandsdiagnostik
- Lernersprachenanalyse, Fehleranalyse
- Ansätze und Methoden für Sprachbildung im Fach

Die Organisation und Durchführung der universitären Lehrveranstaltungen liegt i. d. R. im Verantwortungsbereich der Fächer Deutsch als Zweit-/Fremdsprache, Germanistik und/oder Bildungswissenschaften. Dadurch ist gewährleistet, dass die oben genannten

---

3   Die Bestandsaufnahmen zu Studienanteilen im Bereich Sprachförderung/Deutsch als Zweitsprache/Sprachbildung in der Lehramtsausbildung von Baumann und Becker-Mrotzek (2014), Morris-Lange et al. (2016) und Baumann (2017) dokumentieren die erheblichen Unterschiede in den formalen Vorgaben auf Länder- und Hochschulebene.

4   Ob ein Nachweis in Deutsch als Zweitsprache im Lehramtsstudium verpflichtend ist, hängt in manchen Bundesländern vom gewählten Fach ab. Während etwa in Nordrhein-Westfalen Lehramtsstudierende aller Fächer einen Nachweis über „Kenntnisse in Deutsch als Zweitsprache" erbringen müssen (MSW NRW 2009), trifft dies z. B. im Saarland verpflichtend nur auf Studierende im Lehramt Deutsch zu. Die Verortung im Studium (Bachelor und/oder Master) und die Anzahl der zu erbringenden Leistungspunkte variiert je nach Bundesland, teilweise finden sich auch Unterschiede zwischen Hochschulen im gleichen Bundesland.

5   Auch hier zeigt sich eine große Varianz in Umfang und entsprechend auch inhaltlicher Reichweite der Angebote.

6   Hierzu auch Witte (2017).

1

Inhalte wissenschaftlich fundiert und in der gesamten Breite der Lehramtsausbildung vermittelt werden. Mit zunehmender Qualifizierung im Verlauf des Studiums und insbesondere im Kontext von Praxisphasen entsteht allerdings bei vielen Studierenden der Wunsch, den Zusammenhang zwischen Aspekten der Sprachbildung und „ihren" Schulfächern genauer auszuloten. Die Notwendigkeit eines solchen dezidierten Fachbezugs verdeutlichen auch Projektzusammenhänge an der Schnittstelle von Forschung und universitärer Ausbildungspraxis.[7] Im Rahmen der zentral gestalteten grundlegenden Studienangebote zum Thema Sprachbildung, die zunächst fachunabhängig angelegt sind, ist ein solch konkreter Bezug zu Inhalten und didaktischen Prinzipien der einzelnen Fächer (z. B. Mathematik, Geschichte, Informatik) jedoch schon aus organisatorischen Gründen nicht oder nur punktuell leistbar. Dafür sind Kooperationen mit den Fachdidaktiken notwendig, wie sie auch im Projekt „Deutsch als Zweitsprache in allen Fächern" (ProDaZ; Universität Duisburg-Essen), in dessen Kontext auch das vorliegende Buch steht, umgesetzt werden.[8] So lautet etwa eine Empfehlung des Projekts „Sprachen – Bilden – Chancen", dessen Ziel die Weiterentwicklung der Berliner Lehramtsausbildung im Bereich Sprachbildung/Deutsch als Zweitsprache war:

» [D]ie Bedeutung von Sprache für den Wissenserwerb im Allgemeinen und in einer jeweiligen fachdidaktischen Konkretisierung [sollte] noch stärker und – im Hinblick auf das Praxissemester – vor allem früher im Studienverlauf hervorgehoben werden. Vor diesem Hintergrund erscheint die strukturelle und inhaltliche Verankerung von Kooperationen mit den Fachdidaktiken sinnvoll (Sprachen – Bilden – Chancen 2018, 2 f.).

Auch aus fachdidaktischer Perspektive ist die Auseinandersetzung mit der Rolle von Sprache im eigenen Fach von großer Relevanz. So gilt etwa für das Fach Mathematik: Sprache ist in ihrer kommunikativen wie auch kognitiven Funktion ein wesentliches Element des mathematischen Lernens und insofern, wie oben dargelegt, ein wichtiger Forschungs- und Entwicklungsgegenstand der Mathematikdidaktik. Im universitären Alltag sind der Thematisierung von Aspekten der Sprachbildung im Mathematikunterricht allerdings häufig Grenzen gesetzt, auch weil eine Expertise zum Thema Sprachbildung zunächst vornehmlich in Fächern wie Deutsch als Zweit-/Fremdsprache verortet ist. Vor diesem Hintergrund ist auch aus fachdidaktischer Sicht eine entsprechende Kooperation sinnvoll und notwendig.

Der Fachbezug ist für die Studierenden von großer Bedeutung und eine Voraussetzung dafür, dass sie Sprachbildung in ihrem Unterricht auch tatsächlich umsetzen können.

---

7   Beispiele sind das hochschulübergreifende Berliner Projekt „Sprachen – Bilden – Chancen", das „DaZ-Kom"-Projekt der Universitäten Lüneburg und Bielefeld, das Projekt „ProfaLe" an der Universität Hamburg, das Projekt „PSI" an der Universität Potsdam oder die Projekte „ProViel" und „ProDaZ" an der Universität Duisburg-Essen.

8   Im Rahmen von ProDaZ sind seit 2009 interdisziplinäre Kooperationen unter anderem mit Kolleg*innen aus den Fachdidaktiken Geschichte, Physik, Chemie, Informatik, Mathematik u. v. m. entstanden. Die Ergebnisse der Zusammenarbeit sind in zahlreichen Publikationen dokumentiert (exemplarisch: Beese et al. 2014; Benholz et al. 2015; Beese et al. 2017; Roll et al. 2017; Moraitis et al. 2018; Roll et al. 2019a, b). Einen Überblick sowie über 300 Online-Publikationen zu den Themen Mehrsprachigkeit, Sprachentwicklung, Sprachstandsdiagnose, Sprachbildung und Sprachförderung bietet das Webportal des ProDaZ-Kompetenzzentrums (▶ https://www.uni-due.de/prodaz/kompetenzzentrum.php).

Zwar bieten auch Veranstaltungen im Bereich Deutsch als Zweitsprache, Bildungswissenschaften oder Germanistik sowie Lehrpraktika Gelegenheiten, um Ideen zum sprachbildenden Fachunterricht zu entwickeln und zu erproben. Rückmeldungen wie die folgende zeigen aber, dass Studierenden die Übertragung von Inhalten aus dem Kontext Sprachbildung auf das eigene Fach nicht immer leichtfällt:

» Das Thema Sprachbildung finde ich sehr interessant und wichtig. Ich frage mich aber, wie ich das in meinem Unterricht umsetzen kann. In einer DaZ-Veranstaltung haben wir z. B. das Scaffolding-Konzept kennengelernt, am Beispiel von Sachunterricht in der Grundschule. Aber wie kann ich das auf Mathematik in der Sekundarstufe übertragen? Und wie passt das mit den Prinzipien aus der Mathedidaktik zusammen? Manchmal habe ich das Gefühl, wir lernen überall etwas anderes – das überfordert mich (Lehramtsstudentin 2016).

Es besteht also die Gefahr, dass der Themenkomplex Sprachbildung trotz grundsätzlichen Interesses seitens der Studierenden nur schwer Eingang in die Unterrichtspraxis findet. Für die Lehramtsausbildung folgt daraus, dass die Studierenden sich zunächst der Bedeutung von Sprache in Lehr-Lern-Prozessen allgemein bewusst werden und Kenntnisse im Bereich sprachlicher Bildung erlangen. Darüber hinaus muss aber die spezifische Rolle von Sprache und Sprachbildung für die eigenen Unterrichtsfächer unter Bezug auf die jeweiligen Fachdidaktiken ausgelotet und praktisch erprobt werden:

» Der Themenkomplex Sprachförderung und Deutsch als Zweitsprache sollte additiv und integrativ in die Hochschulausbildung einfließen: additiv als eigenes Sprachförder- und Deutsch-als-Zweitsprache-Modul und zusätzlich integrativ als Teil der Ausbildung in den Fachdidaktiken, Fach- und Bildungswissenschaften. (...) Die additiven Studienelemente sollten die sprachwissenschaftlichen und -didaktischen Grundlagen legen und auf die Rolle von Sprache in schulischer Bildung eingehen. In den Fächern sollte der Schwerpunkt auf dem Verhältnis von Sprache und Fach, geeigneten Diagnoseinstrumenten und Förderansätzen liegen (Baumann und Becker-Mrotzek 2014, S. 48 f.).

Zentrale Prinzipien aus den Bereichen (Zweit-)Sprachdidaktik/Sprachbildung und aus der jeweiligen Fachdidaktik sollten daher auf theoretischer Ebene wie auch in der Planung und Durchführung konkreter Unterrichtseinheiten aufeinander bezogen und ihre Synergien herausgearbeitet werden. Wenn die Studierenden analytisch und praktisch erfahren, wie sprachliches und fachliches Lernen in ihren Fächern zusammenhängen und sie geeignete Möglichkeiten zur Umsetzung von Sprachbildung nicht nur (theoretisch) kennenlernen, sondern auch selbst im forschenden Lernen erkunden, kann die Diskrepanz zwischen positiver Einstellung einerseits und unzureichender unterrichtlicher Umsetzung andererseits gelöst werden. Dafür sollte sich die für den Unterricht gewünschte Integration von fachlichem und sprachlichem Lernen idealerweise in der universitären Professionalisierung selbst spiegeln: Sprachbildung sollte in einer **sprachbewussten Hochschullehre** nicht nur ergänzend, sondern auch und vor allem integriert thematisiert werden. Insgesamt steht dabei das Ziel im Mittelpunkt, eine Bewusstheit für die vielfältigen Zusammenhänge von Sprache und Fach zu erzeugen und so auf einen sprachbildenden Unterricht vorzubereiten.

1

Unter „Sprachbewusstheit" (engl. *language awareness*) versteht man allgemein explizites Wissen über Sprache(n) sowie das bewusste Wahrnehmen und Umgehen mit Sprache und Mehrsprachigkeit im Lernprozess. Der Begriff wurde in Großbritannien in den 1970er Jahren zunächst im Kontext des *Fremdsprachenlernens* geprägt und fand u. a. Eingang in den Gemeinsamen Europäischen Referenzrahmen für Sprachen (Europarat 2001, 2020). Zugleich wurde der Begriff früh mit Blick auf die Berücksichtigung von *Herkunftssprachen und Mehrsprachigkeit* in den (Deutsch-)Unterricht diskutiert (im Überblick z. B. Luchtenberg 2002; Gürsoy 2010; Oomen-Welke 2016). Im Zuge von Forschungen zur Bedeutung von Sprache und Sprachbildung für das fachliche Lernen ist der sprachbewusste (auch: sprachsensible, sprachaufmerksame) *Fachunterricht* und eine entsprechende Qualifizierung von Lehrkräften in den Fokus gerückt (z. B. Leisen 2010, 2016; Schmölzer-Eibinger et al. 2013; Tajmel und Hägi-Mead 2017 uvm.). Das vorliegende Buch knüpft daran an und stellt die Frage in den Mittelpunkt, wie angehende Lehrkräfte auf sprachbewusstes Handeln im Fachunterricht Mathematik vorbereitet werden können. Entsprechend wird der Begriff *sprachbewusste Hochschullehre* verwendet, um die Integration von Fach und Sprache auf Ebene der universitären Lehramtsausbildung zu beschreiben. Eine sprachbewusste Hochschullehre schärft die Bewusstheit der Studierenden für die vielfältigen Beziehungen von sprachlichem und fachlichem Lernen – und zwar konkret mit Blick auf die Bedingungen des jeweiligen Fachs (vgl. ▶ Abschn. 1.2.1). Fach und Sprache bilden damit eng aufeinander bezogene Lern- und Forschungsgegenstände, wobei Sprache bewusst als ein prägendes Merkmal fachlichen Denkens und Handelns adressiert wird (vgl. ▶ Abschn. 1.2.2). Voraussetzung für eine sprachbewusste Hochschullehre ist die Herausarbeitung der Beziehungen von Fach und Sprache, z. B. im Kontext interdisziplinärer Kooperationen.

◨ Abb. 1.1 veranschaulicht die verschiedenen Schichtungen der Lehramtsausbildung, in denen die Vernetzung von Fach und Sprache zum Tragen kommt. Die gestrichelten Linien zeigen die Durchlässigkeit zwischen den unterschiedlichen Bereichen an; die Pfeile stehen für die Impulse, die von der Forschung, vom Unterricht und von der Lehre ausgehen und in die jeweils anderen Bereiche wirken können. So können beispielsweise studentische Beobachtungen während eines Schulpraktikums Impulse für Fragestellungen im Kontext des forschenden Lernens geben, die wiederum Gegenstand der gemeinsamen Diskussion im Seminar werden; der kontinuierliche interdisziplinäre Austausch und damit verbundene neue Erkenntnisinteressen verändern die thematischen Schwerpunktsetzungen in der gemeinsamen Forschung und Lehre usw.

Die Relevanz der Vernetzung von Fach und Sprache auf Hochschulebene wird im Folgenden an drei Beispielen für das Fach Mathematik erläutert (▶ Abschn. 1.1.1–1.1.3).

1.1.1 Die Beziehung von fach- und sprachdidaktischen Konzeptbildungen für die Hochschullehre

Das erste Beispiel bezieht sich auf die Frage, wie sich (zweit-)sprachdidaktische und fachdidaktische Konzeptbildungen für den Unterricht im Rahmen der universitären Ausbildung angehender Mathematiklehrkräfte sinnvoll aufeinander beziehen lassen. Dafür werden zwei ausgewählte, für die jeweilige Disziplin typische Lerngegenstände herangezogen: die **Kernprozesse des Erkundens, des Systematisierens und des Übens** für

```
┌─────────────────────────────────────────────────────────┐
│                        Schule                           │
│              Sprachbewusster Fachunterricht             │
│  - - - - - - - - - - - - - - - - - - - - - - - - - - -  │
│         Forschendes Lernen (z.B. im Praxissemester)     │
│          Studentische (Praxis-)Forschung zu sprachbewusstem │
│                       Fachunterricht                    │
│  - - - - - - - - - - - - - - - - - - - - - - - - - - -  │
│                   Hochschule – Lehre                    │
│      Sprachbewusste Hochschullehre: Integration von Fach und │
│       Sprache auf theoretischer Ebene sowie in der Praxis der │
│                      Hochschullehre                     │
│  - - - - - - - - - - - - - - - - - - - - - - - - - - -  │
│          Hochschule – Interdisziplinäre Kooperation     │
│        Austausch und Forschung an der Schnittstelle von Fach und │
│         Sprache; Herausarbeiten von Synergien zwischen  │
│                (Zweit-)Sprachdidaktik und Fachdidaktik  │
└─────────────────────────────────────────────────────────┘
```

◻ Abb. 1.1 Vernetzung von Fach und Sprache in der Lehramtsausbildung

die mathematikdidaktische Perspektive, das **Scaffolding-Modell** für die zweitsprachdidaktische Perspektive. Im Anschluss an eine kurze Vorstellung der jeweiligen Konzeptbildungen wird exemplarisch diskutiert, wie diese in Beziehung gesetzt werden können. Dabei ist natürlich hervorzuheben, dass es sich um Lerngegenstände für die Hochschullehre handelt, d. h. die Studierenden sollten die Gelegenheit bekommen, Zusammenhänge selbst zu erarbeiten und verschiedene Varianten durchzuspielen. Auf der Ebene des Mathematikunterrichts können diese Konzeptbildungen dann leitend für professionelles unterrichtliches Handeln der Lehrperson sein.

- **Kernprozesse als universitärer Lerngegenstand (mathematikdidaktische Perspektive)**

In mathematikdidaktischen Lehrveranstaltungen werden i. d. R. Modelle thematisiert, die die Besonderheiten unterschiedlicher Phasen und damit verbundener **Kernprozesse** im Mathematikunterricht herausstellen. Dazu gehören etwa die Kernprozesse des Erkundens, des Systematisierens oder des vertiefenden Übens (z. B. Leuders et al. 2011; Hußmann 2003; vom Hofe 2001; Büchter und Leuders 2005, S. 118 f.; Prediger et al. 2011).

Der Kernprozess des **Erkundens** (bzw. des Entdeckens oder Erfindens) adressiert die Vorschauperspektive in Lernprozessen (z. B. Leuders et al. 2011; Hußmann 2003; vom Hofe 2001). Den Ausgangspunkt bilden dabei häufig mathematisch substanzhaltige Fragen oder Kernideen (zur Rolle der Kernideen etwa Ruf und Gallin 1998), die den weiteren Lernprozess strukturieren. Ausgelöst durch solche Kernideen entwickeln die Lernenden individuelle mathematische Ideen und begriffliche Zusammenhänge, die in der Regel zunächst auf präformalem Niveau bearbeitet werden. Solche Erkundungsprozesse sind üblicherweise durch eine recht hohe Offenheit z. B. hinsichtlich der Ausgangssituation, des Lösungsweges oder auch des Ergebnisses gekennzeichnet (Büchter und Leuders 2005, S. 118 f.).

Die **Systematisierung** der entwickelten individuellen Konzeptbildungen bedarf reflexiver Prozesse, die im weiteren Fortgang eine Anbindung zu den konsolidierten mathe-

1

matischen Konzeptbildungen ermöglichen (z. B. Prediger et al. 2011). Zentral für solche Systematisierungsprozesse sind unterschiedliche Aneignungshandlungen der Schülerinnen und Schüler, die sich in der Art der Lernendenaktivierung und der gestellten Vorgaben deutlich unterscheiden können. So ist etwa die zusammenfassende Abschrift einer Definition im Mathematikbuch hochgradig konvergent, das heißt alle Schülerinnen und Schüler notieren die inhaltlich und sprachlich gleichgefasste Definition in ihren Heften. Gleichzeitig ist der Grad der individuellen kognitiven Aktivierung in diesem Beispiel denkbar gering. Im umgekehrten Fall formulieren Lernende im Nachgang einer Erkundungsphase (z. B. zu Funktionsgraphen ganzrationaler Funktionen) eigene Entdeckungen (z. B. im Rahmen von Hypothesen, Sätzen oder Definitionen). Der Grad der individuellen kognitiven Aktivierung ist hierbei vergleichsweise sehr hoch, während allerdings die sprachliche und inhaltliche Vergleichbarkeit i. d. R. stark schwankt. Im unterrichtlichen Alltag werden daher häufig Systematisierungsvarianten gewählt, bei denen die Aneignungshandlungen sich zwar an bestimmten Vorgaben orientieren, die aber gleichzeitig noch einen vergleichsweise hohen Aktivierungsgrad zulassen.

Der Kernprozess des vertiefenden **Übens** schließlich stellt eine (idealerweise produktive) Tätigkeit im Mathematikunterricht dar, bei der Möglichkeiten zum Trainieren, Problemlösen und Vernetzen von erarbeiteten Begriffen geboten werden (dazu z. B. Leuders 2009).

- **Scaffolding-Modell als universitärer Lerngegenstand (zweitsprachdidaktische Perspektive)**

Das **Scaffolding-Modell** wird in Lehrveranstaltungen im Bereich Deutsch als Zweitsprache/Sprachbildung häufig herangezogen, um zu veranschaulichen, wie Schüler*innen, die die Unterrichtssprache als Zweitsprache sprechen, im Fachunterricht systematisch unterstützt werden können.

Die Metapher des Scaffolding (wörtlich: Baugerüst) wurde zuerst von den Psychologen David Wood, Jerome Bruner und Gail Ross verwendet (Wood et al. 1976), um die elterliche Unterstützung von Kindern beim Problemlösen zu charakterisieren:

> » More often than not, it [the intervention of a tutor] involves a kind of „scaffolding" process that enables a child or novice to solve a problem, carry out a task or achieve a goal which would be beyond his unassisted efforts. (...) The task thus proceeds to a successful conclusion. We assume, however, that the process can potentially achieve much more for the learner than an assisted completion of the task. It may result, eventually, in development of task competence by the learner at a pace that would far outstrip his unassisted efforts (Wood et al. 1976, S. 90).

Es handelt sich also um vorübergehende[9] Unterstützungshandlungen, die Erwachsene in der Interaktion mit Kindern im Kontext gemeinsamer, interaktiv konstruierter Lernprozesse flexibel einsetzen. Die Unterstützungshandlungen ermöglichen es dem Kind nicht nur, Aufgaben erfolgreich zu bewältigen, die über seinem aktuellen Kompetenzniveau liegen, sondern können auch zu einer beschleunigten Aufgabenkompetenz führen. Das Scaffolding-Modell steht in engem Zusammenhang mit Lew Vygotskijs Theorie von der Zone der nächsten Entwicklung (ZNE) (Vygotskij 1934; Bruner 1985).

In der **Zweitsprachdidaktik** wurde die Scaffolding-Metapher aufgegriffen, um ein bedarfsgerechtes Unterstützungssystem für Schüler*innen zu beschreiben, deren Erst-

---

9   Daher die Metapher des Baugerüsts, das zurückgebaut wird, sobald das Bauwerk stabil ist.

sprache sich von der dominanten Unterrichtssprache unterscheidet (z. B. Gibbons 1998, Hammond und Gibbons 2001, 2005; Gibbons 2015). Ziel ist es, allen Schülerinnen und Schülern eine aktive Teilhabe an anspruchsvollen fachlichen Lernprozessen zu ermöglichen:

» [...] as far as possible, all learners, including second-language learners, need to be engaged with authentic and cognitively challenging learning tasks. It is the nature of the support – customised support that is responsive to the needs of particular students – that is critical for success (Hammond und Gibbons 2001, S. 11).

Dies soll ausdrücklich nicht durch sprachliche oder inhaltliche Vereinfachungen geschehen; vielmehr werden die Schüler*innen durch eine geeignete Strukturierung von Unterricht, durch passgenaue (geplante oder spontane) Hilfen und nicht zuletzt durch eine unterstützende, ressourcenorientierte Grundhaltung seitens der Lehrkraft in die Lage versetzt, zunehmend sprachlich und kognitiv anspruchsvolle Aufgaben selbst erfolgreich zu bearbeiten:

» (...) our concern is with ways of *supporting-up* such students, rather than with *dumbing-down* the curriculum (Hammond und Gibbons 2005, S. 6).

Den Rahmen bildet das sog. **Makro-Scaffolding,** das unter anderem die Auswahl und Sequenzierung von Aufgaben – unter Berücksichtigung der übergeordneten Lernziele sowie der Lernvoraussetzungen bei den Schüler*innen – betrifft. Dabei können zwei Prinzipien als Orientierung dienen (Gibbons 1998, 2015; Kniffka und Neuer 2008): Auf der *fachlichen Ebene* wird zunächst ein verstehens- und handlungsorientierter Zugang zum Fachinhalt ermöglicht – z. B. durch konkrete Anschauung in Experimenten; die Lernenden werden dann in mehreren Phasen zu einer inhaltlichen Verarbeitung auf höherem Abstraktionsniveau geführt. Auf der *sprachlichen Ebene* werden zunächst die alltagssprachlichen und mündlichen Fähigkeiten der Lernenden aktiviert; im Zuge der fachlichen Vertiefung werden dann systematisch ihre bildungs- und fachsprachlichen Fähigkeiten aufgebaut (sog. „mode continuum", Gibbons 2015). Dabei wird insbesondere dem Schreiben eine wichtige Rolle bei der Präzisierung und Strukturierung des fachlichen Denkens zugeschrieben (kognitive Funktion von Sprache). Entsprechend den Lernvoraussetzungen können geeignete Aktivitäten zur Unterstützung eingeplant werden, wie zum Beispiel die modellgeleitete Auseinandersetzung mit Fachtextsorten[10], ausgewählte Formen der Kooperation unter den Schüler*innen, die Vernetzung unterschiedlicher Darstellungen[11] oder die angeleitete Reflexion von Lernprozessen.[12]

Einen besonderen Stellenwert nimmt die spontane, interaktionale Unterstützung im Unterrichtsdiskurs ein, bei der die Lehrkraft lokal auf die jeweiligen sprachlichen Bedürfnisse der Schüler*innen reagiert (sog. **Mikro-Scaffolding**):

» The key element of micro scaffolding (...) is the contingent nature of support. The teacher is constantly monitoring students' understanding and ability in order to determine the minimum support required. In response, the teacher is constantly removing or supplying support as needed to complete the task at hand (Dansie 2001, S. 50).

---

10   „teaching and learning cycle", Gibbons (2015); Gürsoy (2018); Roll et al. (2019a).
11   Wessel (2015); ▶ Abschn. 2.3.
12   Einen Überblick bietet Kniffka (2010).

1

Voraussetzung für eine solche nicht (im Detail) planbare Unterstützung ist, dass die Lehrkraft über eine hohe (fach-)sprachliche Bewusstheit verfügt und die Kommunikation mit und unter den Schüler*innen aufmerksam begleitet.[13]

Im Rahmen einer sprachbewussten Hochschullehre ist nun zu diskutieren, in welchem Verhältnis – beispielsweise – die Prinzipien des Scaffolding und das in der Mathematikdidaktik vermittelte Modell der Kernprozesse stehen und welchen Gewinn die Verknüpfung von Fach- und Sprachdidaktik für die sprachbewusste Planung und Durchführung von Unterricht mit sich bringt. So ist etwa eine in Lehrveranstaltungen häufig gestellte Frage, wie sich die sprachliche Unterstützung im Rahmen offener Erkundungen im Unterschied zu Phasen des Systematisierens oder Phasen des Übens gestalten lässt. Hierin liegt u. E. ein entscheidender Punkt: Wenn die Studierenden sich in universitären Lehrveranstaltungen (und darüber hinaus in Praxisphasen) aktiv mit der Frage auseinandersetzen, wie sich zentrale fachdidaktische Konzepte ihrer jeweiligen Fächer und (zweit-)sprachdidaktische Konzepte zueinander verhalten und wo sich Synergien ergeben, so kann im späteren Schulalltag die Umsetzung eines sprachbewussten Fachunterrichts leichter gelingen.

Zur Veranschaulichung und kritischen Diskussion in der Lehre ist es sinnvoll, ein konkretes Unterrichtsbeispiel wie das folgende aus dem Mathematikunterricht einer 10. Klasse heranzuziehen. ◘ Abb. 1.3 (am Ende des Abschnitts) fasst das Beispiel zusammen und zeigt die fach- und sprachdidaktischen Bezugspunkte auf.

▪ Beispiel „Funktionsgleichungen"[14]

In der Mathematikstunde einer 10. Klasse werden ganzrationale Funktionen im Rahmen einer offenen Erkundungssituation thematisiert. Die Schülerinnen und Schüler erhalten zunächst von der Lehrkraft mehrere ausgewählte Funktionsgleichungen ganzrationaler Funktionen (z. B. $f(x) = x^2 + 5x$), die sie in Partnerarbeit mit dem Funktionenplotter graphisch darstellen (◘ Abb. 1.2)[15].

Während der Partnerarbeit tauschen sich die Schüler*innen S1, S2, S3 und S4 über die Veränderungen aus, die sich ergeben, wenn sie Parameter der Funktionsgleichung eigenständig variieren:

(s01) S1: Das erste wird zusammengestreckt ((Geste mit Daumen und Zeigefinger „schmal nach oben"))
(s02)   und das ist so gerade.
(s03) S2: Das wird gedrückt sozusagen ((*Gestik*))
(s04)   (   ) [Äußerung auf Türkisch]
(s05) S3: Wenn das bei 1 wäre, wäre es gestreckt.
(s06) S4: Das verschiebt sich nach rechts.

Die Schüler*innen befinden sich bei der Partnerarbeit im gemeinsamen Wahrnehmungsraum und können daher bei ihren Beschreibungen auf deiktische Mittel – hier insbesondere das Zeigwort „das" (in (s02), (s03), (s05) und (s06)) sowie Gestik (in (s01) und (s03)) – zurückgreifen. Das Sich-Verlassen auf deiktische Mittel ist, anders als in der schriftlichen Kommunikation, in der mündlichen face-to-face-Situation unproblematisch und erleichtert im direkten Austausch die erste Annäherung an die fachlichen Sachverhalte.

---

13 Beispiele für eine unterstützende Gesprächsführung im Fachunterricht finden sich z. B. bei Leisen (2019).
14 Die Daten wurden im Kontext einer Schulkooperation an einem Gymnasium im Ruhrgebiet erhoben.
15 Die Funktionsgraphen wurden mit der Software GeoGebra erstellt.

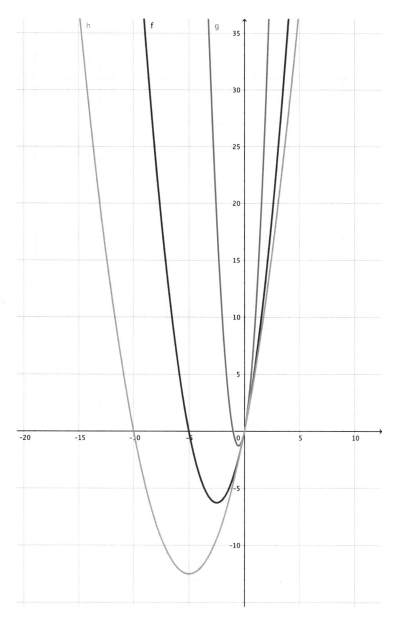

□ **Abb. 1.2** Funktionsgraphen f, g und h der ganzrationalen Funktionen mit $f(x) = x^2 + 5x$, $g(x) = 5x^2 + 5x$ und $h(x) = 0{,}5x^2 + 5x$

Um die Veränderungen an den Funktionsgraphen zu beschreiben, nutzen die Schüler*innen teilweise bereits fachsprachliche Verben („strecken" (s05), „sich verschieben" (s06)). Allerdings gelingt dies noch nicht immer: So versucht beispielsweise S2, mithilfe des Verbs „drücken" (s03) eine Stauchung zu beschreiben.[16] Zur Verständnissicherung

---

16 Indem er das Adverb „sozusagen" hinzufügt („wird gedrückt sozusagen"), macht er aber deutlich, dass er sich der Nicht-Angemessenheit des Ausdrucks „drücken" im gegebenen Fachkontext durchaus bewusst ist.

1

für den Lernpartner unterstützt er seine Beschreibung zum einen durch Gestik, zum anderen durch eine (nicht genauer dokumentierte) Ausführung auf Türkisch.

S3 geht über die reine Beschreibung von Beobachtungen hinaus und stellt eine Hypothese auf (s05).

Nachdem die Schüler*innen die entsprechenden Funktionsgraphen mithilfe eines Funktionenplotters graphisch dargestellt haben, sollen sie die Funktionen sowie die entsprechenden Funktionsgraphen auf Regelmäßigkeiten hin untersuchen und diese in Form von Hypothesen mit ersten Begründungsansätzen notieren. In der anschließenden Diskussion im Plenum geben sie ihre Beobachtungen wieder; die Lehrkraft unterstützt bei der Präzisierung und Systematisierung:

(s07) S5: Mir ist aufgefallen, dass wenn zum Beispiel eine 5 davor steht, dann wird der Graph schmaler ((*Geste, bei der sich Daumen und Zeigefinger horizontal aufeinander zubewegen*))

(s08) L: Also du meinst zum Beispiel $5x^2 + 5x$?

(s10) S5: Ja, genau.

(s11) L: Richtig, wenn ich zur Funktion $f(x) = x^2 + 5x$ einen Vorfaktor bei x^2 hinzufüge, der größer als 1 ist, dann wird der Graph gestreckt.

(s12)   Was passiert denn, wenn der Vorfaktor bei x^2 kleiner als 1 ist?

(s13)   Also zum Beispiel $0{,}5x^2 + 5x$?

(s14) S6: Dann wird es breiter.

(s15) L: Ja ((*zögernd*)) man könnte fast meinen, der Graph wird breiter.

(s16)   Wenn wir einen Vorfaktor kleiner 1 haben, wird der Graph gestaucht.

Der Lehrer greift also zum einen die Schüleräußerungen auf und reformuliert sie mit Hilfe zentraler Fachbegriffe („einen Vorfaktor hinzufügen" (s11), „strecken" (s11), „stauchen" (s16)). Insofern ist er fachsprachliches Vorbild für die Lernenden. Zum anderen nimmt er eine inhaltliche Systematisierung vor, indem er die symbolische, die graphische und die verbale Darstellung miteinander vernetzt. Im weiteren Verlauf entwickelt sich eine Diskussion, inwiefern die Streckungen bzw. Stauchungen eher in vertikaler als in horizontaler Weise zu deuten sind und wie sich das mathematisch – z. B. über eine punktweise Betrachtung der Auswirkung der Stauchung bzw. Streckung auf den Funktionsgraphen – begründen lässt. Es werden also die fachlich zum Teil nicht tragfähigen individuellen Vorstellungen der Schüler*innen („dann wird der Graph wird schmaler" (s07); „Dann wird es breiter" (s14)) aufgegriffen und mit der konsolidierten Mathematik abgeglichen. Im Anschluss daran formulieren die Lernenden in Kleingruppen jeweils einen entsprechenden mathematischen Satz mit einem Beweis, der dann noch einmal zwischen den Gruppen ausgetauscht und hinsichtlich inhaltlicher und fachsprachlicher Aspekte beurteilt wird.

Dieses sehr knappe Unterrichtsbeispiel zeigt exemplarisch zwei Kernprozesse, in die die Schüler*innen involviert waren: zunächst den Prozess des Erkundens von Zusammenhängen ganzrationaler Funktionen mit entsprechender Dokumentation und anschließend den Prozess des Systematisierens im Rahmen einer Plenumsphase. Die kognitive Aktivierung der Lernenden ist in der Erkundungsphase hoch, insofern sie vor der Aufgabe stehen, die Funktionen sowie die dazugehörigen Funktionsgraphen auf Regelmäßigkeiten hin zu untersuchen. Dazu werden Prototypen herausgearbeitet, systematische Variationen vorgenommen und eigene Schwerpunkte gesetzt (z. B. hinsichtlich der Rolle von Streckfaktoren). Dem Kommunizieren und dem Argumentieren kommt dabei eine besonders wichtige Funktion zu, weil die zunächst eher experimentell ermittelten Ergebnisse

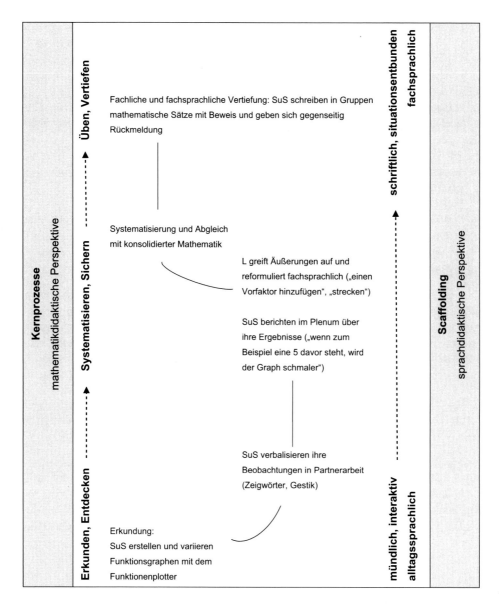

□ Abb. 1.3 Verknüpfung fach- und sprachdidaktischer Konzepte

sprachlich gefasst und in entsprechende fachsprachliche Zusammenhänge (z. B. im Kontext des Streckens und Stauchens) eingeordnet werden müssen. Dies geschieht – im Sinne des Scaffoldings – in dem obigen Beispiel zunächst auf mündlicher, dann auf schriftlicher Ebene, wobei für diese Phasen jeweils auch soziale Aushandlungsprozesse sowohl inhaltlicher als auch sprachlicher Art charakteristisch sind.

Die mathematikdidaktischen bzw. sprachdidaktischen Konzepte erlauben dabei eine sich ergänzende Sicht auf die zugrundeliegenden fachlichen und sprachlichen Prozesse, wie in □ Abb. 1.3[17] zusammenfassend dargestellt.

---

17 Angelehnt an Kniffka und Neuer (2008, S. 129).

Das Beispiel „Funktionsgleichungen" zeigt, wie theoretische Ansätze der jeweiligen Bezugsdisziplinen zur fach- und sprachintegrierten Analyse und Gestaltung unterrichtlicher Situationen beitragen können, wenn sie sinnvoll aufeinander bezogen werden. Damit soll natürlich nicht nahegelegt werden, dass Unterricht immer einem bestimmten Ablauf folgt oder folgen sollte; vielmehr kann in der Hochschullehre an diesem und vergleichbaren Beispielen zum einen diskutiert werden, wie Sprachbildung **bei der fachbezogenen Unterrichtsplanung** berücksichtigt werden kann und welche Variationsmöglichkeiten sich dabei bieten, z. B.:

- Wie können Aufgaben sinnvoll ausgewählt und sequenziert werden?
- Welche fachlichen und sprachlichen Anforderungen und Erwartungen sind mit den jeweiligen Arbeitsaufträgen verbunden?
- Welche Unterstützung ist in welchen Phasen sinnvoll?
- Wie können Aufgaben(teile) so variiert werden, dass sie mehr Unterstützungspotential bieten?
- Welche Rolle kann Darstellungsvernetzung spielen?[18]
- Inwiefern kann an Alltagswissen angeknüpft werden?

Zum anderen lässt sich herausarbeiten, an welchen Stellen eine Vorab-Planung *nicht* möglich ist, wo also ein flexibles Eingehen auf schülerseitige Beiträge **im Unterrichtsdiskurs** im Sinne spontanen, interaktiven Mikro-Scaffoldings notwendig ist (▶ Abschn. 1.2.1, Leitidee L3). Beides kann gelingen, wenn die Studierenden eine hohe Bewusstheit für Sprache im Fach ausbilden, also lernen, Sprache in fachlichen Zusammenhängen kontinuierlich mitzudenken (▶ Abschn. 1.1.3).

1.1.2 Der Zusammenhang von Denken und Sprechen im Studium

Während in ▶ Abschn. 1.1.1 die Beziehung mathematik- und sprachdidaktischer Konzeptbildungen für den Unterricht als Lerngegenstände der Hochschullehre im Mittelpunkt steht, soll im Folgenden die Rolle von Denken und Sprechen sowie deren Relevanz für Studierende genauer diskutiert werden.

Die Beziehung von Denken und Sprechen fasziniert den Menschen seit jeher. Ein Grund ist sicher darin zu sehen, dass die Sprache und das Denken in Begriffen spezifisch für uns Menschen sind. Für die Beschäftigung mit Mathematik ist diese Beziehung insofern besonders spannend, als Kognition und Sprache nicht voneinander getrennt werden können, weil die Herausarbeitung (neuer) begrifflicher Beziehungen Kernelement mathematischen Handelns ist. So ist auch Wittenberg (1968) zu verstehen, der Mathematik als ein „Denken in Begriffen" bezeichnet.

Nach Kant ist „Denken (. . .) das Erkenntniß durch Begriffe" (Kant 1999, S. 134). Mit der *Kritik der reinen Vernunft* entwickelt Kant u. a. ein bis dahin völlig neues Verständnis der Beziehung von Denken und Sprechen. Die begriffliche Struktur der Sprache ist demnach nicht als Spiegel der Welt zu verstehen. Es ist vielmehr so, dass der Mensch die Welt mit Begriffen überhaupt erst strukturiert und *begreift*. Auch Vygotskij (1934/2002) diskutiert in seinem Buch *Denken und Sprechen* die Frage, inwiefern diese beiden Prozesse miteinander zusammenhängen. Für Vygotskij sind sie in einer dialektischen Weise eng miteinander verknüpft. Das heißt auch: Weder das Sprechen noch das Denken übernimmt

---

18   Zu Darstellungsvernetzung und Scaffolding s. Wessel (2015).

dabei eine prioritäre Rolle. Vygotskij wendet sich gegen die Annahme, dass Sprache letztlich nur die (bereits fertigen) Gedanken zum Ausdruck bringt. Vielmehr vollzieht sich nach Vygotskij – in dialektischer Weise – das Denken im Sprechen: „Das Sprechen ist seiner Struktur nach keine spiegelhafte Abbildung der Struktur des Denkens. (…) Indem sich der Gedanke in Sprechen verwandelt, gestaltet er sich um, verändert er sich. Der Gedanke drückt sich im Wort nicht aus, sondern vollzieht sich im Wort." (Vygotskij 1934/2002, S. 401)

Diese hoch interessante Frage nach dem Verhältnis von Denken und Sprechen wird nicht nur in philosophischen Fachkreisen sehr intensiv diskutiert, sie spielt auch im Alltag der Hochschullehre eine wichtige Rolle. Dies zeigen exemplarisch die Kommentare zweier Studierender, die sich im Rahmen eines Seminars anhand von schriftlichen Schülerbeispielen mit einer Lernausgangsdiagnose zu negativen Zahlen beschäftigen:

1) „Bei den Schülerantworten zu der Frage, welche der Zahlen -5 und -3 größer ist, kann ich die unterschiedlichen Schülervorstellungen kategorisieren – etwa dahingehend, wie sich die Schüler die Anordnung der Zahlen vorstellen. Aber das hat doch nichts mit Sprache zu tun!"
2) „Die sprachliche Gestaltung der Schülerantworten zur Frage nach der Anordnung von Zahlen kann ich analysieren. Aber ich frage mich, inwiefern mir das für die Untersuchung des mathematischen Verständnisses helfen soll!"

Die Studierenden erkennen also jeweils den Wert der sprachlichen bzw. fachlichen Analyse der Lernendenprodukte. Gleichzeitig hinterfragen sie, inwiefern diese beiden (sprachlichen und fachlichen) Perspektiven miteinander zusammenhängen.

Die Herausforderung im Alltag der Hochschullehre besteht für die Lehrenden häufig darin, die Bedeutung einer gemeinsamen Perspektive auf schulische Lernendenprodukte erfahrbar zu machen. Eine solche gemeinsame Perspektive zeichnet sich mit der vorliegenden Konzeption einer sprachbewussten Hochschullehre durch die Verknüpfung von sprachlichen und mathematikdidaktischen Analyseansätzen aus, wenngleich sich die Konzepte auch auf weitere Domänen übertragen lassen (vgl. ▶ Kap. 3).

Inwiefern der in den beiden Studierendenäußerungen zum Ausdruck gebrachte Widerspruch aufgelöst werden kann, soll das folgende Beispiel verdeutlichen.

■ **Beispiel: Negative Zahlen**

Für eine Lernausgangsdiagnose in einer Klasse 6 zum Thema negative Zahlen hat eine Studierende unterschiedliche Aufgaben zusammengestellt, von denen einige die Anordnung der ganzen Zahlen adressieren. Ziel der Erhebung war es im weiteren Sinne, die Vorstellungen von Schülerinnen und Schülern zu negativen Zahlen genauer zu untersuchen. Für viele Schüler*innen stellen negative Zahlen eine begriffliche Herausforderung dar:

》 Negative numbers are often viewed as unsolvable mysteries by many students (Mukhopadhyay 1997, S. 35).

Von entscheidender Bedeutung in diesem Zusammenhang ist ein inhaltliches Verständnis der Ordnungsrelation, d. h. darüber,

》 wann etwas kleiner oder größer ist. Die Ordnungsrelation ist diesbezüglich bei der Zahlbereichserweiterung grundlegend. (…) Die Entwicklung einer Ordnungsrelation für ganze Zahlen, welche sowohl die bekannten natürlichen, als auch die „neuen" negativen ganzen Zahlen umfasst, stellt (…) jedoch eine Herausforderung dar (Schindler 2014, S. 78).

1

Im Rahmen der Erhebung wurde bewusst entschieden, dass die Lernenden die begrifflichen Zusammenhänge auch sprachlich reflektieren und nicht allein Fertigkeiten in Bezug auf den Kalkül bzw. die zugrunde liegenden Operationen untersucht werden. Für Zahlbereichserweiterungen (z. B. von den natürlichen Zahlen $\mathbb{N}$ zu den ganzen Zahlen $\mathbb{Z}$) besonders wichtig ist ein sicheres Verständnis der Ordnungsrelation: Die ganzen Zahlen $\mathbb{Z}$ lassen sich der Größe nach anordnen, was sich z. B. mit Hilfe der Zahlengeraden von links nach rechts bzw. von unten nach oben auch visuell darstellen lässt. Diese Eigenschaft ist übrigens nicht selbstverständlich für Zahlen – so lassen sich etwa die komplexen Zahlen $\mathbb{C}$ nicht entlang einer Zahlengeraden anordnen.

Die Studierende ließ die Schülerinnen und Schüler im Rahmen ihres Studienprojekts folgende Aufgabe bearbeiten:

$-5 > -3$

Entscheide, ob die Ungleichung richtig oder falsch ist. Begründe deine Entscheidung.

Die Studierende hat bei der Gestaltung der Lernausgangsdiagnose zwei Aspekte besonders berücksichtigt: Zum einen sollen die Lernenden zur Sprachproduktion angeregt werden, indem sie etwa Begründungen erarbeiten, Hypothesen aufstellen oder Beurteilungen vornehmen. Dies erfolgte in der Aufgabe oben etwa so, dass die Lernenden entscheiden sollen, ob die Ungleichung $-5 > -3$ richtig oder falsch sei. Außerdem sollten sie eine entsprechende Begründung für ihre Einschätzung abgeben. Der zweite Aspekt hinsichtlich der Gestaltung der Lernausgangsdiagnose war die Verwendung unterschiedlicher Repräsentationsmittel im Rahmen der Erhebung. Der fachliche Hintergrund ist darin zu sehen, dass das Verständnis mathematischer Begriffe ganz wesentlich damit zusammenhängt, unterschiedliche Darstellungen von Begriffen miteinander zu vernetzen. Im vorliegenden Fall etwa sind neben der symbolischen Darstellungsform (Ungleichung: $-5 > -3$) die ikonische (Zahlengerade) und die verbale (z. B. bei Begründungen) Darstellungsform besonders relevant.

Bei der Analyse der Schülerantworten fielen der Studierenden zwei Antworten auf:

a) „Die Aufgabe $-5 > -3$ ist richtig, weil 5 größer als 3 ist." Dieses Beispiel dokumentiert eine typische Schwierigkeit im Umgang mit negativen Zahlen, bei der die Vorzeichen ignoriert werden. Empirisch sind durchaus recht unterschiedliche Vorstellungen von Lernenden dokumentiert, die als Begründung für eine solche Einschätzung herangezogen werden (etwa vom Hofe und Hattermann 2014; Schindler 2014; Rütten 2016). Diese reichen von Begründungsmustern im Sinne einer umgekehrten Ordnungsrelation bei negativen Zahlen bis hin zur Argumentation mithilfe des Modells einer geteilten Zahlengeraden.

b) „Die Aufgabe ist falsch, weil -3 näher an den Plus Zahlen steht." Dieses Beispiel dokumentiert, inwiefern Lernende im Rahmen ihrer Begründungen auf entsprechende Repräsentationen (hier etwa die Zahlengerade) zurückgreifen. Die Schülerin teilt die Zahlengerade in einen positiven und einen negativen Bereich. Vom *Modell einer geteilten Zahlengeraden* (divided number line model, Peled et al. 1989; Mukhopadhyay 1997) spricht man, wenn Lernende den Abstand der Zahlen von der Null als Anhaltspunkt dafür nehmen, die Größe von Zahlen miteinander zu vergleichen. Vergleicht man zwei negative Zahlen a und b, so ist die Zahl mit dem geringeren Abstand zur Null die größere Zahl. Vergleicht man hingegen zwei positive Zahlen c und d, so ist die Zahl mit dem größeren Abstand zur Null die größere Zahl.

Ein stark regelgeleitetes Vorgehen im Sinne von b) ist allerdings nicht unproblematisch, etwa dann, wenn man eine positive mit einer negativen Zahl vergleicht, etwa −5 und 3. Eine Argumentation über den Abstand zur Null führt für den Vergleich der Größe der beiden Zahlen nicht weiter. Winter (1989b) formuliert diesen Zusammenhang so:

》 a kommt vor b, bzw. a ist kleiner als b, genau dann, wenn beim Zählen von 0 aus zuerst „a" und dann „b" aufgezählt (genannt) werden. Wird aber beim Vergleichen von 0 aus nach unten/links gezählt [...], so wird gerade die umgekehrte Sicht zugemutet: a kommt vor b bzw. a ist kleiner als b genau dann, wenn beim Zählen von 0 aus zuerst „b" und dann „a" aufgezählt (genannt) werden. Solange das Zählen in dieser Weise auf den Nullpunkt zentriert ist, solange muß die Ordnung der negativen Zahlen widernatürliche Züge tragen (Winter 1989b, S. 23).

Für das Verständnis der ganzen Zahlen (d. h. der negativen ganzen und der natürlichen Zahlen) kommt es entscheidend darauf an, das Modell der geteilten Zahlengerade durch ein Modell der einheitlichen Zahlengeraden zu ersetzen (dazu etwa Schindler 2014; Rütten 2016; sowie zum continous number line model in Peled et al. 1989; Mukhopadhyay 1997). Eine künstliche Teilung der Zahlengeraden an der Null kann in diesem Zusammenhang zu erheblichen inhaltlichen Schwierigkeiten führen, denen sich aber mit entsprechenden fachdidaktisch fundierten Ansätzen begegnen lässt: „Erst die Vorstellung, das Vorwärts-Zählen durchgehend von unten/links nach oben/rechts zu betreiben, bringt es wieder mit der Ordnung in Einklang" (Winter 1989b, S. 23).

Im Folgenden soll nun der Zusammenhang von Denken und Sprechen im Mittelpunkt stehen, der sich darin zeigt, wie die Studierende ihren analytischen Fokus verändert, mit dem sie die Schülerprodukte (a) und (b) betrachtet. Ursprünglich wollte sie die Sprachmittel genauer untersuchen, die die Lernenden bei dieser Aufgabe verwenden (sprachliche Perspektive). Im weiteren Verlauf dann wollte sie untersuchen, inwiefern die Lernenden bei ihren Begründungen auf unterschiedliche Darstellungen zurückgreifen und diese verwenden (fachliche Perspektive). Vor dem Hintergrund der beiden Schülerantworten (a) und (b) hat die Studierende ihren analytischen Fokus im Prozess verschoben. Im Mittelpunkt steht schließlich die Frage, welche Sprachmittel die Lernenden im Zusammenhang mit der Verwendung spezifischer Darstellungsformen nutzen. Dieser Fokus verknüpft die sprachliche und die fachliche Analyse in einer Weise, die die gegenseitige Abhängigkeit von sprachlicher und fachlicher Gestaltung der Lernendenprodukte genauer in den Blick nimmt. So zeigt etwa Antwort (a), dass im Zusammenhang mit der *symbolischen Darstellung* (Ungleichung: −5 > −3) das Konzept der *Größe* aufgerufen wird, das sich als spezifisch (und als notwendig) für den Zahlvergleich erweist – hier in Form des Adjektivs „groß" im Komparativ: „weil 5 größer als 3 ist". Anders bei der Verwendung der Zahlengeraden, einer *ikonischen Darstellungsform*, in Antwort (b): Hier wird mit dem Adjektiv „nah" im Komparativ das Konzept der *Entfernung* aufgerufen, um die Position der Zahlen auf der Zahlengerade vergleichend zu beschreiben („weil −3 näher an den Plus Zahlen steht"). Die Verwendung der Sprachmittel ist insofern auf das Engste mit der spezifischen Verwendung der Darstellungsformen und daher mit inhaltlichen Aspekten verknüpft. Diese Analyse hat der Studierenden Einsichten verschafft, die gerade die Beziehungen und die Abhängigkeiten von sprachlichen und fachlichen Aspekten betreffen. Möchte man solche Einsichten dann wiederum für die Gestaltung von Unterricht nutzen, so spielt die Verstehensorientierung eine entscheidende Rolle. Nach Prediger (2013)

1

zeichnet sich ein verstehensorientierter Mathematikunterricht insbesondere dadurch aus, dass etwa Rechenwege mündlich und schriftlich verbalisiert werden, dass ein konzeptuelles Verständnis mathematischer Konzepte aufgebaut und gefördert wird und dass die jeweiligen Bedeutungen erklärt werden.

Im Hochschulalltag ist es eine besondere Herausforderung, fachliche Inhalte, die auch noch mit unterschiedlichen fachlichen Domänen – hier: Sprache und Mathematik – verknüpft sind, für die Betrachtung von konkreten Gegenständen (z. B. Lernendenprodukten) miteinander in Beziehung zu setzen. Die folgenden beiden (Forschungs-)Fragen, die Studierende vor dem Hintergrund der Analyse von Lernendenprodukten entwickelt haben, sind zwei passende Beispiele dafür, inwiefern eine solche gemeinsame Betrachtung fachlicher und sprachlicher Aspekte zu Einsichten führen kann, die bei getrennten Analysen in der Form möglicherweise nicht hätten herausgearbeitet werden können:

- Welche Sprachmittel nutzen Lernende in Abhängigkeit von der Verwendung unterschiedlicher mathematischer Darstellungsformen?
- Welche Sprachmittel nutzen Lernende im Zusammenhang mit spezifischen (Grund-) Vorstellungen, die in den Lernendenprodukten rekonstruierbar sind?

Diese beiden Fragen zeigen ganz praktisch, wie Studierende Denken und Sprechen miteinander in Beziehung setzen (können), wenn sie Lernendenprodukte genauer analysieren. Die Beispiele zeigen aber auch, dass die philosophisch sehr spannende Frage nach dem Verhältnis von Denken und Sprechen im Universitäts- und im Schulalltag gleichermaßen eine Herausforderung darstellt, die von Studierenden und Lehrkräften gelöst werden muss.

1.1.3 Zur Bedeutung von Sprache für das Fach Mathematik

Sprachbildender Unterricht soll die vorhandenen sprachlichen Fähigkeiten der Schüler*innen aufgreifen, ihre Bewusstheit für Sprache stärken und darüber hinaus zur aktiven Nutzung und Vernetzung der verfügbaren Ressourcen in den Erst-, Zweit- und Fremdsprachen im Unterricht anregen. Was auf den ersten Blick primär als Aufgabe der sprachlichen Fächer – also des Deutsch-, DaZ-, Fremdsprachen- und Herkunftssprachenunterrichts – erscheinen mag, erweist sich bei genauerer Betrachtung als ein Anliegen, das auch für ein Fach wie Mathematik von großer Bedeutung ist. Denn gerade in mathematischen Zusammenhängen ist der präzise Umgang mit Sprache häufig ausschlaggebend für das konzeptuelle Verstehen und damit für erfolgreiches fachliches Lernen. Entsprechend beschäftigt sich auch die Mathematikdidaktik „seit ihrer Entstehung mit sprachlichen und kommunikativen Aspekten des Mathematiklernens als Lerngegenstand, Lernmedium und Lernvoraussetzung" (Prediger 2013, S. 161). In diesem Zusammenhang werden – gerade im Rahmen der Ausbildung – die unterschiedlichen Funktionen von Sprache thematisiert (vgl. Meyer und Tiedemann 2017, S. 39 ff.). Die kognitive Funktion der Sprache spielt beim Erkenntnisgewinn eine Rolle, z. B. indem Sprache begriffliches Wissen strukturiert. Ein Beispiel: Jedes Quadrat ist ein Rechteck und jedes Rechteck ein Viereck. Zugleich hat Sprache eine kommunikative Funktion, die dem Austausch, dem Diskurs und der Explizierung dient. Indes lassen sich diese Funktionen kaum voneinander trennen, weil sie „eng verwoben sind und die kommunikative Funktion verstärkend auf die kognitive wirkt" (Meyer und Tiedemann 2017, S. 42). Mit Blick auf die Ausbildung im Fach Mathematik ist es daher eine wichtige Aufgabe, die Beziehung der beiden Funktionen sowohl für das Fach als auch für die Planung und Durchführung des eigenen Unterrichts zu erfahren.

Bei der Qualifizierung angehender Mathematiklehrkräfte für einen sprachbildenden Unterricht spielt zunächst die sprachliche Sensibilisierung der Studierenden selbst eine wichtige Rolle. Grundlagenkenntnisse etwa im Bereich der deutschen Grammatik, aber auch zu (beispielsweise typologischen) Unterschieden zwischen Sprachen oder in Bezug auf Verfahren der Sprachdiagnostik, wie sie in Veranstaltungen im Bereich Sprachbildung thematisiert werden, bilden dafür eine wertvolle Basis. Sie sollten in fachdidaktischen Veranstaltungen mit Blick auf die sprachlichen Gegebenheiten des jeweiligen Fachs reflektiert und konkretisiert werden. Dies wird anhand der folgenden Beispiele für das Fach Mathematik veranschaulicht.

- **Sprachliche Eigenschaften des Fachs Mathematik**

Die spezifischen Eigenschaften der Sprache der Mathematik bzw. des Schulfachs Mathematik sowie potentielle Schwierigkeitsbereiche für Schüler*innen sind für das Deutsche gut dokumentiert (u. a. Maier und Schweiger 1999; Gürsoy 2016; Prediger 2020; Wessel et al. 2018; Guckelsberger und Schacht 2018 sowie ▶ Abschn. 1.2.1.1). Um die Wahrnehmung der Studierenden für das Thema zu schärfen und ihre analytischen Fähigkeiten zu stärken, bietet es sich an, im Seminar mathematische Texte (z. B. Aufgabenstellungen) aus fachlicher und sprachlicher Perspektive zu untersuchen. Es geht dabei nicht um ein allgemeines sprachanalytisches Training, sondern vor allem um die Fähigkeit, sprachliche Mittel auf ihre fachliche Relevanz hin zu überprüfen: Welche Ausdrücke und Strukturen sind bedeutsam für das **fachliche Verstehen**? Worauf sollte entsprechend im Unterricht besonders geachtet werden?

Zieht man etwa die Beispiele B1 und B2 vergleichend heran, so wird deutlich, wie eng das Verständnis der fachlichen Sachverhalte im Deutschen mit dem Verständnis der Präpositionen verknüpft ist:

B1-Deutsch – Der Tulpenpreis steigt **auf** drei Euro.

B2-Deutsch – Der Tulpenpreis steigt **um** drei Euro.

Die Präpositionen „auf" und „um" stellen „auf abstrakter Ebene sprachliche Relationen zu mathematischen Sachverhalten" (Gürsoy 2016, S. 137) her. Anders als das Verb „steigen", das relativ leicht hergeleitet werden kann, falls es Schüler*innen nicht geläufig ist, lässt sich die Bedeutung der Präpositionen ungleich schwerer erfassen: Sie kann nicht aus einem anderen Wort hergeleitet und nur schwer umschrieben werden, auch der Blick ins Wörterbuch hilft kaum weiter. Hinzu kommt, dass die Relationierung von mathematischen Sachverhalten nicht in allen Sprachen über Präpositionen geleistet wird und eine ausdrückliche Thematisierung im Unterricht daher umso wichtiger sein kann. Dies lässt sich im Rahmen einer Lehrveranstaltung leicht verdeutlichen, wenn man auf die sprachlichen Ressourcen der Studierenden zurückgreift. So bestätigte eine Studentin für das Französische eine dem Deutschen vergleichbare Struktur: „Le prix de la tulipe augmente à/de trois Euros [Der Tulpenpreis steigt auf/um drei Euro.]", während eine andere Studierende für das Finnische feststellte, dass dort die Relationierung nicht über Präpositionen, sondern über unterschiedliche Kasus (Illativ vs. Adessiv) erfolgt. Im Türkischen werden wiederum unterschiedliche Verben verwendet („yükselmek" vs. „artmak"):

1

B1-Finnisch – Tulppaanin hinta   nousee   kolme-**en**   euro-**on**.
Tulpenpreis   steigt   drei – Illativ   Euro – Illativ
„Der Tulpenpreis steigt auf drei Euro."

B2-Finnisch – Tulppaanin hinta   nousee   kolme-**lla**   euro-**lla**.
Tulpenpreis   steigt   drei – Adessiv   Euro – Adessiv
„Der Tulpenpreis steigt um drei Euro."

B1-Türkisch – Lale fiyatı   üç   avro-**ya**   **yüksel**iyor.
Tulpenpreis   drei   Euro – Dativ   steigt
„Der Tulpenpreis steigt auf drei Euro."

B2-Türkisch – Lale fiyatı   üç   avro-**Ø**   **art**ıyor.
Tulpenpreis   drei   Euro – Nominativ   steigt
„Der Tulpenpreis steigt um drei Euro."

Aber auch unterschiedliche Konzeptualisierungen von Fachbegriffen in verschiedenen Sprachen können mit den Studierenden diskutiert werden. So zeigen Prediger et al. (2019a, b) am Beispiel des Deutschen und des Türkischen, wie bei der Konzeptualisierung von Anteilen (z. B. $\frac{3}{5}$) im Deutschen vom Teil ausgegangen wird („drei von fünf" oder „drei Fünftel"), im Türkischen hingegen vom Ganzen („beşte üç" – „fünf, darin drei" oder „beşten üç" – „fünf, davon drei").

Das Nachdenken über mathematisch relevante Phänomene der deutschen Sprache und über den Zusammenhang von Sprachmitteln und Sprachfunktionen in anderen Sprachen erhöht die fachbezogene Sprachbewusstheit der angehenden Lehrkräfte (dies schließt manchmal auch die Erkenntnis ein, dass die Kenntnisse in einer eigentlich gut beherrschten Sprache im Fachkontext an ihre Grenzen kommen). Daran können Überlegungen für gezielte Sprachbildungsmaßnahmen im Mathematikunterricht anknüpfen.[19]

- **Lernersprachenanalyse**

Eine hohe fachbezogene Sprachbewusstheit erweist sich auch bei der fachlichen und sprachlichen Analyse von mündlichen und schriftlichen Schülerbeiträgen als nützlich. Dabei geht es in Veranstaltungen im Rahmen der Lehramtsausbildung weniger darum, dass die Studierenden die sprachlichen Fähigkeiten der Lernenden möglichst umfassend einschätzen – dies wäre Aufgabe einer kompetenzorientierten, zum Zweck der Sprachförderdiagnostik durchgeführten Lernertextanalyse (Veiga-Pfeifer et al. 2020). Vielmehr liegt der Fokus wie im vorangegangenen Abschnitt in erster Linie auf Aspekten, die für das fachliche Verstehen bzw. für den Ausbau fachlicher Kommunikationsfähigkeit notwendig sind. Als Grundlage dienen keine allgemeinsprachlichen Schülertexte, sondern mündliche oder schriftliche Äußerungen aus dem Fachunterricht.

◘ Abb. 1.4 zeigt einen Auszug aus der schriftlichen Aufgabenbearbeitung eines Zehntklässlers, der aus Syrien zugewandert ist und seit zwei Jahren Deutsch lernt. Die Aufgabe erforderte es, die Angaben aus dem Aufgabentext in ein doppeltes Baumdiagramm zu übertragen, diesen Vorgang Schritt für Schritt schriftlich zu beschreiben und

---

19   So entwickelte ein Studierender ausgehend von der Beobachtung, dass eine Schülerin die Präposition „je" in einem Aufgabentext nicht verstand, sein Studienprojekt, in dem er den Zusammenhang von sprachlichen Anforderungen und Lösungshäufigkeit bei Mathematikaufgaben untersuchte (▶ Abschn. 3.1).

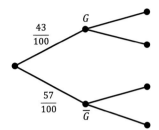

Abb. 1.4 Schülerdokument „Doppeltes Baumdiagramm" (Auszug)

Zuerst der Anzahl die Schüler die von der Grundschule ins Gymnasium gewechselt sind beträgt 43%. Also 100 − 43 = ist 57% die Anzahl der Schüler die an einen anderen Schulform gewechselt haben.

schließlich Fragen zu bedingten Wahrscheinlichkeiten zu beantworten. Der Auszug dokumentiert den ersten Schritt des Schülers bei der Entwicklung des Baumdiagramms. Inhaltlich geht es um die Wahrscheinlichkeit, dass Kinder aus einem Akademikerhaushalt vs. Nicht-Akademikerhaushalt nach der Grundschule auf das Gymnasium wechseln.

An diesem Beispiel kann diskutiert werden, welche fachlichen und sprachlichen Kompetenzen der Schüler in diesem kleinen Textabschnitt zeigt und welche Rückmeldungen in Bezug auf das Fach Mathematik sinnvoll erscheinen. Dabei ist zunächst festzuhalten, dass der Schüler grundsätzlich in der Lage ist, die Aufgabe zu bearbeiten – dies ist nach nur zwei Jahren Deutsch eine beachtliche Leistung. Fachlich auffällig ist die Verwendung des Ausdrucks „Anzahl" statt „Anteil" – dazu sollte eine Rückmeldung und ggf. inhaltliche Klärung (absolute vs. relative Häufigkeit) erfolgen. Im Weiteren kann diskutiert werden, wie man den Schüler bei der Versprachlichung von Konstruktionsprozessen unterstützen und damit seine mathematischen Ausdrucksmöglichkeiten erweitern könnte. Ein Vorschlag wäre etwa eine genredidaktische Herangehensweise, die sprachliche Vorbilder mit einbezieht[20]; dies würde ggf. auch die Grammatikverwendung positiv beeinflussen und ließe sich zudem auf mündliche Kommunikationssituationen (z. B. Versprachlichung von Rechenwegen) übertragen.

1.2 Leitideen und Design-Prinzipien für eine sprachbewusste Hochschullehre in der Lehramtsausbildung Mathematik

Im vorliegenden Abschnitt werden zunächst Leitideen zur Verortung von Sprache und Fach in der Lehramtsausbildung entwickelt, die die inhaltlichen Rahmenbedingungen für eine sprachbewusste Hochschullehre markieren und anhand von Beispielen veranschau-

20 z. B. Gibbons (2015), Gürsoy (2018), Jahn (2020). Im Rahmen eines Lehr-Lern-Zyklus wird eine schulisch relevante Fachtextsorte („Genre") – im Fall von Mathematik z. B. eine Konstruktionsbeschreibung, eine Textaufgabe oder ein Wissensspeicher – im Unterricht schrittweise erarbeitet. Dabei steht die Arbeit am sprachlichen Modell im Mittelpunkt: ein Modelltext wird auf seinen Zweck, seine Struktur und seine sprachlichen Eigenschaften hin untersucht („modeling and deconstructing the genre"); anschließend werden die Lernenden zu einer gemeinsamen Konstruktion und eigenständigen Produktion der Fachtextsorte hingeführt („joint construction", „independent writing").

lichen (▶ Abschn. 1.2.1). Vor diesem Hintergrund werden dann hochschuldidaktische Design-Prinzipien für eine fach- und sprachintegrierte sowie forschungsbezogene Hochschullehre in der Lehramtsausbildung Mathematik formuliert, die der praktischen Ausgestaltung der Lehre zugrunde gelegt werden können (▶ Abschn. 1.2.2). Eine Übersicht über die Leitideen und Design-Prinzipien findet sich in ▶ Abschn. 1.2.3.

1.2.1 Leitideen zur Verortung von Sprache und Fach in der Lehramtsausbildung Mathematik

Die im Folgenden vorgestellten und an Beispielen entfalteten Leitideen sollen zur Orientierung bei der Planung von Lehrveranstaltungen in der Lehramtsausbildung Mathematik mit einem Schwerpunkt auf Sprachbildung beitragen. Im Kontext einer sprachbewussten Hochschullehre dienen sie insbesondere auch der Einordnung der in ▶ Kap. 2 diskutierten Konzepte. Ein zentraler Gedanke dabei ist es, für die Studierenden die Möglichkeiten der Vernetzung von Fach und Sprache auf theoretischer und praktischer Ebene in der Hochschullehre (und insbesondere beim Forschenden Lernen) greifbar zu machen und sie auf diese Weise auf den eigenen sprachbildenden Fachunterricht in der Schule vorzubereiten.

Die **Leitideen** zur Verortung von Sprache und Fach in der Lehramtsausbildung Mathematik beziehen sich auf folgende Bereiche – wobei selbstverständlich kein Anspruch auf Vollständigkeit erhoben werden soll:
L1: Fachbezogenes Sprachwissen als Voraussetzung für sprachbewussten Fachunterricht
L2: Aufgabenkultur
L3: Systematische sprachliche Unterstützung im Fachunterricht
L4: Fachlich-sprachliches Diagnostizieren

Die Grundlage bilden zum einen Kriterien für Sprachbildung im (Fach-)Unterricht und Zielkompetenzbeschreibungen für Lehramtsstudierende bzw. Lehrkräfte im Bereich Sprachbildung, sowie zum anderen entsprechende Bezugstheorien und Forschungserkenntnisse, die die Leitideen aus sprach- und fachdidaktischer Perspektive begründen.

Eine Übersicht über die Leitideen findet sich in ▶ Abschn. 1.2.3.

1.2.1.1 L1: Fachbezogenes Sprachwissen als Voraussetzung für sprachbewussten Fachunterricht

Der reflektierte Umgang mit Sprache im Fachunterricht gilt als wichtiges Mittel, um allen Lernenden den bestmöglichen Zugang zu fachlichen Inhalten zu bieten und das fachliche Verstehen ausgehend von den jeweiligen sprachlichen Fähigkeiten der Lernenden zu fördern (Schmölzer-Eibinger et al. 2013). Dazu gehört eine hohe Aufmerksamkeit für die sprachlichen Anforderungen des jeweiligen Fachs, die auf die fachlichen Anforderungen bezogen und für die Lernenden transparent gemacht werden müssen. Als besonders wichtig wird dabei das In-Beziehung-Setzen von Alltags- und Bildungs-/Fachsprache erachtet (Gogolin et al. 2011): Die von den Lernenden mitgebrachten sprachlichen Ressourcen werden im Unterricht aufgegriffen, fachlich reflektiert und hinsichtlich der kommunikativen, insbesondere auch schriftsprachlichen Anforderungen im Fach sukzessive ausgebaut (→ Leitidee L3). Bewusster Umgang mit Sprache im Fachunterricht bezieht sich auch auf die herkunfts- und fremdsprachlichen Kenntnisse der Lernenden, die so in den Unterricht integriert werden sollen, dass sie zum fachlichen Lernen aller Schülerinnen und Schüler beitragen (Rehbein 2012; Büttner und Gürsoy 2018; Fürstenau und Niedrig 2018).

In Kasten 1 sind eine Reihe von Auszügen aus verschiedenen Leitlinien zur Sprachbildung im Fachunterricht bzw. für die entsprechende Qualifikation von (angehenden) Lehrkräften zusammengestellt:

Kasten 1: Auszüge aus Leitlinien/Empfehlungen für Sprachbildung im (Fach-)Unterricht bzw. für eine entsprechende Lehrkräftequalifikation

- „Im sprachaufmerksamen Fachunterricht ist die Sprachverwendung durch Sprachaufmerksamkeit und Sprachreflexion geprägt" (Schmölzer-Eibinger et al. 2013, S. 26).
- „Im sprachaufmerksamen Fachunterricht sind sprachliche Anforderungen explizit und transparent" (Schmölzer-Eibinger et al. 2013, S. 38).
- „Die Lehrkräfte planen und gestalten den Unterricht mit Blick auf das Register Bildungssprache und stellen die Verbindung von Allgemein- und Bildungssprache explizit her" (Gogolin et al. 2011, S. 14).
- „Es herrscht ein bewusster und förderlicher Umgang mit Sprache in allen Fächern und schulischen Handlungsbereichen" (MSW NRW 2015, 2.7.1., S. 33).
- „Sprachliche Kompetenzen von Schülerinnen und Schülern anderer Herkunftssprachen werden aufgegriffen und berücksichtigt" (MSW NRW 2015, 2.7.2., S. 34).
- „Wissen über Sprache und Sprachbildung: Wie wird in meinem Fach kommuniziert? Sprache(n) im Fach, Darstellungsformen, morphologische und syntaktische Besonderheiten, BICS und CALP, Schriftlichkeit und Mündlichkeit, Sprachbildung, …" (Leisen 2016, S. 52).

Damit Studierende als zukünftige Lehrkräfte ihren Fachunterricht sprachbewusst planen und durchführen können, müssen sie sich – über allgemeine linguistische Grundkenntnisse hinaus – spezifisches Wissen hinsichtlich der sprachlichen Eigenschaften ihrer jeweiligen Unterrichtsfächer aneignen. Denn nur dann können sie relevante Anforderungsbereiche und Lernpotentiale identifizieren und produktiv in den Unterricht einbinden. Der **Aufbau fachbezogenen Sprachwissens** ist also eine zentrale Aufgabe der fach- und sprachintegrierten Hochschullehre.

Für das Fach Mathematik ergibt sich somit folgende Leitidee L1:

L1

Die sprachbewusste Lehramtsausbildung Mathematik sensibilisiert die Studierenden für Sprache im Fach Mathematik und schafft so die Voraussetzung für einen reflektierten Umgang mit Sprache und Mehrsprachigkeit im Mathematikunterricht.

Auf der Unterrichtsebene zeigen empirische Belege, dass „die Sprachkompetenz unter allen betrachteten sozialen und sprachlichen Faktoren den größten Beitrag zur statistischen Erklärung von Unterschieden in der Mathematikleistung hat" (Prediger et al. 2015, S. 90). Solche empirischen Belege haben wichtige Konsequenzen für die universitären Lerngegenstände: Ein bewusster Umgang mit Sprache im Fach Mathematik ist von zentraler Bedeutung für den schulischen Lernprozess, und dies sollte für die Studierenden erfahrbar sein. Studierende sollten sich als Vorbereitung auf die sprachbewusste Gestaltung ihres Unterrichts daher zunächst mit den sprachlichen Eigenschaften des (Schul-)Fachs Mathematik beschäftigen.

L1-1

Die Studierenden eignen sich spezifisches Wissen in Bezug auf die sprachlichen Eigenschaften des Fachs Mathematik an. Sie identifizieren sprachliche Anforderungen, die für das fachliche Verstehen relevant sind.

Für die Fachsprache der Mathematik liegen detaillierte Beschreibungen vor (z. B. Maier und Schweiger 1999; Meyer und Tiedemann 2017). Bei der Thematisierung in der Lehramtsausbildung Mathematik sollten insbesondere solche Aspekte thematisiert werden, die das fachliche Lernen nachweislich beeinflussen, ohne dass dies auf den ersten Blick erkennbar wäre.

Mathematische Fachbegriffe werden als „unverzichtbare[r] Bestandteil des Lehrens und Lernens" wahrgenommen (Frank und Gürsoy 2015, S. 136). Während insbesondere Begrifflichkeiten lateinischen oder griechischen, seltener auch englischen Ursprungs in der Regel als typisch mathematisch oder zumindest typisch fachsprachlich erkannt werden (z. B. „multiplizieren", „Logarithmus", „Boxplot"), trifft dies auf andere Fachbegriffe nicht in gleichem Maße zu: Ausdrücke wie „Viereck", „abhängig", „parallel", „abtragen" oder „Ereignis" kommen in modifizierter oder ganz anderer Bedeutung auch in der Alltagssprache vor – es handelt sich also um „unauffällige Fachwörter" (Guckelsberger und Schacht 2018). So werden beispielsweise unter dem Wort „Viereck" nach alltagssprachlichem Verständnis zumeist nur Rechtecke oder Quadrate verstanden, wohingegen nach fachlichem Verständnis alle Polygone mit vier Ecken und vier Kanten gemeint sind. Es kann dann – anders als bei Ausdrücken, die ausschließlich im Fachkontext auftreten – zu „Interferenzen zwischen alltagssprachlichen und fachlichen Bedeutungen" (Maier und Schweiger 1999, S. 121 ff.) kommen. Im Unterricht muss die fachliche Bedeutung sukzessive herausgearbeitet werden.[21]

▶ **Beispiel 1**

Die Studierenden identifizieren mathematische Fachbegriffe, die in anderer oder weniger spezifischer Bedeutung auch im Alltag auftreten („Viereck", „abhängig"; „parallel"; „abtragen"; „Ereignis"). ◀

In diesem Zusammenhang ist auch auf **fachspezifische Kollokationen**, i. d. R. Verbindungen von Substantiven und Verben, hinzuweisen. Sie bezeichnen entweder mathematische **Handlungen** (z. B. „einen Bruch erweitern/kürzen", „eine Gleichung aufstellen/auflösen", „eine Wurzel ziehen"), bei denen der oder die Mathematiker*in das handelnde Subjekt ist (also z. B. „*Ich* erweitere den Bruch" etc.). Oder sie bezeichnen mathematische **Zustände** (z. B. „ein Ereignis tritt ein"; „die Gerade schneidet [den Kreis]");[22] hier liegt die Vorstellung des mathematischen Gegenstands als handelndem Subjekt zugrunde (Maier und Schweiger 1999, S. 22). Auf fachspezifische Kollokationen ist im Unterricht besonders zu achten – zum einen, weil die jeweiligen Bestandteile für sich genommen

---

21 Vgl. Schacht et al. (i. V.) zur fachspezifischen Ausschärfung des Begriffs „Parallele" in der Jgst. 6 sowie ▶ Abschn. 2.4 zum Begriff der „Abhängigkeit" im Unterrichtsdiskurs der Jgst. 10.

22 Beispiele aus anderen Fächern wären etwa „die Präposition ‚[mit]‘ verlangt [den Dativ]" (Fach Deutsch), „die Kraft greift an" (Fach Physik); s. Tajmel und Hägi-Mead (2017).

(oft) in anderer Verwendungsweise auch in der Alltagssprache vorkommen, zum anderen, weil sich die Substantive und Verben nicht beliebig variieren lassen. Hinzu kommt, dass die mathematische Bedeutung sich nicht immer leicht erschließen lässt, selbst wenn die Bestandteile für sich genommen bekannt sind (vgl. Tajmel 2011, 2017). Fachspezifische Kollokationen müssen daher im jeweiligen mathematischen Kontext gelernt werden.

> ▶ **Beispiel 2**

Die Studierenden erkennen fachspezifische Kollokationen, die im mathematischen Kontext gelernt werden müssen (z. B. „einen Bruch erweitern", „eine Wurzel ziehen"; „ein Ereignis tritt ein"). ◀

Untersuchungen zum mathematischen Aufgabenverständnis offenbaren einen weiteren sprachlichen Anforderungsbereich: **Bildungssprachliche Inhaltswörter** wie „Auslastung" oder „Erlös" sind keine mathematischen Fachwörter; dennoch können sie das mathematische Aufgabenverständnis erheblich beeinflussen (Gürsoy et al. 2013). Anders als Fachtermini sind bildungssprachliche Inhaltswörter kein genuiner Vermittlungsgegenstand des Fachunterrichts und werden entsprechend auch in Merksätzen, Definitionen oder Glossaren nicht berücksichtigt. Umso wichtiger ist es, dass solche Wörter im Unterricht als mögliches Lernhindernis wahrgenommen und bei Bedarf geklärt werden.

> ▶ **Beispiel 3**

Die Studierenden identifizieren in Aufgaben komplexe bildungssprachliche Inhaltswörter wie „Zuschauerschnitt" oder „Erlös" (Gürsoy et al. 2013) – d. h. Ausdrücke, die nicht zur Fachsprache der Mathematik im engeren Sinn gehören, jedoch für das Aufgabenverständnis ausschlaggebend sein können. Sie wissen, dass solche Ausdrücke für viele Lernende eine Herausforderung darstellen und ggf. einer expliziten Klärung bedürfen. ◀

Auch **Präpositionen zur Relationierung mathematischer Sachverhalte** haben, wie Gürsoy et al. 2013 empirisch zeigen, einen erheblichen Einfluss auf das mathematische Aufgabenverständnis (▶ Abschn. 1.1.3). Sie sind für Lernende schwer zu erfassen, insbesondere wenn in der Erstsprache solche Relationierungen nicht über Präpositionen, sondern über andere sprachliche Mittel (z. B. Kasus, Verben) vollzogen werden. Studierende sollten sich dieser möglichen Problematik bewusst sein und lernen, entsprechende Lerngelegenheiten bereitzustellen (Gürsoy 2016, 198 ff.).

> ▶ **Beispiel 4**

Die Studierenden wissen, dass im Deutschen Präpositionen in abstrahierender Weise genutzt werden, um mathematische Relationen auszudrücken („Um wie viel Prozent liegt der Verbrauch bei 180 km/h über dem Verbrauch bei 100 km/h?"[23]; „Der Tulpenpreis steigt auf/um 3 €."). ◀

Die Sprache des Schulfachs Mathematik zeichnet sich schließlich durch **syntaktische Strukturen** aus, die vom alltäglichen Gebrauch abweichen. Dazu gehören etwa die für Lernende ungewohnte Positionierung des finiten Verbs an erster (statt zweiter) Position im Satz („Sei $\varepsilon > 0$ vorgegeben.") oder die Umkehrung der üblichen Wortstellung (Inversion) in Aufgabenstellungen („Gegeben sei die Funktion f ..."). Darüber hinaus weisen

---

23   Item A2a2, Zentrale Prüfungen 10 Mathematik, NRW 2012 (zitiert nach Gürsoy 2016, S. 137).

1

Textaufgaben oft komplexe textdeiktische Verweise auf, die für das Aufgabenverständnis erschlossen werden müssen (Gürsoy 2016; Guckelsberger und Schacht 2018).

L1-2

Die Studierenden entwickeln eine Bewusstheit für die Bedeutung von Mehrsprachigkeit im Fach Mathematik.

Der aufmerksame Umgang mit Sprache im Fachunterricht schließt auch die Berücksichtigung der von den Lernenden gesprochenen Sprachen jenseits des Deutschen, insbesondere von Herkunftssprachen, ein. Studierende sollten wissen, dass mathematische Sachverhalte unterschiedlich konzeptualisiert und versprachlicht werden können und dass sich bspw. aus einer vergleichenden Betrachtung unter Einbezug von Herkunfts- und Fremdsprachen Erkenntnisse für alle Lernenden gewinnen lassen.

▶ **Beispiel 1**

Die Studierenden nehmen Sprachvergleiche vor, um zu untersuchen, wie Begriffe, Zahlen oder mathematische Relationen (▶ Abschn. 1.1.3) in verschiedenen Sprachen konzeptualisiert werden. ◄

▶ **Beispiel 2**

Die Studierenden erproben und reflektieren ihre eigenen mehrsprachigen Fähigkeiten (z. B. in Schulfremdsprachen und/oder Herkunftssprachen) im Kontext Mathematik. Sie schärfen ihre Wahrnehmung für die Perspektive von Zweit- oder Fremdsprachenlernenden und für die Nutzung von Erstsprachen als Ressource beim fachlichen Lernen. ◄

Darüber hinaus erweitert die Nutzung von Erstsprachen (und ggf. auch der Brückensprache Englisch; Roth 2018) für viele Schüler*innen die Möglichkeiten zu einer aktiven Teilhabe am mathematischen Diskurs und stellt daher eine wertvolle Ressource für das fachliche Lernen dar (Meyer und Prediger 2011; Meyer und Tiedemann 2017; Redder et al. 2018; Prediger et al. 2019a, b).[24] Das ist insbesondere für die spezifische sprachliche Situation von neu zugewanderten Lernenden von Bedeutung, die noch nicht über umfassende alltagssprachliche und fachsprachliche Deutschkenntnisse verfügen – unter Umständen aber über gute fachliche Vorkenntnisse (Fürstenau und Niedrig 2018).[25]

Entsprechende Kenntnisse in diesem Bereich sind für Studierende nicht nur für die Schulpraxis relevant, sondern bieten auch interessante Anknüpfungspunkte für forschendes Lernen.

1.2.1.2 L2: Aufgabenkultur

Aufgaben bilden für das Unterrichtsfach Mathematik die „Kristallisationspunkte des selbsttätigen Lernens" (Neubrand 2002, S. 2). Sie sind zugleich Medium des Lernens

---

24 Hier sei insbesondere auf das Projekt MuM-Multi 2 – Sprachenbildung im Mathematikunterricht unter Berücksichtigung der Mehrsprachigkeit – verwiesen, in dem Strategien mehrsprachigen Handelns im Fach Mathematik bei Bildungsinländer*innen und neu zugewanderten Schüler*innen untersucht werden.
25 Dies kann zum Beispiel umgesetzt werden, indem die Studierenden eine Mathematikaufgabe in einer selbst gewählten Sprache (Fremd- oder Herkunftssprache) bearbeiten und anschließend aufgetretene Probleme und hilfreiche Strategien besprechen.

und Anlass zum Lernen. Für die Mathematikdidaktik stellen Aufgaben daher ein reichhaltiges Forschungs- und Entwicklungsfeld dar (für einen Überblick s. z. B. Leuders 2015; Büchter und Leuders 2016; Bruder 2010 oder Shimizu et al. 2010). Insbesondere Beiträge zur fachdidaktischen Entwicklungsforschung verknüpfen Entwicklungs- und Forschungsaktivitäten, indem die Aufgabenentwicklung empiriegestützt vorgenommen wird (Hußmann et al. 2011; Gravemeijer und Cobb 2006). In diesem Sinne kann beispielsweise die genaue Beforschung von Lernprozessen von Schülerinnen und Schülern den Ausgangspunkt für die Evaluation entwickelter Aufgaben bzw. komplexerer Lernumgebungen bilden (z. B. Zindel 2019; Schacht 2012).

Die besondere Stellung von Aufgaben im Unterrichtsfach Mathematik spiegelt sich in einer entsprechend intensiven Auseinandersetzung im Mathematikstudium, wo die Konstruktion von Lernumgebungen z. B. im Kontext von Praxisphasen einen wichtigen Schwerpunkt bildet. Gerade weil Aufgaben im Mittelpunkt des Mathematikunterrichts stehen, ist es jedoch von zentraler Bedeutung, dass sich Studierende nicht nur aus fachlicher, sondern auch aus sprachlicher Perspektive mit Aufgaben befassen.

Dass Aufgabenqualität auch ein Thema im Bereich der Sprachbildung ist, zeigen die Qualitätskriterien für Sprachbildung im Fachunterricht bzw. für die Ausbildung von Lehrkräften in diesem Bereich (Kasten 2). Insbesondere die Integration von geeigneten Schreibaufgaben in den Fachunterricht wird als zentral angesehen, da sie zum einen zum Aufbau fach- und bildungssprachlicher Fähigkeiten (kommunikatives Schreiben), zum anderen zur Vertiefung des fachlichen Verstehens (epistemisches Schreiben) beitragen können (Schmölzer-Eibinger et al. 2013; Stephany et al. 2015). Allgemeiner wird gefordert, auf eine sprachsensible Aufgabengestaltung (Leisen 2016) zu achten, den Lernenden umfassende Sprech- und Schreibgelegenheiten anzubieten (MSW NRW 2015, Kriterium 2.7.1) sowie für den sprachsensiblen Fachunterricht geeignete (ggf. Mehrsprachigkeit berücksichtigende) Materialien einzuplanen (ÖSZ 2014).

Kasten 2: Auszüge aus Leitlinien/Empfehlungen für Sprachbildung im (Fach-)Unterricht bzw. für eine entsprechende Lehrkräftequalifikation

- „Im sprachaufmerksamen Fachunterricht spielen Schreib- und Textarbeit eine zentrale Rolle" (Schmölzer-Eibinger et al. 2013, S. 49).
- „Schülerinnen und Schüler erhalten umfassend Sprech- und Schreibgelegenheiten zur Erprobung ihrer Sprachfähigkeiten und entsprechende Orientierungen, wie sie diese weiterentwickeln können" (MSW NRW 2015, S. 33).
- „Die Studierenden kennen geeignete Materialien für einen sprachsensiblen (Fach-)Unterricht und können diese für ihre Unterrichtsplanung berücksichtigen" (ÖSZ 2014, Themenbereich 4.9).
- „Die Studierenden kennen die für ihre Schulstufe/n relevanten mehrsprachigkeitsorientierten Materialien und Ressourcen" (ÖSZ 2014, Themenbereich 5.3).

Allerdings liegen Aufgaben, die fachliches und sprachliches Lernen sinnvoll verknüpfen, nur exemplarisch für ausgewählte Fächer und Themen vor. Die Befähigung der Studierenden, Aufgaben unter Berücksichtigung von Grundsätzen aus Sprachbildung und Fachdidaktik zu variieren und weiterzuentwickeln, ist daher als eine zentrale Aufgabe der fach- und sprachintegrierten Lehramtsausbildung zu sehen. Denn nur wenn die Stu-

1

dierenden spezifische sprachliche Schwierigkeitsbereiche (→ Leitidee L1) einerseits, das sprachbildende Potential von Aufgaben andererseits erkennen und darüber hinaus in der Lage sind, Aufgaben entsprechend weiterzuentwickeln, können sie die Lernenden fachlich und (fach-)sprachlich angemessen fordern und unterstützen. Dies ist umso wichtiger, als Forschungsbefunde an der Schnittstelle von Fach- und Sprachdidaktik einen deutlichen Zusammenhang zwischen Sprachkompetenz und Mathematikleistung aufzeigen (z. B. Gürsoy et al. 2013). Vor diesem Hintergrund lautet die zweite Leitidee L2:

┌─ **L2** ───┐

Die sprachbewusste Lehramtsausbildung Mathematik befähigt die Studierenden zur Berücksichtigung von Sprache bei der Arbeit mit Aufgaben.

└──┘

Für eine forschungsbasierte Lehramtsausbildung Mathematik mit einer gemeinsamen Perspektive auf Mathematik und Sprache bietet z. B. die fachdidaktische Entwicklungsforschung einen Bezugspunkt, um die Arbeit an Aufgaben (d. h. deren Analyse, (Weiter-) Entwicklung und Erprobung) zu thematisieren. Im Verlauf dieses Buches werden vielfältige Beispiele aus dem Hochschulalltag thematisiert, bei denen Studierende an Aufgaben arbeiten, diese mit Schülerinnen und Schülern erproben und zugrundeliegende Prozesse (z. B. Bearbeitungsprozesse, Prozesse der Verwendung von Erst- und Zweitsprache oder Besonderheiten von Interaktionsprozessen) genauer beobachten und analysieren.

┌─ **L2-1** ───┐

Die Studierenden bestimmen und überprüfen die sprachlichen Auswirkungen mathematikdidaktisch begründeter Entscheidungen, wenn sie Aufgaben konstruieren und variieren.

└──┘

▶ **Beispiel 1**

Die Studierenden untersuchen die sprachlichen Herausforderungen und/oder Erleichterungen, die sich durch die Nutzung digitaler Werkzeuge ergeben. ◀

▶ **Beispiel 2**

Die Studierenden untersuchen die Auswirkungen von Aufgabenvariationen auf die Sprachrezeption (hören, lesen) und Sprachproduktion (sprechen, schreiben). ◀

Eine der grundlegenden Tätigkeiten für die Arbeit mit Aufgaben im Mathematikunterricht besteht darin, dass bereits existierende Aufgaben im Sinne einer stoffdidaktischen Analyse (z. B. Hußmann und Prediger 2016; Winter 1985) zunächst hinsichtlich ihrer fachlichen Struktur und Anforderungen genauer untersucht werden. Für die Hochschullehre bietet die Verknüpfung von inhaltsbezogenen und sprachbezogenen **Analysen** viel Potential, weil mathematikdidaktische Aspekte (etwa zum fachlichen und sprachlichen Differenzierungspotential von Aufgaben), sprachbezogene Aspekte (etwa zur Rolle von Präpositionen in Aufgaben) sowie mathematisch-stoffdidaktische Aspekte (etwa zur Rolle der zugrunde liegenden begrifflichen Struktur) gemeinsam betrachtet werden können. Bei der Variation von Aufgaben wiederum können die spezifischen Konsequenzen auf den jeweiligen Ebenen verdeutlicht werden. Mathematikdidaktisch begründete Entscheidungen können so hinsichtlich ihrer sprachlichen Auswirkungen reflektiert werden

(L2-1). Dies kann in der Praxis etwa bedeuten, dass die Variation einer Aufgabe durch Nutzung eines Funktionenplotters sprachlich neue Anforderungen stellt, die für die unterrichtliche Planung entsprechend berücksichtigt werden sollten – gerade weil die Nutzung digitaler Werkzeuge die genutzte Sprache im Mathematikunterricht stark beeinflusst (etwa Hölzl 1996; Weigand 2013; Kaur 2015; Schacht 2015, 2017; Sinclair und Yurita 2008).

L2-2

Die Studierenden variieren Aufgaben so, dass sowohl mathematische als auch sprachliche Lernprozesse unterstützt werden.

▶ **Beispiel 1**

Die Studierenden schaffen durch Aufgabenvariation (z. B. Öffnung von Aufgaben) fachliche Kommunikations- bzw. Argumentationsanlässe. ◀

▶ **Beispiel 2**

Die Studierenden entwickeln Aufgaben zur fachbezogenen Sprachreflexion (z. B. Vergleich von Fachbegriffen in Alltags- und Fachsprache; Vergleich von Fachbegriffen oder Konzepten in verschiedenen Sprachen). ◀

Ein zentrales Thema bildet die **Variation** von Aufgaben (z. B. Schupp 2002 oder auch Büchter und Leuders 2016). Unterschiedliche Strategien der Aufgabenvariation wie z. B. das Weglassen von Informationen, die Änderung von Bedingungen oder auch die Verallgemeinerung von Aufgaben tragen zu einer verbesserten mathematischen Aufgabenkultur bei, indem die veränderten Aufgaben nun z. B. das Einbringen von Vor- und Alltagswissen ermöglichen, Kooperation unter den Lernenden fördern, Anlässe zum Argumentieren bieten oder zur Reflexion über Problemlösestrategien anregen (s. vom Hofe 2001; Feindt 2010; Leuders et al. 2011; Büchter und Leuders 2016). Solche aus (primär) mathematikdidaktischen Überlegungen heraus veränderten Aufgaben haben häufig zugleich ein hohes sprachbildendes Potential, weil sie produktives, kooperatives und reflexives Handeln erfordern – Aspekte, die auch in Leitlinien für Sprachbildung im Fachunterricht eine wichtige Rolle spielen.

Für den vorliegenden Kontext werden solche Aufgabenvariationen im Lichte des sprachbewussten Umgangs mit Aufgaben in der Hochschullehre thematisiert (▶ Abschn. 2.2). Studierende sollten bspw. Aufgaben so variieren können, dass sowohl sprachliche als auch fachliche Lernprozesse unterstützt werden. Die Variation von Aufgabenserien hin zu operativ strukturierten Aufgaben (z. B. Wittmann 1992) kann beispielsweise Anlässe schaffen, um zugrundeliegende mathematische Muster zu beschreiben und zu begründen. Auch der Vergleich unterschiedlicher Zugänge, die durch verschiedene Aufgaben vorgenommen werden (müssen), kann – fachliche ebenso wie sprachliche – Reflexionsprozesse unterstützen.

L2-3

Die Studierenden entwickeln Schreibaufgaben, die das mathematische Lernen unterstützen.

1

▶ **Beispiel 1**

Die Studierenden entwickeln Schreibaufgaben zur Vernetzung unterschiedlicher Darstellungsformen. ◀

▶ **Beispiel 2**

Die Studierenden entwickeln Schreibaufgaben, die der Systematisierung und Vertiefung des Gelernten dienen (z. B. (mehrsprachiger) Wissensspeicher; Konstruktionsbeschreibung). ◀

Ein in diesem Zusammenhang besonders hervorzuhebender Aspekt ist die Schaffung von Schreibanlässen (etwa Kuntze und Prediger 2005; Götze 2013; Stephany, Linnemann und Wrobbel 2015). Um schriftsprachliche Kompetenzen im Mathematikunterricht auszubauen und das fachliche Verstehen zu vertiefen, können Schreibaufgaben unterschiedlicher Komplexität initiiert werden – etwa zur Darstellungsvernetzung[26] (Beschriftung einer Graphik; Vergleich von Darstellungsformen), im Kontext einer Entdeckungsphase (Vorhersagen schriftlich festhalten und mathematisch überprüfen (Schacht et al. i. V.); fachliches Vorwissen aktivieren[27]) oder zur Wissenssicherung (Ergebnissicherung in SMS- oder Briefform[28]).

In ▶ Kap. 2 wird deutlich, welch zentralen Stellenwert die Entwicklung und Konstruktion von Aufgaben für die Ausbildung zukünftiger Mathematiklehrkräfte hat und welches Potential sich dabei nicht zuletzt im Kontext des forschenden Lernens eröffnet.

1.2.1.3 L3: Systematische sprachliche Unterstützung im Fachunterricht

» Verbesserter Zugang zur Mathematik, nicht Sprachförderung per se, sollte das primäre Ziel sein, an dem sich Maßnahmen zur Sprachförderung im Mathematikunterricht zunächst einmal messen lassen müssen (Meyer und Prediger 2011, S. 199).

Sprache ist im Unterricht zugleich Lernmedium (Lernen ist ganz überwiegend sprachlich vermittelt) und Lerngegenstand (fachliche Kommunikationsweisen müssen erlernt werden). Es gehört daher zu den zentralen Fragen des sprachbildenden Fachunterrichts, wie Lernende bei der Aneignung von Fachinhalten sowie, eng damit verknüpft, beim Aufbau fachbezogener Kommunikationsfähigkeiten systematisch sprachlich unterstützt werden können. Grundlage ist eine Bedarfsanalyse, die die sprachlichen und fachlichen Anforderungen des jeweiligen Inhaltsbereichs mit den jeweiligen Voraussetzungen bei den Lernenden abgleicht.

Ansätze zur sprachlichen Unterstützung im Fachunterricht lassen sich grob unterteilen in **planbare** und **nicht (im Detail) planbare Unterstützungsmaßnahmen** (Hammond und Gibbons 2005 zur Untergliederung nach Macro-Scaffolding auf Planungsebene und Micro-Scaffolding auf interaktionaler Ebene). Planbar ist beispielsweise eine Phasierung des Unterrichts, bei der Zusammenhänge von sprachlichen und fachlichen Lerngelegenheiten unter Berücksichtigung der jeweiligen fachdidaktischen Grundsätze sichtbar werden. In ▶ Abschn. 1.1.1 wurde dies am Beispiel des Mathematikunterrichts gezeigt: Prinzipien des Macro-Scaffoldings (Hammond und Gibbons 2005; Gibbons 2006, 2015;

---

26 Sprachbildung durch Vernetzung von Darstellungsformen wird in ▶ Abschn. 2.3 diskutiert.
27 Vgl. die studentische Erhebung zum Wahrscheinlichkeitsbegriff (▶ Abschn. 2.6).
28 Vgl. die studentische Erhebung zum Thema Mittelwerte (▶ Abschn. 2.2).

Kniffka 2010) wurden in Beziehung gesetzt zu Kernprozessen mathematischen Lernens (Erkunden, Systematisieren, Vertiefen; Prediger et al. 2014).

Ebenfalls planbar sind bestimmte Arbeits- und Sozialformen, die eine sprachliche Entlastung bewirken (z. B. *think – pair – share*; Bildung von Arbeitsgruppen mit gemeinsamen Sprachkenntnissen[29]) sowie die fach- und sprachbewusste Variation von Aufgaben und weiteren Lernmaterialien, ggf. auch unter gezielter Einbeziehung von Herkunfts- und Fremdsprachen (→ Leitidee L2).

Auf andere Arten der Unterstützung können sich (angehende) Lehrkräfte zwar grundsätzlich vorbereiten[30], sie können sie jedoch nicht im Detail vorausplanen. So gehört zu den zentralen Kriterien sprachbewussten Fachunterrichts die Umsetzung von Micro-Scaffolding (Hammond und Gibbons 2005), d. h. spontaner Unterstützungsangebote in der mündlichen Interaktion. Während manche Aspekte (z. B. Zeit-Geben bei Schülerantworten) relativ problemlos umsetzbar erscheinen, erfordern andere Unterstützungsleistungen – etwa das Aufgreifen und fachlich adäquate Umformulieren von alltagssprachlichen Äußerungen, ein angemessener Umgang mit sprachlichen Fehlern oder auch die eigene sprachliche Vorbildhaftigkeit – ein hohes Maß an Sprachwissen und sprachlicher Aufmerksamkeit (→ Leitidee L1) seitens der Lehrperson.

In Kasten 3 ist eine Auswahl entsprechender Empfehlungen und Leitlinien für Sprachbildung im Fachunterricht bzw. für die entsprechende Qualifizierung von Lehrenden aufgeführt.

Kasten 3: Auszüge aus Leitlinien/Empfehlungen für Sprachbildung im (Fach-)Unterricht bzw. für eine entsprechende Lehrkräftequalifikation

- „Im sprachaufmerksamen Fachunterricht erfolgt eine systematische sprachliche Unterstützung" (Schmölzer-Eibinger et al. 2013).
- „Die Studierenden kennen Strategien des sprachsensiblen (Fach-)Unterrichts und können diese für ihre Unterrichtsplanung berücksichtigen" (ÖSZ 2014, Themenbereich 4.10).
- „Die Sprachstände der Schülerinnen und Schüler werden bei der Planung und Gestaltung der unterrichtlichen Prozesse mit dem Ziel berücksichtigt, fachliche Verstehensprozesse zu erleichtern und bildungssprachliche Kompetenzen aktiv zu fördern" (MSW NRW 2015, S. 33).
- „Die herkunftssprachlichen Hintergründe der Schülerinnen und Schüler werden bei der Planung und Gestaltung des Unterrichts berücksichtigt" (MSW NRW 2015, S. 34).
- „Die Lehrkräfte stellen allgemein- und bildungssprachliche Mittel bereit und modellieren diese" (Gogolin et al. 2011, S. 18).
- „Die Lehrkräfte sind Sprachvorbild" (MSW NRW 2015, S. 33).

---

29 Einblicke in „Praktiken der Mehrsprachigkeit" in einer Klasse mit neuzugewanderten Lernenden, die über vielfältige Sprachkenntnisse verfügen und sich dadurch gegenseitig beim Lernen unterstützen können, geben Fürstenau und Niedrig (2018).
30 Eine Vorbereitung kann z. B. durch die Arbeit mit Videos oder Transkripten erfolgen, an denen lehrerseitiges sprachliches Handeln untersucht und ggf. Alternativen gesucht werden. Im Rahmen von Aktionsforschung kann auch das eigene sprachliche Handeln in Lehr-Lernsituationen analysiert und systematisch verändert werden.

Für die Lehramtsausbildung Mathematik ergibt sich die folgende Leitidee L3:

L3

Die sprachbewusste Lehramtsausbildung Mathematik befähigt die Studierenden, die Schüler*innen beim fachlichen Lernen sowie beim Ausbau von mathematisch relevanten Kommunikationsfähigkeiten systematisch zu unterstützen.

Dabei geht es zunächst um solche Unterstützungsleistungen, die in der Vorbereitung von Lernprozessen im Mathematikunterricht berücksichtigt werden können, also planbar sind:

L3-1

Die Studierenden berücksichtigen das Thema Sprache bei der Planung von Mathematikunterricht.

Für die Planung einer sprachbildenden Unterrichtseinheit ist es notwendig, den jeweiligen mathematischen Inhaltsbereich (z. B. negative Zahlen; stochastische Abhängigkeit; bedingte Wahrscheinlichkeiten) vorab nicht nur stoffdidaktisch, sondern auch sprachlich zu analysieren (→ Leitidee L1). Die Studierenden sollten in diesem Zusammenhang lernen, für die fachliche Auseinandersetzung zentrale Begriffe und Strukturen herauszuarbeiten und ggf. eine systematische Vermittlung vorzubereiten. Das schließt auch die Analyse der für die Unterrichtseinheit vorgesehenen Aufgaben[31] und weiteren Lernmaterialien ein.

▶ **Beispiel 1**

Die Studierenden überprüfen die sprachlichen Anforderungen des Inhaltsbereichs und wählen zentrale Begriffe und Strukturen der Fach- bzw. Bildungssprache zur Thematisierung im Unterricht aus (im Inhaltsbereich „bedingte Wahrscheinlichkeiten" z. B. „bedingt", „wenn man weiß, dass …"). ◄

Bei der Planung selbst sollten die Studierenden eine Sensibilität dafür entwickeln, welche sprachlichen Potentiale die unterschiedlichen Phasen des Unterrichts jeweils bieten. So ist es beispielsweise für den Lernprozess von Bedeutung, in der Systematisierungsphase nicht nur das fachliche Wissen zu sichern, sondern zugleich den Übergang von der Alltags- zur Fachsprache zu vollziehen. Dies kann durch bestimmte Aufgabenformate gezielt unterstützt werden.

▶ **Beispiel 2**

Die Studierenden beziehen sprachliche Aktivitäten sinnvoll auf mathematische Kernprozesse (z. B. Erstellen eines Wissensspeichers in der Systematisierungsphase; kooperatives Schreiben eines argumentativen Texts in der Vertiefungsphase).[32] ◄

Bei der Planung von Unterricht sollten die Studierenden zudem die Bedingungen mündlicher und schriftlicher Kommunikationssituationen vor Augen haben.

---

31 Vgl. Leitidee L2 zur zentralen Rolle von Aufgaben im Mathematikunterricht.
32 Vgl. ▶ Abschn. 1.1.1.

Die Studierenden berücksichtigen bei der Unterrichtsplanung Herausforderungen und Potentiale mündlicher und schriftlicher Kommunikationssituationen. ◀

Mündliche face-to-face-Situationen erfordern spontanes sprachliches Handeln. Sie können daher einerseits Lernende unter Druck setzen, sowohl bei der Rezeption (z. B. Verstehen einer lehrerseitigen Erklärung) als auch bei der Produktion (z. B. mündliche Erläuterung des eigenen Rechenwegs). Andererseits lässt sich mit elementaren sprachlichen und nicht-sprachlichen Mitteln v. a. mit Hilfe von Darstellungen eine schnelle und i. d. R. auch eindeutige Verständigung zwischen den Kommunikationspartnern herstellen, was gerade für Lernende mit geringen (Fach-)Deutschkenntnissen eine erhebliche Entlastung bietet.

Auch schriftliche Kommunikationssituationen können zunächst eine große Herausforderung darstellen. So fällt es beispielsweise vielen Lernenden schwer, in Experimentiersituationen auf der Grundlage eigener Beobachtungen Hypothesen schriftlich aufzustellen und mathematisch zu begründen. Auf der anderen Seite können schriftliche Kommunikationssituationen aber entlastend wirken: Die Lernenden haben die Möglichkeit, sich intensiv mit ihrem eigenen Text (beim Schreiben) oder mit einem fremden Text (beim Lesen) zu befassen und dabei ohne Zeitdruck auf sprachliche Unterstützung (z. B. sprachliche Vorbilder; Wörterbücher; Kooperation mit anderen Lernenden) zurückzugreifen.

Studierende sollten also bei der Planung von Unterricht zum einen das jeweilige entlastende Potential von Mündlichkeit und Schriftlichkeit nutzen, zum anderen für herausfordernde Situationen Unterstützungsangebote vorsehen.

Leitidee L3-2 spezifiziert die vorangegangene Leitidee L3-1 mit Blick auf die Nutzung mehrsprachiger Ressourcen:

> **L3-2**
>
> Die Studierenden entwickeln mathematische Lernumgebungen, die die Mehrsprachigkeit der Lernenden explizit adressieren.

Viele mehrsprachige Sprechende sind in der Lage, je nach Situation flexibel auf die ihnen zur Verfügung stehenden Sprachen zurückzugreifen. Die Nutzung des gesamtsprachigen Repertoires stellt für sie also den Normalfall dar und dient der optimalen Verständigung.[33] An deutschen Schulen wird als Sprache des Unterrichts allerdings häufig nur das Deutsche akzeptiert, auch wenn Forschungen das Potential mehrsprachiger Lernkontexte belegen (für das Fach Mathematik z. B. Moschkovich 2005; Redder et al. 2018; Prediger et al. 2019a, b). Studierende als angehende Lehrkräfte sollten sich daher mit der Frage auseinandersetzen, wie das fachliche Lernen durch den Einbezug von Herkunfts- und Schulfremdsprachen im Unterricht unterstützt werden kann. So kann etwa die Ermöglichung mehrsprachiger Einzel-, Partner- und Gruppenarbeit eine wichtige Erweiterung der Interaktionsmöglichkeiten darstellen, was besonders für die Gruppe neuzugewanderter Schüler*innen u. U. entscheidend zum fachlichen Verstehen beiträgt (Fürstenau und Niedrig 2018; Roth 2018). Gezielte Sprachvergleiche begrifflicher oder konzeptueller Natur bieten allen Schüler*innen die Möglichkeit zur vertieften Auseinandersetzung

---

33 Vgl. zur Rolle von Denk- und Arbeitssprache Grießhaber et al. (1996), Rehbein (2011), Rehbein und Çelikkol (2018) sowie zum Konzept des Translanguaging z. B. García und Wei (2015), Gantefort und Maahs (2020).

1

mit den Lerngegenständen (z. B. Aufbau des Zahlsystems; Bruchrechnung; Begriff der Wahrscheinlichkeit im Sprachvergleich; Meyer und Tiedemann 2017).

▶ **Beispiel 1**

Die Studierenden planen (z. B. in Erkundungsphasen) mehrsprachige Partner- oder Gruppenarbeiten ein. ◄

▶ **Beispiel 2**

Die Studierenden planen Sprachvergleiche ein, die allen Lernenden eine vertiefte sprachliche und inhaltliche Auseinandersetzung mit fachlichen Inhalten ermöglichen. ◄

Neben den in L3-1 und L3-2 ausgeführten Aspekten der planbaren Unterstützung sollten die Studierenden aber auch Möglichkeiten der spontanen Unterstützung im Unterrichtsdiskurs kennenlernen:

┌─ **L3-3** ──
Die Studierenden lernen Möglichkeiten kennen, wie sie Lernende in mündlichen Lehr-Lern-Kontexten spontan in mathematischer und sprachlicher Hinsicht unterstützen können.
└──

Die Studierenden sollten lernen, in der direkten Interaktion mit Lernenden **verstehensorientiert** (vgl. Prediger 2013) zu handeln und Grundsätze des Micro-Scaffoldings zu berücksichtigen. Im Kontext des Mathematikunterrichts heißt das, dass sie mündliche Beiträge von Lernenden – wie die Erläuterung eines Rechenwegs oder die Verbalisierung von Beobachtungen beim mathematischen Experimentieren – würdigend aufgreifen und fachlich wie sprachlich weiterentwickeln. Bei sprachlichen Unsicherheiten ist darauf zu achten, dass die Rückmeldung primär zu solchen Aspekten erfolgt, die für das fachliche Lernen und den Ausbau fachlicher Kommunikationsfähigkeiten relevant sind. Dazu gehört insbesondere die Fähigkeit, Lernendenäußerungen zu erkennen und aufzugreifen, die auf unabgeschlossene fachliche Verstehensprozesse (etwa bei der Begriffsbildung) hinweisen.[34]

▶ **Beispiel 1**

Die Studierenden handeln verstehensorientiert und berücksichtigen Grundsätze des Micro-Scaffolding (z. B. Zeit geben, aktiv zuhören, zusammenfassen). ◄

▶ **Beispiel 2**

Die Studierenden reagieren angemessen auf fachliche und/oder sprachliche Unsicherheiten in Lernendenäußerungen. ◄

Praxisphasen im Studium bieten eine gute Gelegenheit, spontanes sprachförderliches Handeln zu beobachten, zu erproben und zu reflektieren, weil die Studierenden im Unterricht oder im Rahmen von Diagnose- und Fördersitzungen in direkten Kontakt mit Lernenden treten. Zur Vorbereitung kann in universitären Lehrveranstaltungen mit Audio-/Videoaufnahmen oder Transkripten aus mathematischen Lehr-Lern-Kontexten gearbeitet werden (▶ Abschn. 2.4 und 2.5).

---

34 Vgl. das Transkriptbeispiel in ▶ Abschn. 1.1.1 sowie Schacht et al. (i. V.).

1.2.1.4 L4: Fachlich-sprachliches Diagnostizieren

Das Diagnostizieren gehört zu den essentiellen Tätigkeiten im schulischen Alltag von Lehrpersonen. Forderungen nach einer Stärkung der Diagnosekompetenz haben ihre Ursprünge nicht zuletzt in den großen Leistungsdefiziten bei Vergleichsstudien wie PISA und TIMSS der 1990er Jahre; durch eine gezieltere Diagnose und Förderung versprach man sich eine Verbesserung der Ergebnisse. Auch vor diesem Hintergrund sind die langjährigen gleichermaßen wissenschaftlich (z. B. DMV, GDM, und MNU 2008) wie bildungspolitisch (z. B. KMK 2003) begründeten Bestrebungen zur Verbesserung der Diagnosekompetenz bei Lehrkräften zu verstehen. So sind etwa für das Fach Mathematik diagnostische Kompetenzen (z. B. Lernausgangsdiagnose) in den Empfehlungen von DMV, GDM und MNU (2008) als unterrichtsbezogene Handlungskompetenzen explizit ausgewiesen (für einen Überblick der mathematikdidaktischen Diskussion zum Thema Diagnostizieren s. etwa Moser Opitz und Nührenbörger 2015).

Aus eher allgemeinpädagogischer Sicht beschreibt Helmke (2009) Diagnose folgendermaßen: „Dabei handelt es sich um ein Bündel von Fähigkeiten, um den Kenntnisstand, die Lernfortschritte und die Leistungsprobleme der einzelnen Schüler sowie die Schwierigkeiten verschiedener Lernaufgaben im Unterricht fortlaufend beurteilen zu können, so dass das didaktische Handeln auf diagnostische Einsichten aufgebaut werden kann." (Helmke 2009, S. 121) In diesem Zusammenhang betonen Moser Opitz und Nührenbörger (2015) die Bedeutung unterschiedlicher Diagnosebegriffe: Im Unterschied zu einer eher lernstandsorientierten Testdiagnostik (abschätzig bisweilen auch als selektionsorientierte Testdiagnostik bezeichnet) orientiert sich eine eher lernprozessorientierte Förderdiagnostik daran, welche Art der „Förderung aus den Beobachtungen abgeleitet werden kann bzw. dass die Beobachtungen Hinweise für Fördermaßnahmen geben" (Moser Opitz und Nührenbörger 2015, S. 493–494). Aus fachdidaktischer Perspektive geht es insofern beim Diagnostizieren „um die fachdidaktisch orientierte Erfassung und Analyse der mathematischen Kompetenzen und Lernprozesse einer Schülerin oder eines Schülers." (Moser Opitz und Nührenbörger 2015, S. 508).

In einer solchen förderorientierten Perspektive schließt die Diagnose demnach die Reflexion über mögliche Konsequenzen im Rahmen entsprechender Fördermaßnahmen explizit mit ein. Allerdings: „Fördermaßnahmen lassen sich nicht aus den Diagnosen ableiten, sondern aus fachlichen und fachdidaktischen Grundlagen sowie theoretischen Konzepten zur Entwicklung mathematischer Kompetenzen. Nur auf einer solchen Grundlage können Diagnosen geplant und durchgeführt, deren Ergebnisse analysiert sowie Fördermaßnahmen geplant und evaluiert werden – Fördermaßnahmen, die individuelle Lernkompetenzen stärken, mathematische Lösungsprozesse und nicht allein einzelne Produkte thematisieren und den Blick auf die Verringerung von Lernschwierigkeiten richten." (Moser Opitz und Nührenbörger 2015, S. 508) Das hier angesprochene fachliche und fachdidaktische Wissen als Grundlage für die Entwicklung entsprechender Förderungen ist für das unterrichtliche Handeln daher von entscheidender Bedeutung. Für den Mathematikunterricht ergeben sich Diagnoseanforderungen auf unterschiedlichen Ebenen. So lassen sich aus inhaltlicher Sicht etwa Vorstellungen, Verfahren, Begriffsbildungen oder Modellierungskompetenzen mit jeweils spezifischen (Aufgaben-)Formaten diagnostizieren (Hußmann et al. 2007; Bell 1983; Prediger 2006; Reiff 2006).

Diagnose und Förderung fachlicher Kompetenzen bilden dementsprechend auch feste Bestandteile der universitären Lehramtsausbildung. Im Rahmen fachdidaktischer Lehrveranstaltungen steht etwa der Kompetenzerwerb im Umgang mit Heterogenität und Inklusion im Mittelpunkt, insbesondere die Aneignung theoretischer Grundlagen zur Diagnose (insbesondere auch zur Lernprozessdiagnose) und entsprechender Kenntnisse für eine schüler*innengerechte Rückmeldung, Beratung und Förderung.

Um den Fachunterricht auf die individuellen sprachlichen Voraussetzungen der Lernenden auszurichten und so das fachliche und (fach-/bildungs-)sprachliche Lernen gezielt zu unterstützen oder überhaupt erst zu ermöglichen, sollten Fachlehrkräfte auch über Kenntnisse im Bereich der Sprachdiagnostik verfügen. Dafür muss – bezogen auf das Fach Mathematik – die **auf mathematische Fähigkeiten und Fertigkeiten ausgerichtete Diagnosekompetenz** um eine **sprachliche Dimension** erweitert werden.

Die Grundlage dafür bieten Leitlinien zur Sprachbildung im Fachunterricht (Kasten 4), die jedoch wiederum hinsichtlich der Erfordernisse des Fachs Mathematik spezifiziert werden müssen.

Kasten 4: Auszüge aus Leitlinien/Empfehlungen für Sprachbildung im (Fach-)Unterricht bzw. für eine entsprechende Lehrkräftequalifikation

- „Die Lehrkräfte diagnostizieren die individuellen sprachlichen Voraussetzungen und Entwicklungsprozesse" (Gogolin et al. 2011, Q2).
- „Die Sprachstände der Schülerinnen und Schüler werden bei der Planung und Gestaltung der unterrichtlichen Prozesse mit dem Ziel berücksichtigt, fachliche Verstehensprozesse zu erleichtern und bildungssprachliche Kompetenzen aktiv zu fördern" (MSW NRW 2015, S. 33).
- „Die Studierenden kennen einige grundlegende Fachbegriffe der Sprachdiagnostik und können den Wert und Nutzen von Sprachstandsbeobachtungen für den eigenen Unterricht erkennen und Förderprozesse initiieren" (ÖSZ 2014, S. 15).
- „Die Studierenden kennen die Bedeutung von Fehlern und können sie adäquat einschätzen und evaluieren" (ÖSZ 2014, S. 15).

Im Fokus einer sprachbewussten Lehramtsausbildung Mathematik steht somit die Gewinnung solcher sprachdiagnostischen Erkenntnisse, die für das fachliche und sprachliche Lernen im Fach Mathematik weiterführend sind. Daraus ergibt sich folgende Leitidee L4:

L4

Die sprachbewusste Lehramtsausbildung Mathematik befähigt die Studierenden, bei der Diagnose von Lernendenbeiträgen fachliche und sprachliche Aspekte aufeinander zu beziehen und entsprechende Konsequenzen für das unterrichtliche Handeln im Sinne eines sprachbildenden Fachunterrichts abzuleiten.

Leitidee L4 umfasst zwei Schwerpunkte, die selbstverständlich eng miteinander verknüpft sind: L4-1 bezieht sich auf das fachlich-sprachliche Diagnostizieren mit dem Ziel, das **mathematische Verständnis** der Lernenden einzuschätzen und zu fördern, während L4-2 die Einschätzung und Förderung **mathematischer Kommunikationsfähigkeit** in den Vordergrund stellt (vgl. ◨ Abb. 1.5).

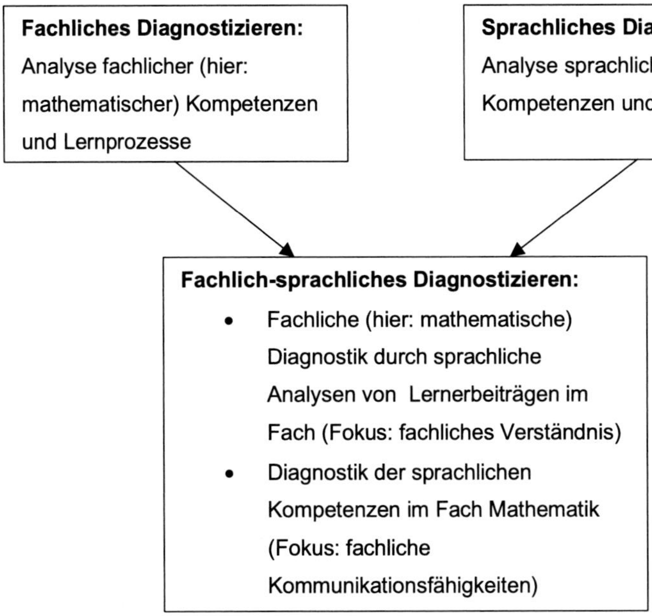

Fachliches Diagnostizieren:	Sprachliches Diagnostizieren:
Analyse fachlicher (hier: mathematischer) Kompetenzen und Lernprozesse	Analyse sprachlicher Kompetenzen und Lernprozesse

Fachlich-sprachliches Diagnostizieren:

- Fachliche (hier: mathematische) Diagnostik durch sprachliche Analysen von Lernerbeiträgen im Fach (Fokus: fachliches Verständnis)
- Diagnostik der sprachlichen Kompetenzen im Fach Mathematik (Fokus: fachliche Kommunikationsfähigkeiten)

◘ Abb. 1.5 Fachlich-sprachliches Diagnostizieren

L4-1

Die Studierenden nutzen mündliche und schriftliche Lernendenbeiträge zur Diagnose des mathematischen Wissens und Könnens und leiten daraus entsprechende fachdidaktisch, fachlich und sprachlich begründete Fördermaßnahmen ab.

Leitidee L4-1 stellt das mathematische Diagnoseinteresse im engeren Sinn in den Mittelpunkt: Es geht um die Frage, welche Auskünfte Formulierungen, Gesten oder Handlungen von Lernenden über die mathematischen Fähigkeiten und Fertigkeiten geben und welche fachdidaktisch, fachlich und sprachlich begründeten Fördermaßnahmen sich daraus ableiten lassen (Frank und Gürsoy 2014; Prediger 2020).

▶ Beispiel 1

Die Studierenden nutzen Lernendenäußerungen für die Diagnose individueller Vorstellungen, die den Äußerungen zugrunde liegen (z. B. „Wahrscheinlichkeit: was fast perfekt ist in %."; „Der Graph wird schmaler."). ◀

▶ Beispiel 2

Die Studierenden erkennen und problematisieren Formulierungen, die auf unabgeschlossene mathematische Begriffsbildungsprozesse hinweisen (z. B. „Die Geraden sind ein bisschen parallel."[35]). ◀

---

35 Schacht et al. (i. V.).

1

Für die Praxis der Hochschullehre heißt das etwa, dass Studierende Lernendenäußerungen hinsichtlich fachlicher Konzeptbildungen diagnostizieren und vor diesem Hintergrund Maßnahmen zur Unterstützung individueller Begriffsbildungen diskutieren. Um die Aufmerksamkeit für das diagnostische Potential spontansprachlicher Äußerungen in Lehr-Lern-Kontexten zu erhöhen und mögliche lehrerseitige Reaktionen durchzuspielen, können Video- oder Audiosequenzen (ggf. als Transkript) genutzt werden.

Studierende sollten zudem Möglichkeiten für die Entwicklung von Aufgaben kennenlernen, aus deren Beantwortung sich **Rückschlüsse auf das fachliche Verstehen** ziehen lassen. Hierfür eignen sich insbesondere Aufgaben zum mathematischen Argumentieren, denn: „Argumentieren bedarf der Erläuterung. Erläutern ist eine für den Lehr-Lern-Prozess sehr bedeutsame Aktivität: Erläutern deckt Verborgenes auf, Erläutern macht Unsichtbares sichtbar, Erläutern liefert diagnostische Auskünfte." (Sjuts 2007, S. 35) Der Kontext des forschenden Lernens (z. B. im Praxissemester) bietet den Studierenden vielfältige Anknüpfungspunkte, um mit solchen Aufgabenformaten zu experimentieren – etwa indem sie Schüler*innen zur Versprachlichung von Vorwissen, Lösungswegen oder Ergebnissen anregen oder verstehensorientierte Aufgaben entwickeln, die Begründungen, Interpretationen, Darstellungswechsel und Reflexionen verlangen (vgl. ▶ Abschn. 2.5).

Leitidee L4-2 fokussiert demgegenüber die Diagnose und Förderung der (fach-)sprachlichen Fähigkeiten von Lernenden im Kontext Mathematik:

L4-2

Die Studierenden analysieren mündliche und schriftliche Lernendenbeiträge und leiten daraus ab, über welche mathematisch relevanten sprachlichen Fähigkeiten die Lernenden schon bzw. noch nicht verfügen. Sie bestimmen den fach- und bildungssprachlichen Unterstützungsbedarf.

Ziel ist es, die fach- und bildungssprachliche Kompetenz der Lernenden auszubauen und ihnen die Teilhabe am mathematischen Diskurs zu ermöglichen. Dabei geht es zum einen um die Diagnose rezeptiver Fähigkeiten: Studierende sollten beispielsweise erkennen, wenn Lernende mathematische Textaufgaben nicht bearbeiten können, weil ihnen bestimmte Begriffe fehlen (L4-2, Beispiel 1) oder weil sie komplexe Verweisstrukturen nicht nachvollziehen können (Gürsoy 2016; Guckelsberger und Schacht 2018). Hierfür ist eine gute Kenntnis der sprachlichen Eigenschaften des Schulfachs Mathematik notwendig (→ Leitidee L1).

▶ **Beispiel 1**

Die Studierenden stellen bei der Analyse eines Schülerinterviews fest, dass der bildungssprachliche Ausdruck „Erlös" in einer mathematischen Textaufgabe nicht als „Gewinn" verstanden wird, sondern im Sinn von „jemand wird von etwas erlöst" (und folgerichtig als „jemandem wird etwas weggenommen").[36] ◀

Zum anderen geht es darum, die produktiven kommunikativen Fähigkeiten der Lernenden zu stärken, d. h. ihre mündlichen und schriftlichen Ausdrucksmöglichkeiten im Fach Mathematik zu erweitern; Voraussetzung dafür ist die sprachliche Diagnose der von den Lernenden eingebrachten sprachlichen Mittel (L4-2, Beispiel 2).

---

36 Vgl. das Transkriptbeispiel in Gürsoy et al. (2013, S. 7).

> ▶ **Beispiel 2**

Die Studierenden stellen fest, dass die Lernenden bei schriftlichen Interpretationen von Schaubildern mathematische Fachbegriffe zur Beschreibung der Darstellung verwenden („Diagramm", „x-Achse"), dass sie aber nicht über den fachlich angemessenen Wortschatz zur Verbalisierung des linearen Wachstums verfügen (z. B. „steigen + um/auf", „je … desto"). ◀

Den Studierenden muss dafür zunächst selbst bewusst werden, welche Struktur und welche sprachlichen Mittel beispielsweise eine mathematische Textsorte wie die Diagramminterpretation, die Argumentation oder die Konstruktionsbeschreibung erfordert.[37] Dafür können im Kontext einer Lehrveranstaltung zum Beispiel, wie dies auch für den Unterricht vorgeschlagen wird, Modelltexte herangezogen oder von den Studierenden selbst erstellt werden. Eine solche **fachtextsortenspezifische Diagnosefähigkeit** bildet die Voraussetzung dafür, dass die Studierenden den Lernenden eine fachlich begründete Rückmeldung geben und sie zielgerichtet beim Aufbau fachlich adäquater Kommunikationsfähigkeiten unterstützen können.

1.2.2 Hochschuldidaktische Design-Prinzipien für eine sprachbewusste Lehramtsausbildung Mathematik

Es stellt sich nun die Frage, wie die in ▶ Abschn. 1.2.1 formulierten Leitideen in der Lehramtsausbildung Mathematik umgesetzt werden können. Dafür werden vier Design-Prinzipien (DP) vorgeschlagen – hochschuldidaktische Prinzipien also, die für die Entwicklung von Lerndesigns bzw. Lerngelegenheiten auf Hochschulebene, allgemeiner für die Entwicklung und Ausgestaltung der Hochschullehre, leitend sind:

DP1: Integration von Sprache und Fach auf struktureller und planungsbezogener Ebene in der Lehrveranstaltung

DP2: Integration von Sprache und Fach auf inhaltlicher Ebene zur Arbeit mit authentischen Lerngegenständen

DP3: Integration von Sprache und Fach auf sozialer Ebene zur Gestaltung von Arbeitsprozessen

DP4: Forschendes Lernen

Bei der Diskussion der Design-Prinzipien werden jeweils Bezüge zu relevanten Bezugsdisziplinen vorgenommen. Dazu gehören etwa allgemeine hochschuldidaktische Aspekte insbesondere zur Rolle des forschenden Lernens (in der Lehramtsausbildung), hochschuldidaktische Aspekte das Fach Mathematik betreffend sowie Einblicke in die Diskussion zur Gestaltung von Fort- und Weiterbildungsmaßnahmen im Fach Mathematik, welche ebenfalls wichtige Orientierungen zur Formulierung von Design-Prinzipien für die Hochschullehre bieten können. Auch die Hochschuldidaktik Mathematik ist als vergleichsweise junge wissenschaftliche Disziplin an der Schnittstelle von Hochschuldidaktik, Mathematikdidaktik und Mathematik ein wichtiger Bezugspunkt der vorliegenden Betrachtungen. So gibt es mittlerweile ein gut gesichertes Bild zu (eher fachbezogenen) Kompetenzen sowie der Motivationsentwicklung von Mathematikstudierenden und

---

37 Im Projekt SchriFT (Schreiben im Fachunterricht der Sekundarstufe I unter Einbezug des Türkischen) wurde dies im Detail für Fachtextsorten wie das Versuchsprotokoll in der Physik herausgearbeitet (Roll et al. 2019a).

1

Lehramtsstudierenden mit dem Fach Mathematik (z. B. Rach 2019; Liebendörfer 2018). Ein besonderer Fokus hinsichtlich der Beforschung und Unterstützung von Studierenden (u. a. des Lehramts Mathematik) liegt dabei auf der Studieneingangsphase (z. B. Büchter et al. 2017; Kempen und Biehler 2019; Kempen 2019; Bruder et al. 2018; Grieser et al. 2018). Von zunehmender Bedeutung ist in diesem Zusammenhang auch die Beforschung von sprachlichen Aspekten im Fachstudium; so untersuchen etwa Körtling und Eichler (2019) die Entwicklung der mathematischen Sprache von Studierenden im ersten Studienjahr. Die vorliegenden Betrachtungen adressieren insbesondere die Schnittstelle von Sprache und Fach im Lehramtsstudium Mathematik, sie können daher vornehmlich an der Schnittstelle von Hochschuldidaktik, Fachdidaktik Mathematik, Sprachdidaktik, Mathematik und Sprache verortet werden.

Die Bezüge zu den jeweiligen Disziplinen erfolgen exemplarisch und erheben keinen Anspruch auf Vollständigkeit; vielmehr soll ein hochschul- und fachdidaktischer Rahmen skizziert werden, aus dem sich die Entwicklung von Design-Prinzipien für eine sprachbewusste Hochschullehre im Fach ableiten lässt.

1.2.2.1 DP 1: Integration von Sprache und Fach auf struktureller und planungsbezogener Ebene in der Lehrveranstaltung

» Sprache hatte im Seminar die ganze Zeit „beiläufig" oder „nebenbei" einen gewissen Stellenwert. Das ist ja stellvertretend dafür, wie es später auch in unserem Unterricht sein soll. (Studentin, Praxissemester 2019).

Übergeordnetes Ziel der Integration von Sprache und Fach in der Lehramtsausbildung Mathematik ist es, dass die Studierenden eine fachbezogene Sprachbewusstheit entwickeln und flexible Handlungskompetenzen für die Gestaltung von Mathematikunterricht erwerben. Dafür müssen geeignete universitäre Lerngelegenheiten geschaffen werden, die eine **strukturelle Verankerung** des Themenfelds Sprache/Sprachbildung/Mehrsprachigkeit im fachdidaktischen Kontext vorsehen und eine Verzahnung theoretischer und (schul-)praktischer Phasen ermöglichen (z. B. Mavruk et al. 2017; Pitton und Scholten-Akoun 2013; Herberg und Reschke 2017; Benholz et al. 2017). Dabei sind Arbeitsaufträge grundsätzlich so angelegt, dass die Studierenden eine Doppelperspektive „Fach und Sprache" einnehmen – sei es bei der Konstruktion einer Lernumgebung, bei der Reflexion von Unterrichtsbeobachtungen oder bei der Erstellung einer Forschungsskizze. Eine solche Doppelperspektive stellt allerdings hohe Anforderungen an die Studierenden, so dass geeignete Qualifizierungs- und Unterstützungsmaßnahmen bereitgestellt werden müssen. Dazu gehört die Ermöglichung von Lerngelegenheiten, bei denen die Studierenden ihr **fachbezogenes Sprachwissen systematisch erweitern**: Alltägliche Spracherfahrungen und linguistische Grundkenntnisse werden aktiviert, differenziert und unter Bezug auf das Fach Mathematik konkretisiert.[38] Fachliches Kommunizieren unter Bedingungen der Mehrsprachigkeit wird durch erfahrungs- und forschungsbezogene Übungen thematisiert, z. B. indem Konzeptualisierungen und Versprachlichungen fachlicher Inhalte in unterschiedlichen Sprachen verglichen werden (► Abschn. 1.1.3).

Ein weiteres Merkmal der sprachbewussten Hochschullehre ist die Verankerung gezielter **Unterstützungsangebote in den Lehrveranstaltungen**. Damit sind solche Angebote gemeint, die es Studierenden in der Auseinandersetzung mit den Lerngegenstän-

---

38 Vgl. ► Abschn. 2.1 für einen Vorschlag, wie das sprachliche Vorwissen von Studierenden im Kontext Mathematik spielerisch aktiviert werden kann.

den ermöglichen, ebenjene Doppelperspektive bewusst und reflektiert einzunehmen. So fokussieren etwa **Leitfragen** die Aufmerksamkeit der Studierenden auf Teilaspekte fachlichen und sprachlichen Handelns und ermöglichen eine strukturierte und ausgewogene Bearbeitung der Arbeitsaufträge. Dies lässt sich grundsätzlich auf alle Themen in der Lehre anwenden: auf die Analyse von mathematischen Aufgabenstellungen ebenso wie auf die Auswertung von Schülerdokumenten oder die Entwicklung einer Forschungsfrage. **Beispiele**, an denen verschiedene Möglichkeiten der Integration von Fach und Sprache modellhaft gezeigt werden, haben eine wichtige **Vorbildfunktion**. Dies betrifft die Ebene der Fachdidaktiken (z. B. Beispiele für eine Ausgestaltung von Kernprozessen im Mathematikunterricht, die fach- und sprachdidaktische Konzepte integriert), die Ebene des fachdidaktischen und methodischen Handlungswissens (z. B. Beispiele für sprachbewusste Aufgabenvariationen), aber auch die Ebene der Forschungsmethodik (z. B. Beispiele für Methoden zur Erhebung fachlich und sprachlich interessanter Schülerprodukte).

Durch die strukturelle Verankerung ist das Thema Sprachbildung in den Lehrveranstaltungen immer präsent. Es zeigt sich also in der universitären Lehre – auch in den Formen der Unterstützung – eine gewisse Parallele zum schulischen Unterricht.

1.2.2.2 DP2: Integration von Sprache und Fach auf inhaltlicher Ebene zur Arbeit mit authentischen Lerngegenständen

» An den Texten, die die Schüler zu einem Funktionsgraphen geschrieben haben, ist mir aufgefallen, dass sie zwar Fachbegriffe zur Beschreibung des Graphen verwendet haben, also zum Beispiel „Diagramm" und „x-Achse", dass ihnen aber passende Wörter zur Beschreibung des linearen Wachstums wie „je … desto" gefehlt haben. Da müsste man im Unterricht ansetzen. (Studentin, Praxissemester 2018).

Auch auf der Ebene der Lerngegenstände gehört die Integration von Sprache und Fach zu einem zentralen Design-Prinzip auf Hochschulebene. Das betrifft insbesondere die **Auseinandersetzung mit schulischen Beispielen und Fällen**, die den engen Zusammenhang von fachlichen und sprachlichen Aspekten im Lernprozess deutlich machen. Damit soll den Studierenden mittels Fallbezügen vor allem die Relevanz der universitären Lerngegenstände für das Studium und das spätere Tätigkeitsfeld Schule verdeutlicht werden. Dass die Arbeit mit authentischen Lerngegenständen wie Lernertexten und Unterrichtsmaterialien auch von Studierenden positiv eingeschätzt wird, bestätigen die Ergebnisse des Projekts „Sprachen – Bilden – Chancen" (2018). Es wird entsprechend empfohlen, Praxisbezüge im Bereich Sprachbildung beizubehalten bzw. weiter auszubauen.

Auch wenn sich Erkenntnisse der Fort- und Weiterbildungsforschung natürlich nur bedingt auf die Arbeit mit Studierenden übertragen lassen, so liefern sie doch an dieser Stelle wichtige Bezugspunkte: So liegt der Wert von Fallbezügen insbesondere darin, dass sich behandelte Themen in die Praxis übersetzen lassen (Lipowsky und Rzejak 2012; für eine mathematikbezogene Konkretisierung von Fallbezügen in Fortbildungen Barzel und Selter 2015; Prediger 2019). Die empirischen Befunde zeigen darüber hinaus, dass eine wichtige Gelingensbedingung darin liegt, die eigenen (Praxis-)Erfahrungen der Teilnehmenden zum Ausgangspunkt der Fortbildungen zu machen (Borko 2004; Timperley et al. 2007). Viele der in ▶ Kap. 2 diskutierten Beispiele greifen diese Ansätze auf und adaptieren sie für die Hochschullehre.

So können mündliche und schriftliche Dokumente aus dem Unterrichtskontext genutzt werden, um zu rekonstruieren, wie Schülerinnen und Schüler sich einem mathematischen Gegenstand sprachlich nähern, wie sie also beispielsweise funktionale Zusammenhänge anhand der Repräsentationsformen Term, Tabelle und Graph versprachlichen. Eine solche Auseinandersetzung kann wertvolle Einblicke in fachliche Aspekte der zugrunde liegenden Lernprozesse liefern, da die rekonstruierten Sprachmittel i. d. R. auf bestimmte inhaltliche Begriffsbildungen der Lernenden verweisen. Im Kontext funktionaler Zusammenhänge kann eine solche sprachlich-fachliche Analyse z. B. Hinweise darauf liefern, inwiefern die Lernenden eher auf dynamische Aspekte des Funktionsbegriffs (z. B. im Sinne der Kovariationsvorstellung, also der gemeinsamen Veränderung zweier Größen, Vollrath 1989; vom Hofe 2003) oder auf eher statische Aspekte des Funktionsbegriffs verweisen (z. B. im Sinne der Vorstellung von der Funktion als Ganzes). In ▶ Kap. 2 werden vielfältige Lerngegenstände aus dem Hochschulalltag vorgestellt, an denen sich die Integration von Sprache und Fach auf inhaltlicher Ebene praktisch erfahren lässt. Dabei werden hinsichtlich der Gestaltung von Arbeitsprozessen in der Hochschullehre üblicherweise drei Phasen unterschieden:

Fundierung – Für die gewinnbringende Arbeit mit Lernendendokumenten an der Schnittstelle von Sprache und Fach ist die theoretische Fundierung sowohl aus sprachlicher als auch aus fachlicher Perspektive eine wichtige Voraussetzung. Dies kann etwa für das obige Beispiel zum Thema „funktionale Zusammenhänge" bedeuten, entsprechende fachdidaktische Grundlagenliteratur zu Grundvorstellungen zum Funktionsbegriff anzubieten sowie sprachdidaktische Grundlagenliteratur zur systematischen Unterstützung fachlichen Schreibens.

Analyse – Der – theoretisch fundierten – inhaltlichen und sprachlichen, schwerpunktmäßig eher rekonstruktiven Auseinandersetzung mit den Lerngegenständen (z. B. schriftlichen oder mündlichen Schülerdokumenten) sollte hinreichend Raum gegeben werden. Sie liefert nicht nur wertvolle Einsichten in den Zusammenhang von fachlichen und sprachlichen Aspekten der Lernprozesse, sondern unterstützt auch die sprachanalytischen und sprachdiagnostischen Kompetenzen der Studierenden im Fachkontext (Leitidee L4).

Aktion – Eine bewusst konstruktiv orientierte Auseinandersetzung mit den Lernendenbeispielen kann auf unterschiedliche Weisen erfolgen. Die in ▶ Kap. 2 diskutierten Beispiele umfassen etwa die Variation von Aufgaben und den Einsatz der Aufgaben in Diagnose- bzw. Fördersitzungen.

1.2.2.3 DP3: Integration von Sprache und Fach auf sozialer Ebene zur Gestaltung von Arbeitsprozessen

» Ich fand es hilfreich, sich mit den anderen in der Gruppe auszutauschen: dass man sich die Ideen gegenseitig vorstellt, darüber spricht und vielleicht auch Schwächen und Stärken herausarbeitet (Studentin, Praxissemester 2019).

» Gemeinsam Ideen zu entwickeln ist das, was mir am allermeisten geholfen hat; zu sehen und hören, was andere über mein Projekt denken (Student, Praxissemester 2019).

Bei der Gestaltung von Arbeitsprozessen in der sprachbewussten Hochschullehre spielt das Prinzip der Kooperation eine zentrale Rolle. Wie Ergebnisse aus der Fortbildungsforschung zeigen, ist die diskursive, reflektierte Auseinandersetzung in professionellen

Lerngemeinschaften besonders wirkungsvoll bei der Veränderung von Handlungsroutinen (zusammenfassend Barzel und Selter 2015). Die hochschuldidaktische Forschung bestätigt, dass Aufgaben, in denen Studierende selbst aktiv werden, besonders verstehensfördernd und motivierend sind (im Überblick Svinicki und McKeachie 2014; Böss-Ostendorf und Senft 2018)

Dabei wird insbesondere Partner- oder Gruppenarbeiten ein hohes Lernpotential zugeschrieben, die kognitiv anspruchsvoll sind und eine eigenständige, produktive Bearbeitung fachlicher Themen durch die Studierenden erfordern. Aufgrund der notwendigen gegenseitigen Unterstützung werden solche kooperativen Arbeitsformen auch in sozialer Hinsicht (nicht zuletzt mit Blick auf die spätere Berufstätigkeit) positiv eingeschätzt (Miller und Groccia 1997; Svinicki und McKeachie 2014). Durch die Arbeit in wechselnden Gruppenkonstellationen können jeweils unterschiedliche Erfahrungen und Kenntnisse in die gemeinsame Wissens- und Erkenntnisgewinnung einfließen. Für die Arbeit im Kontext Sprachbildung in der Lehramtsausbildung Mathematik spielen insbesondere folgende Faktoren eine Rolle:

- Fachwissen in den Bereichen Mathematik und Mathematikdidaktik
- Vorkenntnisse im Bereich Sprachbildung und Linguistik
- eigene sprachliche Sozialisation
- unterrichtspraktische Erfahrung
- Erfahrung mit empirischer Forschung bzw. forschendem Lernen

Die Heterogenität in den individuellen Voraussetzungen kann durch kooperatives Arbeiten für das universitäre Lernen und Forschen fruchtbar gemacht werden. Formen der **Partner- und Gruppenarbeit** bringen bei inhaltlich anspruchsvollen Arbeitsaufträgen die jeweiligen Kenntnisse und Erfahrungen der Studierenden zur Geltung und lassen sich auf ganz unterschiedliche Kontexte anwenden – auf die Arbeit an einer mathematischen Lernumgebung ebenso wie auf die Interpretation von Lernendendaten oder die systematische Weiterentwicklung einer Forschungsskizze.

> ▶ **Beispiel 1**

Zwei Studierende (S1, S2) entwickeln gemeinsam eine mathematische Lernumgebung, in der Kriterien zur Sprachbildung im Fach berücksichtigt werden. S1 trägt mit ihren guten fachlichen und fachdidaktischen Kenntnissen dazu bei, dass die Aufgaben mathematisch gut fundiert und der vorgesehenen Lernphase angemessen sind. S2 hat sich in einem Praktikum verstärkt mit den Herausforderungen fachlichen Lernens für mehrsprachige Lernende auseinandergesetzt; er trägt zur Schärfung der Aufgabe aus sprachlicher Sicht bei und plant die Nutzung mehrsprachiger Ressourcen ein. ◀

> ▶ **Beispiel 2**

S3 hat die Eckdaten für ihr Projekt im Rahmen des Schulpraktikums ausgearbeitet. Die Mitstudierenden geben in der Gruppenarbeit dazu Rückmeldungen aus unterschiedlichen Perspektiven: S4 hat in ihrer Bachelorarbeit empirisch gearbeitet und bringt forschungsmethodische Anregungen ein. S5 schlägt vor, den mathematischen Themenbereich zu spezifizieren. S6 gibt einen Impuls, wie die Forschungsskizze im Hinblick auf das Thema Sprachbildung ausdifferenziert werden könnte. ◀

Eine Form der **Partnerarbeit in mehrfach wechselnden Konstellationen** ist das „Speed-Dating". Dieses Verfahren hat den Vorteil, dass in kurzer Zeit unterschiedliche

Perspektiven eingeholt werden können (▶ Abschn. 2.6). Es eignet sich daher insbesondere in Phasen der Themenfindung als eine erste spontane Rückmeldung (z. B. zu Projektideen für studentische Forschungsvorhaben).

Die **Gruppenarbeit mit Sprachbeobachtung** kann zur Erhöhung des Sprachbewusstseins im Fachkontext beitragen. Dabei dokumentiert ein Studierender als Sprachbeobachter die Kommunikation der anderen Gruppenmitglieder in einem fachlichen Kontext und macht sie so der Diskussion zugänglich (▶ Abschn. 2.1). Dieses Verfahren eignet sich, um den Studierenden das eigene sprachliche Handeln bewusst zu machen; es bereitet zugleich auf die Analyse von Kommunikation in Lehr-Lern-Kontexten vor. Bei Gruppen mehrsprachiger Studierender mit gleichen Sprachenkonstellationen können ggf. Formen der bilingualen Kommunikation beobachtet und mit Blick auf den Unterricht thematisiert werden.

Kooperative Arbeitsprozesse müssen grundsätzlich gut vorbereitet und ggf. durch Leitfragen oder andere Maßnahmen strukturiert werden (→ DP 1). Eine (punktuelle) Unterstützung der Gruppenarbeiten durch die Lehrenden wird von den Studierenden gerade in Kontexten des forschenden Lernens als sehr hilfreich angesehen.

1.2.2.4 DP4: Forschendes Lernen

Das forschende Lernen ist gerade in der und für die Lehramtsausbildung ein zentrales Paradigma (z. B. Obolenski und Meyer 2006; Fichten 2009; Schneider 2010; Bolland 2011; Drinck 2013). Die leitende Idee besteht darin, den eigenen – universitären – Lernprozess mit forschungsbezogenen Aktivitäten zu verbinden. Breit diskutiert und implementiert wird das forschende Lernen insbesondere deswegen, weil sich Aspekte der Unterrichtsbeobachtung und -weiterentwicklung miteinander verbinden lassen und weil sich konstruktive (z. B. Entwicklung von – kleineren – Lernumgebungen) und rekonstruktive (z. B. Analyse der Herangehensweisen von Lernenden) Tätigkeiten ergänzen. Beispiele für solche Projekte werden z. B. in ▶ Abschn. 2.5 vorgestellt und diskutiert.

Theorie und Praxis werden auf diese Weise nicht nur miteinander verknüpft, sondern systematisch aufeinander bezogen: Aus forschungsbezogenen bzw. theoretischen Fundierungen ergeben sich Ansätze für kleinere empirische Projekte, die ihrerseits einen Beitrag zum Forschungsdiskurs darstellen und auch den individuellen Lernprozess wesentlich prägen können.

Vor allem bei der Planung und Durchführung von Praxisphasen im Rahmen der Lehramtsausbildung (z. B. Praxissemester, Schulpraktika etc.) spielt das forschende Lernen im Hochschulalltag eine wichtige Rolle. Auch viele der Ansätze und Beispiele dieses Buches orientieren sich am forschenden Lernen (vgl. ▶ Abschn. 1.3 und 2.5). Eine wichtige Rolle spielt dabei die Fähigkeit zum Perspektivwechsel, v. a. auch mit Blick auf die Situation von lebensweltlich mehrsprachig aufwachsenden Schüler*innen. Studierende müssen – gerade im Rahmen der Fachausbildung – dafür sensibilisiert werden, wo beispielsweise neu zugewanderte Schülerinnen und Schüler zum einen fachlich und zum anderen sprachlich stehen, inwiefern Sprache im Fach im Rahmen der konkreten Beschulung adressiert wird und welche konzeptuellen Unterschiede es bei den Schulen (z. B. in der Region) hinsichtlich des Umgangs mit DaZ-Lernenden gibt. Schließlich können sich daraus erste wichtige Einsichten ergeben, die die angemessene Berücksichtigung aller Lernenden betreffen und die in die Planung kleinerer studentischer Projekte (z. B. im Rahmen von Praxisphasen) zur Integration von Sprache und Fach vor dem Hintergrund eines spezifischen Beobachtungsschwerpunktes mit einfließen können.

1.2.3 Leitideen und Design-Prinzipien im Überblick

- **Leitideen zur Verortung von Sprache und Fach in der Lehramtsausbildung**

Leitidee L1 – Die sprachbewusste Lehramtsausbildung Mathematik sensibilisiert die Studierenden für Sprache im Fach Mathematik und schafft so die Voraussetzung für einen reflektierten Umgang mit Sprache und Mehrsprachigkeit im Mathematikunterricht.

L1-1 – Die Studierenden eignen sich spezifisches Wissen in Bezug auf die sprachlichen Eigenschaften des Fachs Mathematik an. Sie identifizieren sprachliche Anforderungen, die für das fachliche Verstehen relevant sind.

L1-2 – Die Studierenden entwickeln eine Bewusstheit für die Bedeutung von Mehrsprachigkeit im Fach Mathematik.

Leitidee L2 – Die sprachbewusste Lehramtsausbildung Mathematik befähigt die Studierenden zur Berücksichtigung von Sprache bei der Arbeit mit Aufgaben.

L2-1 – Die Studierenden bestimmen und überprüfen die sprachlichen Auswirkungen mathematikdidaktisch begründeter Entscheidungen, wenn sie Aufgaben konstruieren und variieren.

L2-2 – Die Studierenden variieren Aufgaben so, dass sowohl mathematische als auch sprachliche Lernprozesse unterstützt werden.

L2-3 – Die Studierenden entwickeln Schreibaufgaben, die das mathematische Lernen unterstützen.

Leitidee L3 – Die sprachbewusste Lehramtsausbildung Mathematik befähigt die Studierenden, die Schüler*innen beim fachlichen Lernen sowie beim Ausbau von mathematisch relevanten Kommunikationsfähigkeiten systematisch zu unterstützen.

L3-1 – Die Studierenden berücksichtigen das Thema Sprache bei der Planung von Mathematikunterricht.

L3-2 – Die Studierenden entwickeln mathematische Lernumgebungen, die die Mehrsprachigkeit der Lernenden explizit adressieren.

L3-3 – Die Studierenden lernen Möglichkeiten kennen, wie sie Lernende in mündlichen Lehr-Lern-Kontexten spontan in mathematischer und sprachlicher Hinsicht unterstützen können.

Leitidee L4 – Die sprachbewusste Lehramtsausbildung Mathematik befähigt die Studierenden, bei der Diagnose von Lernendenbeiträgen fachliche und sprachliche Aspekte aufeinander zu beziehen und entsprechende Konsequenzen für das unterrichtliche Handeln im Sinne eines sprachbildenden Fachunterrichts abzuleiten.

L4-1 – Die Studierenden nutzen mündliche und schriftliche Lernendenbeiträge zur Diagnose des mathematischen Wissens und Könnens und leiten daraus entsprechende fachdidaktisch, fachlich und sprachlich begründete Fördermaßnahmen ab.

L4-2 – Die Studierenden analysieren mündliche und schriftliche Lernendenbeiträge und leiten daraus ab, über welche mathematisch relevanten sprachlichen Fähigkeiten die Lernenden schon bzw. noch nicht verfügen. Sie bestimmen den fach- und bildungssprachlichen Unterstützungsbedarf.

1

- **Hochschuldidaktische Design-Prinzipien für eine sprachbewusste Lehramtsausbildung Mathematik**

DP1 – Integration von Sprache und Fach auf struktureller und planungsbezogener Ebene in der Lehrveranstaltung

DP2 – Integration von Sprache und Fach auf inhaltlicher Ebene zur Arbeit mit authentischen Lerngegenständen

DP3 – Integration von Sprache und Fach auf sozialer Ebene zur Gestaltung von Arbeitsprozessen

DP4 – Forschendes Lernen

1.3 Lehramtsausbildung interdisziplinär

» Leistungen in Deutsch für Schülerinnen und Schüler mit Zuwanderungsgeschichte sind für alle Lehrämter zu erbringen (LABG NRW 2009, § 11, 8).

Nordrhein-Westfalen gehörte 2009 zu den ersten deutschen Bundesländern, die den Erwerb von Kenntnissen im Bereich Deutsch als Zweitsprache für alle Lehramtsstudierenden verpflichtend eingeführt haben. Das sog. DaZ-Modul, das je nach Hochschule im Bachelor und/oder im Master absolviert wird und mindestens 6 Leistungspunkte umfasst, vermittelt hierbei wichtige Grundlagenkenntnisse (▶ Abschn. 1.1). Um das Angebot um Veranstaltungen zu erweitern, die einen spezifischen Fachbezug herstellen, wurden z. B. an der Universität Duisburg-Essen im Rahmen des Projekts „Deutsch als Zweitsprache in allen Fächern" (ProDaZ) Kooperationen mit zahlreichen Fachdidaktiken, darunter Mathematik, Physik, Informatik, Chemie, Sport und Geschichte, etabliert (vgl. ▶ Abschn. 3.3 und 3.4). Zentrales Anliegen solcher Kooperationen ist es, die jeweiligen Akteure der sprachlichen und fachlichen Domänen zusammenzubringen und im Rahmen gemeinsamer Lehr- und Forschungskooperationen das Themenfeld „Sprache im Fach" weiter zu konkretisieren. In ▶ Abschn. 3.5 werden Anregungen dafür gegeben, wie eine interdisziplinäre Kooperation aufgebaut werden kann.

Im Folgenden stellen wir exemplarisch Struktur und Inhalte der interdisziplinären Veranstaltungen für Studierende im Lehramt Mathematik vor, die im Rahmen unserer Zusammenarbeit seit 2016 entstanden sind. In den ▶ Abschn. 3.3 und 3.4 werden Beispiele für interdisziplinäre Formate in der Lehramtsausbildung Informatik und Chemie gegeben.

1.3.1 Curriculare Verortung

Universitäre Kooperationsseminare zum Schwerpunkt Sprachbildung im Fach sind in unterschiedlichen Phasen der Lehramtsausbildung durchführbar. Besonders fruchtbar sind solche gemeinsamen Veranstaltungen im Umfeld von Praxisphasen, weil sich vielfältige Beobachtungsanlässe und Möglichkeiten für forschendes Lernen bieten. So adressieren die hier vorgestellten Kooperationsveranstaltungen schwerpunktmäßig das Praxissemester. Dass gerade hier grundsätzlicher Handlungsbedarf besteht, zeigen Ergebnisse einer

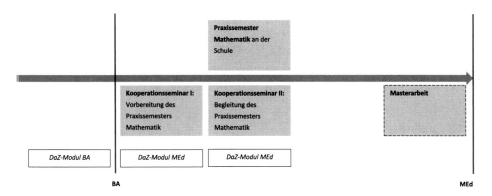

◘ Abb. 1.6 Curriculare Einbindung der Kooperationsseminare

entsprechenden NRW-weiten Studierendenbefragung von 2016: Im Praxissemester werden der „Erwerb von Kompetenzen in der pädagogischen Diagnostik (44 %) und die Verbindung von theoretischem Wissen und der praktischen Erfahrung (52 %)" nicht deutlich wahrgenommen (MSW NRW 2016, S. 8); die Studierenden messen dem forschenden Lernen eine vergleichsweise geringe Relevanz bei (MSW NRW 2016, S. 8), und Studienprojekte werden als „größter Belastungsfaktor" empfunden (MSW NRW 2016, S. 10). Die von allen beteiligten Akteuren geteilte Einschätzung ist aufgrund dieser Befundlage klar: Das forschende Lernen „sollte daher in der Wahrnehmung der Studierenden gestützt und in der Umsetzung durch die hochschuldidaktischen Veranstaltungen in ihrer Relevanz gestärkt werden" (MSW NRW 2016, S. 8). Dafür bieten interdisziplinäre Lehrveranstaltungen, die Sprachbildung in einem bestimmten Fach (hier: Mathematik) beleuchten, eine gute Möglichkeit, weil sie Problemstellungen aufgreifen, die für die Studierenden im Kontext des Praxissemesters unmittelbar relevant sind und im forschenden Lernen konkret untersucht werden können. Hinzu kommt, dass viele Studierende es durchaus interessant finden, ihr Fach unter dem spezifischen Aspekt der Sprachbildung neu wahrzunehmen.

Entstanden und verortet ist das Konzept im Lehramtsstudiengang Mathematik für die Schulformen Haupt-, Real-, Sekundar- und Gesamtschulen (HRSGe) im 1. und 2. Mastersemester. Es dient – wie die mathematikdidaktischen Parallelveranstaltungen ohne den Schwerpunkt Sprachbildung – der Vorbereitung und Begleitung des 5-monatigen Praxissemesters (PS) Mathematik. Im 4. Mastersemester kann sich eine Masterarbeit im Themenbereich „Sprachbildung im Fach Mathematik" anschließen (◘ Abb. 1.6).

Die Studierenden bringen Grundlagenwissen in Deutsch als Zweitsprache aus dem für die Schulformen HRSGe verpflichtenden DaZ-Modul im Bachelor (DaZ-Modul BA) sowie ggf. aus weiteren, fakultativen Veranstaltungen mit. Parallel zu den Kooperationsseminaren absolvieren sie das obligatorische DaZ-Modul im Master (DaZ-Modul MEd).[39]

Zudem besteht speziell an der Universität Duisburg-Essen die Möglichkeit, im Rahmen der Kooperationsseminare Leistungspunkte für die Zusatzqualifikation „Sprachbil-

---

39 Das DaZ-Modul im Master ist verpflichtend für Studierende der Lehrämter HRSGe und Grundschule. Studierende der Schulformen GyGe und BK können optionale Angebote über das Projekt ProDaZ wahrnehmen.

1

dung in mehrsprachiger Gesellschaft" (ZuS) zu erwerben. Die Zusatzqualifikation wird seit 2014 im Kontext des Projekts „ProViel – Professionalisierung für Vielfalt" angeboten. Sie dient der Schärfung des beruflichen Profils, indem sie Lehramtsstudierenden eine vertiefte Auseinandersetzung mit Fragen der Sprachbildung, Sprachförderung, Mehrsprachigkeit und Interkulturalität ermöglicht.[40]

1.3.2 Seminarkonzeption

Den Kern der Seminarkonzeption bildet die Auseinandersetzung mit der Rolle von Sprache und Fach vor dem, im sowie im Anschluss an das **Praxissemester**. Im Praxissemester besteht für Studierende – zunächst unabhängig vom studierten Lehramt – die Möglichkeit, die Beziehung von Sprache und Fach zu untersuchen, unterrichtspraktisch wirksam werden zu lassen und analytisch mit Blick auf zugrunde liegende theoretische Konzeptionen sowie die eigene Professionalität zu reflektieren. Die Beispiele und Diskussionen konzentrieren sich ganz wesentlich auf Inhalte der Vorbereitungs- und Begleitseminare zum Praxissemester Mathematik für das Lehramt HRSGe. Diese Inhalte wurden so ergänzt bzw. variiert, dass das Thema Sprachbildung sich wie ein roter Faden durch die Veranstaltungen zieht.

- **Das Praxissemester vorbereiten**

Die Veranstaltung **Konstruktion von Lernumgebungen** (KvL) im 1. Mastersemester bereitet auf das Praxissemester vor. Thematisch lassen sich solche Vorbereitungsseminare natürlich vielfältig gestalten. Im vorliegenden Beispiel ist das Seminar so ausgerichtet, dass am Beispiel des Inhaltsbereiches „Daten und Zufall" unterschiedliche Aspekte mathematischer Lernumgebungen unter besonderer Berücksichtigung von Sprachbildung thematisiert werden. Dazu gehört sowohl die Entwicklung von Aufgaben zur Vertiefung prozessbezogener Kompetenzen (z. B. Modellieren, Argumentieren oder Begriffsbildung) als auch die Gestaltung unterschiedlicher Prozesse im Mathematikunterricht (Erkundungen, Systematisierung und Übung). Der Umgang mit mathematischen Texten im zugrundeliegenden Inhaltsbereich wird dabei ebenso thematisiert wie die Rolle von und der flexible Wechsel zwischen unterschiedlichen Repräsentationsformen.

Den Abschluss des Vorbereitungsseminars bildet die theoretisch fundierte Entwicklung einer mathematischen Lernumgebung unter Berücksichtigung von Sprachbildung (Portfolio).

Zentrale Seminarinhalte sind unter anderem:

- Aspekte zeitgemäßen und sprachbewussten Mathematikunterrichts
- Untersuchung des eigenen, evtl. mehrsprachigen, Sprachgebrauchs in mathematischen Zusammenhängen,
- Analyse und Variation von Mathematikaufgaben anhand von mathematik- und sprachdidaktischen Kriterien,
- Analyse von Kommunikation im Mathematikunterricht anhand von Transkripten und Unterrichtsbeobachtung,
- Rekonstruktion mathematischer Grund- und Fehlvorstellungen durch die Analyse von mündlichen und schriftlichen Lernerbeispielen.

---

40 Für Struktur und Inhalte der Zusatzqualifikation siehe ▶ https://www.uni-due.de/daz-daf/zus/.

- **Das Praxissemester begleiten**

Im Mittelpunkt des **Begleitseminars zum Praxissemester** (2. Mastersemester) steht die Reflexion der Erfahrungen an den Schulen sowie die Planung und Durchführung eines Studienprojekts, das dem Paradigma des forschenden Lernens folgt und einen Ausschnitt aus dem Themenbereich „Sprachbildung im Mathematikunterricht" aufgreift. Den formalen Abschluss bildet eine benotete mündliche Prüfung.

Zentrale Inhalte des Begleitseminars zum Praxissemester sind:
- Reflexion von schulischen Lehr-Lern-Prozessen unter Bezug auf die im Vorbereitungsseminar thematisierten Aspekte der Sprachbildung im Fach,
- Entwicklung von Forschungsfragen,
- Design, Durchführung und Auswertung des Studienprojekts,
- Reflexion des Forschungsprozesses im Hinblick auf die eigene Professionalisierung.

Durch die kontinuierliche Mitberücksichtigung des Themas Sprachbildung im Rahmen der Lehrveranstaltung werden die Studierenden dabei unterstützt, Fachunterricht zugleich aus fachlicher wie auch aus sprachlicher Perspektive zu betrachten und konkrete Handlungsmöglichkeiten für die Planung und Durchführung von Unterricht abzuleiten. Viele der hier thematisierten Inhalte eignen sich grundsätzlich auch für Fortbildungsveranstaltungen bzw. für die Initiierung von Lehrerhandlungs-/Aktionsforschung (Altrichter et al. 2018; Brown und Flood 2018); allerdings sind dann (u. a. aus Zeitgründen) Anpassungen notwendig.

Besonders deutlich wird die Verknüpfung von Sprache und Fach beim forschenden Lernen im Praxissemester. Aus der (durch uns gesetzten) Notwendigkeit heraus, das Thema Sprachbildung im Studienprojekt aufzugreifen, entwickeln die Studierenden oft sehr interessante Fragestellungen. Einige Beispiele:
- „Inwiefern weichen die Mathematikleistungen von Achtklässlern bei der Lösung von Textaufgaben voneinander ab, wenn die sprachlichen Anforderungen größer und kleiner werden?" (Studienprojekt 2018)
- „Wie unterscheidet sich bei mehrsprachigen Schüler*innen die Bearbeitung von Textaufgaben in der Erst- und Zweitsprache?" (Studienprojekt 2018)
- „Wie erklären Schüler*innen der Jgst. 8 die mathematischen Fachbegriffe Wahrscheinlichkeit und Zufall?" (Studienprojekt 2019)

Dass viele Studierende die Durchführung solcher empirischen Forschungen als sehr gewinnbringend ansehen, zeigen Rückmeldungen ehemaliger Studierender. Dabei werden ganz unterschiedliche Aspekte angesprochen:
(1) Als abstrakt wahrgenommene Themen gewinnen in der Zusammenarbeit mit Schüler*innen an **Anschaulichkeit**. So kommentierte ein (selbst bilingual aufgewachsener) Studierender in Bezug auf das Thema „Sprache im Mathematikunterricht": „Aus der Literatur wusste ich natürlich, dass es sprachliche Hürden gibt. Aber erst als ich im Rahmen des Studienprojekts den Kontakt zu den Schülerinnen und Schülern hatte und mit ihnen darüber geredet habe und ihre Sichtweise reflektiert habe, ist mir das Problem so richtig bewusst geworden." (▶ Abschn. 3.1)
(2) Die Sensibilität für **Aufgabenqualität** erhöht sich, da die Studierenden für ihre Forschungen selbst mathematische Lernumgebungen konzipieren, hinsichtlich ihrer fachlichen und sprachlichen Anforderungen kritisch diskutieren, überarbeiten und erproben. Damit wächst die Kritikfähigkeit in Bezug auf Aufgaben, aber auch die Kompetenz zur sprachbewussten Aufgabenkonstruktion und -variation.

(3) Studierende nehmen die **Forschungsmethoden**, die sie im Rahmen ihrer Projekte kennenlernen, als Verfahren wahr, die zur Erklärung und Lösung fachlicher und/oder sprachlicher Schwierigkeiten beitragen und auch im späteren Unterricht eingesetzt werden können. Das forschende Lernen gewinnt so an handlungspraktischer Bedeutung für die zukünftige Unterrichtstätigkeit und trägt maßgeblich zur Professionalisierung der Studierenden bei.

Konzepte für eine sprachbewusste Hochschullehre

Inhaltsverzeichnis

© Der/die Autor(en) 2022
F. Schacht, S. Guckelsberger, *Sprachbildung in der Lehramtsausbildung Mathematik*,
https://doi.org/10.1007/978-3-662-63793-7_2

Im vorliegenden Kapitel werden die Leitideen und hochschuldidaktischen Design-Prinzipien aus ▶ Kap. 1 aufgegriffen und anhand von Beispielen für eine sprachbewusste und forschungsbezogene Lehre in der Lehramtsausbildung Mathematik konkretisiert.

In ▶ Abschn. 2.1 wird zunächst eine **Spielsituation** vorgestellt, in der die Studierenden den Kontext „Sprache im Fach Mathematik" bewusst erleben können. Die Spielsituation bietet einen anschaulichen Einstieg und ermöglicht fach- und sprachbezogene Theoriebildungen ebenso wie eine Annäherung an die Arbeit mit empirischen Daten.

Ein für den Mathematikunterricht – und damit für die Lehramtsausbildung Mathematik – zentraler Aspekt ist die Arbeit mit und die Variation von Aufgaben. In ▶ Abschn. 2.2 steht daher die Frage im Mittelpunkt, wie Studierende bei der **sprachbewussten Aufgabenplanung** bzw. -variation systematisch unterstützt werden können. ▶ Abschn. 2.3 vertieft das Thema mit einem Schwerpunkt auf **Darstellungsvernetzung**. Es wird aufgezeigt, wie sich dieses wirkungsvolle Mittel zur fachlichen und sprachlichen Bildung in der Hochschullehre und insbesondere mit Blick auf studentische Erprobungen in Praxisphasen thematisieren lässt.

Empirische Daten aus dem Unterricht bieten für eine sprachbewusste Lehramtsausbildung einen in mehrfacher Hinsicht interessanten Lerngegenstand: Sie lassen Einblicke in unterschiedliche Formen der fachlichen Kommunikation zu, ermöglichen eine Rekonstruktion von Lernprozessen und können wertvolle fach- und sprachdiagnostische Auskünfte geben. In ▶ Abschn. 2.4 wird daher der Fokus auf **Lernerdaten als Analyse- und Lerngegenstand** gelegt.

▶ Abschn. 2.5 widmet sich einem aus hochschuldidaktischer Sicht zentralen Paradigma: dem **forschenden Lernen**. Am Beispiel des Praxissemesters wird aufgezeigt, wie eine Verzahnung der Aktivitäten an den Lernorten Schule und Universität aussehen kann und wie Studierende bei kleineren empirischen Studien im Bereich Sprachbildung im Fach Mathematik unterstützt werden können. ▶ Abschn. 2.6 knüpft daran an und vertieft das für viele Studierende besonders herausfordernde Thema der Entwicklung von **Forschungsfragen**. An studentischen Beispielen wird gezeigt, wie das Finden, Überprüfen und Präzisieren von Forschungsfragen an der Schnittstelle von Fach und Sprache unterstützt werden kann.

2.1 Sprache im Fach erleben

» Wir kommen ja durch das DaZ-Modul allgemein mit Sprachbildung in Berührung, aber eben nicht spezifisch in Verbindung mit dem Fach Mathematik. Ich finde, es ist schon wichtig, dass man den ganz klaren Bezug zu seinem Fach gewinnt (Studentin, Praxissemester 2019).

Fachliche Spiele bieten einen geeigneten Anlass, um die vorhandenen Kenntnisse und Erfahrungen der Studierenden in Bezug auf Sprache und sprachliches Handeln allgemein sowie speziell mit Blick auf das jeweilige Fach zu aktivieren. Ausgehend von der Untersuchung ihres eigenen Sprachgebrauchs in der fachlichen Spielsituation diskutieren die Studierenden über sprachliche Anforderungen und Erwartungen im Fachunterricht; dabei kann an relevante Theoriebildungen angeknüpft werden. Darüber hinaus wird ein erster Zugang zur Arbeit mit empirischen Daten ermöglicht.

Im vorliegenden Abschnitt wird eine Spielsituation vorgestellt, die sich als Einstieg in ein Seminar zu Sprachbildung im Mathematikunterricht eignet. Dabei wird Leitidee L1 zu fachbezogenem Sprachwissen als Voraussetzung für sprachbildenden Fachunterricht (▶ Abschn. 1.2.1) konkretisiert. Aus hochschuldidaktischer Perspektive wird einerseits eine fachliche und zugleich praxisnahe Einstimmung in das Thema „Daten und Zufall" ermöglicht. Andererseits werden verschiedene Facetten von Sprache verdeutlicht, die im Fachunterricht und insbesondere im mathematischen Sachgebiet Stochastik eine Rolle spielen. Die Studierenden gewinnen dabei erste Einsichten zur Fachspezifik von Sprache, z. B. hinsichtlich der Merkmale und Funktionen von Alltags- und Fachsprache. Der eigene – durch die Spielsituation weitgehend intuitive – Sprachgebrauch kann als Analysegegenstand genutzt werden; es wird also „entdeckendes Lernen" auf Hochschulebene ermöglicht (methodische Dimension). Darüber hinaus kann zur Reflexion der eigenen, ggf. mehrsprachigen Sprachlernerfahrungen und deren Bedeutung beim fachlichen Lernen angeregt werden (L1-2). Hinsichtlich der hochschuldidaktischen Design-Prinzipien wird in diesem Abschnitt die Integration von Sprache und Fach sowohl auf struktureller und planungsbezogener Ebene (DP1) als auch auf sozialer Ebene zur Gestaltung von Arbeitsprozessen (DP3) thematisiert.

2.1.1 Sprache in Spielsituationen

Das einleitende Zitat einer Studierenden aus einem Seminar zur Vorbereitung eines Schulpraktikums bringt ein häufig zu beobachtendes Dilemma der Hochschullehre auf den Punkt: Studierenden fällt es schwer, die Verknüpfung zwischen Studieninhalten und beruflich relevanten Situationen herzustellen. Nicht selten entsteht so der Eindruck, dass theoretische Konzepte erlernt werden, die mit der eigenen Professionalisierung nur wenig zu tun haben. Dies gilt mitunter auch für die Umsetzung von Konzepten und Methoden aus dem Bereich Sprachbildung im Fachunterricht. Umso wichtiger ist es, in fachbezogenen Veranstaltungen wie dem hier beschriebenen interdisziplinären Ansatz diese Verknüpfung explizit herauszuarbeiten.

Für einen praxisnahen und motivierenden Einstieg in das Thema „Sprachbildung im Fach" eignen sich fachliche Spiele aus dem Schulunterricht. Denn zum einen **erleben** die Studierenden den Zusammenhang von fachlichen Inhalten und sprachlichem Handeln selbst als Akteure in einer Spielsituation. Zum anderen **reflektieren** sie diesen Zusammenhang mit Blick auf reale Unterrichtssituationen. Die Studierenden werden also im Sinne der in ▶ Abschn. 1.2 formulierten Leitidee L1 für Sprache im Fach sensibilisiert. Im Folgenden wird ein solches Spielszenario für die Lehramtsausbildung Mathematik vorgestellt.

■ **Zufallsspiel mit Sprachbeobachtung**
Das Spielszenario sieht vor, dass die Studierenden zunächst in Gruppen das Spiel „Die beste Wahl gewinnt" aus dem Lehrwerk *Mathewerkstatt 8* (Hußmann et al. 2015) spielen. Das Spiel ist für den Mathematikunterricht der Jahrgangsstufe 8 für die Leitidee „Daten und Zufall" konzipiert und stellt eine offene Erkundungssituation dar; die Schüler*innen sollen darin erste Erfahrungen mit theoretischen und empirischen Gewinnchancen sammeln, die Gewinnchancen unterschiedlicher Zufallsgeräte (Würfel, Reißzwecke usw.) vergleichen und Ansätze zur Quantifizierung von Gewinnchancen entwickeln (Hußmann 2015).

■ **Abb. 2.1** Fachliche Spiele im Seminar

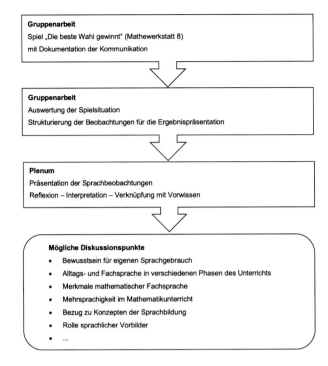

Gruppenarbeit
Spiel „Die beste Wahl gewinnt" (Mathewerkstatt 8)
mit Dokumentation der Kommunikation

Gruppenarbeit
Auswertung der Spielsituation
Strukturierung der Beobachtungen für die Ergebnispräsentation

Plenum
Präsentation der Sprachbeobachtungen
Reflexion – Interpretation – Verknüpfung mit Vorwissen

Mögliche Diskussionspunkte
- Bewusstsein für eigenen Sprachgebrauch
- Alltags- und Fachsprache in verschiedenen Phasen des Unterrichts
- Merkmale mathematischer Fachsprache
- Mehrsprachigkeit im Mathematikunterricht
- Bezug zu Konzepten der Sprachbildung
- Rolle sprachlicher Vorbilder
- ...

Für die Zwecke des Seminars wird für jede Gruppe ein Sprachbeobachter bzw. eine Sprachbeobachterin bestimmt, der/die den Auftrag erhält, die Kommunikation im Spiel genau zu beobachten und zu dokumentieren. Bei der anschließenden gemeinsamen Reflexion und Auswertung werden diese Beobachtungen von den Mitspieler*innen ergänzt, systematisiert und diskutiert.

■ Abb. 2.1 veranschaulicht die Vorgehensweise im Seminar.

Die Studierenden erhalten zunächst den Auftrag, das Spiel in Gruppen à vier bis fünf Personen in mehreren Durchläufen zu spielen. Wie erwähnt, liegt die Besonderheit dieser hochschulischen Variante des Spiels darin, dass jeweils ein Gruppenmitglied das Spielgeschehen aus sprachlicher Sicht beobachtet. Er/sie erhält dafür den folgenden – bewusst offen gehaltenen – **Beobachtungsauftrag**:

Arbeitsauftrag „Sprachbeobachtung im fachlichen Spiel"
Sie haben den Auftrag, das Spielgeschehen zu beobachten. Hören Sie genau auf die Kommunikation zwischen den Spieler*innen und machen Sie Notizen. Welche sprachlichen Mittel nutzen die Spieler*innen? Welche Situationen sind sprachlich interessant und/oder herausfordernd?

Nach der Spielphase sprechen die Kleingruppen über ihren Sprachgebrauch während des Spiels, ergänzt um die Eindrücke der beobachtenden Person. Anschließend präsentiert jede Gruppe die Ergebnisse ihrer Sprachbeobachtung zusammenfassend im Plenum.

2

Im Folgenden werden die Ergebnisse zweier Seminargruppen vorgestellt und Ansatzpunkte für die Reflexion und Diskussion aufgezeigt. In der Kommentierung der studentischen Produkte werden die folgenden Schwerpunkte gesetzt:

- Verhältnis von Alltags- und Fachsprache
- Fachwörter mit alltagssprachlicher Entsprechung
- Merkmale mathematischer Fachsprache
- Sprachliche Vorbilder
- Mehrsprachige Äußerungen im fachlichen Spiel

2.1.2 Sprachbeobachtungen im fachlichen Spiel

◘ Abb. 2.2 zeigt die Übersicht, die die Studierenden aus Seminargruppe 1 im Anschluss an das Spiel selbst erstellt haben.

Im Folgenden wird aufgezeigt, unter welchen Gesichtspunkten diese von den Studierenden genannten Aspekte im Seminargespräch aufgegriffen und mit Blick auf Unterrichtssituationen vertieft diskutiert werden können.

2.1.2.1 Zum Verhältnis von Alltags- und Fachsprache

Wie die Notizen in ◘ Abb. 2.2 zeigen, haben die Studierenden der Seminargruppe 1 zwei Kategorien erstellt, um ihre Spielkommunikation systematisch darzustellen: „Mathematische Fachsprache" und „Alltagssprache". Die Funktion der Alltagssprache liegt dabei in der Interpretation der Studierenden in der „Unterstützung für das Verständnis" – im Unterschied zur Fachsprache, deren Nutzen sie in der Beschreibung „konkreter Sachverhalte" sehen (◘ Abb. 2.2, Spalte „Beschreibung"). Alltagssprachliche Mittel stellen in der Tat eine hilfreiche und wichtige Grundlage für die Annäherung an und die Verständigung

Kategorien	Beschreibung	Beispiel
Mathematische Fachsprache	• Nutzung, um konkrete Sachverhalte zu beschreiben • besonders diese Begriffe, welche in der Anleitung stehen	• Quader, Würfel • Ereignis (eingetreten) • Seiten • Zufall • Möglichkeiten • Wahrscheinlichkeit
Alltagssprache	• Unterstützung für das Verständnis • vieles in Bezug auf das Spielen selbst; kontextbezogen!	• Das <u>Ereignis</u> ist falsch! • Der Quader mochte mich gerade! • 1,3,1,3, jetzt solltest du 1 wählen • Würfelsachen

(links: **Vermischt!**)

◘ **Abb. 2.2** Sprachbeobachtung im Spiel (Seminargruppe 1)

über fachliche Inhalte dar. So können sich Lernende in einer Erkundungsphase fachlichen Gegenständen zunächst alltagssprachlich nähern (im studentischen Beispiel selbst findet sich z. B. der Ausdruck „Würfelsachen" für „Zufallsgeräte"), bevor sie dann in der Systematisierungsphase schrittweise zu einer fachlichen Ausdrucksweise herangeführt werden (Auf- und Ausbau fachlicher Kommunikationsfähigkeit). Falls die Studierenden das Scaffolding-Modell bereits kennen, kann daran erinnert werden, dass alltagssprachliches, mündliches Kommunizieren auch dort als Ausgangspunkt für fachliches Lernen genannt wird (Gibbons 1998; dt. 2006; Kniffka und Neuer 2008; vgl. ▶ Abschn. 1.1.1).

Die Studierenden heben auch hervor, dass die Kategorien „Alltagssprache" und „mathematische Fachsprache" nicht voneinander zu trennen sind, sondern „vermischt" auftreten (die geschweifte Klammer links in ◨ Abb. 2.2). Dies ist eine wichtige Beobachtung, die Anlass zur Diskussion geben kann, in welchem Verhältnis Alltags- und Fachsprache im Unterricht zueinander stehen und was entsprechend von den Lernenden erwartet werden kann und soll. Dabei lässt sich unterscheiden nach:

- mündlichen vs. schriftlichen Kommunikationssituationen (z. B. Diskurs während der Gruppenarbeit vs. schriftliche Dokumentation der Gruppenarbeit),
- unterschiedlichen Phasen des Unterrichts (z. B. Erkundungs-, Systematisierungs- oder Vertiefungsphase),
- Rezeption (z. B. beim Lesen eines Fachtexts) vs. Produktion (z. B. beim Schreiben im Lerntagebuch),
- unterschiedlichen Textsorten (z. B. „Brief"[1] vs. mathematische Argumentation).

Es geht also um die zentrale Frage, welche Funktionen Alltags- und Fachsprache beim fachlichen Lernen haben, wie sie ineinandergreifen und wie sich die Anteile an Alltags- und Fachsprache im Zuge der fachlichen Ausdifferenzierung eines Lernbereichs verändern.

2.1.2.2 Fachwörter mit alltagssprachlicher Entsprechung

Einen zweiten Anknüpfungspunkt für die Diskussion im Rahmen der Lehrveranstaltung können die Fachausdrücke bilden, die die Studierenden als Beispiele in der Kategorie „Mathematische Fachsprache" notiert haben: „Quader", „Ereignis (eingetreten)", „Seiten", „Zufall", „Möglichkeiten", „Wahrscheinlichkeit".[2] Dabei fällt folgendes auf: Mit einer Ausnahme (nämlich „Quader") haben alle der aufgeführten Fachausdrücke eine Entsprechung in der Alltagssprache. Der Unterschied zwischen der alltäglichen und der fachlichen Bedeutung eines Wortes ist manchmal relativ leicht zu erkennen. So ist ein mathematisches „Ereignis" (z. B. „Die gewürfelte Zahl ist ungerade") klar von einem Sport- oder Musikereignis zu unterscheiden. Manchmal ist die Abgrenzung von der alltäglichen Bedeutung weniger offensichtlich, etwa bei den Begriffen „Zufall" und „Wahrscheinlichkeit".[3] Solche Beobachtungen lassen sich auch leicht auf andere Bereiche der Mathematik sowie auf andere Fächer ausweiten. Es bietet sich an, im Seminargespräch an einem Beispiel alltägliche und fachliche Bedeutungsausprägungen herauszuarbeiten. Dann zeigt sich schnell, dass etwa der Begriff „wahrscheinlich" in vielen alltäglichen Zu-

---

1   Vgl. ▶ Abschn. 2.4.3.
2   „Würfel" ist hingegen im gegebenen Kontext des Spiels (anders als im Kontext Geometrische Körper) gerade nicht als Fachwort zu kategorisieren.
3   Krüger et al. (2015, S. 217 ff.) zum Zufallsbegriff in Alltag, Fachwissenschaft und Unterricht.

2

sammenhängen mit „hoher Wahrscheinlichkeit" gleichgesetzt wird („Morgen regnet es wahrscheinlich"), während der fachliche Wahrscheinlichkeitsbegriff an sich noch nichts über die Sicherheit des Eintretens eines Ereignisses aussagt (Krüger et al. 2015, S. 69).

In mehrsprachigen Seminargruppen können Vergleiche mit anderen Sprachen gezogen werden, um zu untersuchen, wie das Verhältnis von Alltags- und Fachwort dort jeweils organisiert ist. Erkan Gürsoy hat dies am Beispiel des Begriffs „Wahrscheinlichkeit" im Türkischen ausgeführt:

„Wahrscheinlichkeit" im Türkischen (erläutert von Erkan Gürsoy)

Im Türkischen existieren zwei synonyme Fachwörter für „Wahrscheinlichkeit" – eines türkischen Ursprungs („olasılık") und eines arabischen Ursprungs („ihtimal"). Beide Ausdrücke sagen nichts über die Sicherheit des Eintretens eines Ereignisses aus; um eine hohe Wahrscheinlichkeit zum Ausdruck zu bringen, benötigt man wie im Deutschen ein Adjektiv („büyük" = groß; „büyük bir olasılıkla/ihtimalle" = mit hoher Wahrscheinlichkeit). Beide Verwendungsweisen finden sich jedoch auch in der Alltagssprache, es handelt sich also auch im Türkischen nicht um Ausdrücke, die als fachsprachlich ins Auge springen. Darüber hinaus gibt es in der Alltagssprache die Ausdrücke „herhalde" und „muhtemelen" (arabischen Ursprungs), die beide „mit hoher Wahrscheinlichkeit" bedeuten.

2.1.2.3 Merkmale mathematischer Fachsprache

Die Notizen der Studierenden könnten auch Anlass zu einem Gespräch darüber sein, was eigentlich unter „mathematischer Fachsprache" genau zu verstehen ist. Denn es fällt auf, dass nahezu alle Ausdrücke, die die Studierenden in diese Kategorie aufgenommen haben, Fachtermini bzw. genauer: **fachsprachliche Substantive** sind („Quader", „Ereignis" usw.). Dies erscheint insofern naheliegend, dass Fachtermini und insbesondere fachliche Substantive im Allgemeinen als typische Vertreter der Fachsprache gelten (Ehlich 1994), während andere fachsprachlich relevante Mittel leicht aus dem Blick geraten.[4] Umso bemerkenswerter ist, dass den Studierenden das Verb „eintreten" in Verbindung mit dem Fachbegriff „Ereignis" aufgefallen ist (❒ Abb. 2.2, rechte Spalte). Die **fachspezifische Kollokation** „ein Ereignis tritt ein" kommt, auch wenn die Bestandteile jeweils auch in der Alltagssprache zu finden sind, ausschließlich in der mathematischen Fachsprache im Kontext der Wahrscheinlichkeitstheorie vor. Die einzelnen Bestandteile können nicht variiert werden: Weder lässt sich „eintreten" durch ein anderes Verb ersetzen (man kann also z. B. nicht sagen: *„ein Ereignis *kommt vor*" oder *„ein Ereignis *tritt auf*") noch kann anstelle von „Ereignis" ein anderes Substantiv stehen (man kann also z. B. nicht sagen: *„eine *Menge* tritt ein."). Beobachtungen wie diese können zum Anlass genommen werden, um mit den Studierenden darüber zu sprechen, welche sprachlichen Mittel – jenseits von Fachtermini – im Unterricht berücksichtigt werden sollten, um Lernenden beim Auf- und Ausbau differenzierter sprachlicher Fähigkeiten im Fach Mathematik zu helfen (vgl. Leitidee L1-1).

---

4   Guckelsberger und Schacht (2018) für den Lernbereich Bedingte Wahrscheinlichkeiten sowie übergreifend für das Fach Mathematik Maier und Schweiger (1999) bzw. den Mathematikunterricht Prediger (2020). Vgl. auch Leitidee L1-1.

2.1.2.4 Sprachliche Vorbilder

Einen weiteren Anknüpfungspunkt für die Diskussion im Rahmen der Lehrveranstaltung bietet die interessante Beobachtung (ebenfalls unter der Kategorie „mathematische Fachsprache"), dass die Studierenden im Spiel „besonders diese [Fach-]Begriffe" verwendeten, „welche in der [Spiel-]Anleitung stehen" (◘ Abb. 2.2). Dies gibt Anlass zu Überlegungen, inwiefern sprachliche Vorbilder – etwa Formulierungen in Lehrwerken, sprachliche Modelle und Hilfen sowie das sprachliche Vorbild der Lehrkraft – die schülerseitige Kommunikation beeinflussen und was das für das eigene sprachliche Handeln als Lehrkraft bedeutet (Leitidee L3).

Dass sprachliche Vorbilder die Kommunikation von Lernenden deutlich beeinflussen können (und zwar auch in unerwarteten sprachlichen Bereichen, wie z. B. beim Gebrauch von Konnektoren), zeigen Befunde aus experimentellen Erhebungen zum sprachlichen Handeln in der Primarstufe (Redder et al. 2013). Die Autorinnen sprechen sich dafür aus, sprachlich reichhaltige Lernumgebungen zu schaffen. Hingegen erweise sich „[e]ine Vereinfachung der Unterrichtskommunikation zu didaktischen Zwecken, insbesondere zur Unterstützung sprachlich schwächerer oder unsicherer Schüler, [...] als nicht zielführend." (Redder et al. 2013, S. 119)

Nicht zuletzt kann in diesem Zusammenhang auch der Bogen zu sprachbildenden Ansätzen wie der Genredidaktik geschlagen werden, die den Umgang mit Fachtexten über sprachliche Modellierung fördern (Gibbons 2015; Gürsoy 2018; Jahn 2020).

2.1.2.5 Mehrsprachige Äußerungen im fachlichen Spiel

Das zweite Beispiel nimmt die Beobachtungen einer studentischen Seminargruppe in den Blick, die sich durch die Zweisprachigkeit aller Gruppenmitglieder auszeichnet.

Die in ◘ Abb. 2.3 wiedergegebenen Notizen[5] sind in einer studentischen Spielgruppe entstanden, deren Mitglieder deutsch-türkisch bilingual sind und während des Spiels beide Sprachen nutzten.

In ihren Notizen zitieren sie zwei Äußerungen mit einem Sprachwechsel zwischen Deutsch und Türkisch:
- Ich hab's geschafft *bak [schau!]*
- Demnächst werde ich das auch probieren *ama [aber]* warte, *başka ne var? [was gibt es noch?]*

Die Studierenden selbst vermuten, dass sie im Spiel „bei Verständnisproblemen und Uneinigkeiten" zwischen den Sprachen wechselten, sowie insbesondere auch – so erläuterten sie im Seminargespräch – „wenn es emotional wurde". Diese Beobachtung ist interessant, weil sie darauf hinweist, dass nicht beliebig zwischen den Sprachen gewechselt wird, Sprachwechsel also funktional sind (Keim 2008, 2012). So könnte man die Äußerung „Ich hab's geschafft *bak [‚schau!']*" dahingehend interpretieren, dass ins Türkische gewechselt wird, um die Aufmerksamkeit der Mitspieler*innen für den Erfolg im Spiel zu erlangen. Vergleichbare Beobachtungen machen Grießhaber et al. (1996) zur Kommunikation unter Türkisch und Deutsch sprechenden Schüler*innen im Unterricht: „Auch *Ausrufe* der Überraschung, der Erkenntnis, des Erstaunens, der Verwunderung

---

5 Es werden hier nur diejenigen Auszüge wiedergegeben, die sich auf die mehrsprachige Kommunikation der Studierenden beziehen. Die Ergebnisse der Sprachbeobachtung betrafen ansonsten ähnliche Aspekte wie die in Beispiel 1 (► Abschn. 2.1.2) genannten.

2

◻ Abb. 2.3 Sprachbeobachtung im Spiel (Seminargruppe 2; Auszug)

- Kommunikation teilweise auf türkisch
- Muttersprache – Zweitsprache
- Bei Verständnisproblemen, Uneinigkeiten => switching

Beispiele:

- „Ich hab's geschafft bak"
- „Demnächst werde ich das auch probieren ama warte, başka ne var?"

usw. (...), mit denen die Schüler die Mitschüler auf die emotionale Verarbeitung bestimmter Probleme lenken – charakteristisch für kooperative Gruppenarbeit ohne Lehrer – sind fast durchgehend türkisch." (Grießhaber et al. 1996, S. 11) Es zeigen sich also interessante Parallelen zwischen dem studentischen und dem schulischen Diskurs.

Mehrsprachige Äußerungen wie die oben genannten führen in der Hochschullehre in der Regel zu einer Diskussion über die Verwendung von zwei oder mehr Sprachen innerhalb einer Äußerung oder Kommunikationssituation. Dabei sollte deutlich werden, dass das Wechseln zwischen Sprachen eine normale Handlungspraktik Mehrsprachiger darstellt und Zeichen für eine hohe Sprachkompetenz ist: „[...] codeswitching requires a high level of cognitive control, involving neural networks known as the executive system in the brain, as well as a good knowledge of the grammatical systems of the different languages involved." (Wei 2013, S. 366)

Die Beobachtungen der Studierenden sind aber auch unter einem anderen Gesichtspunkt relevant: Manche Lehrkräfte lassen neben der Unterrichtssprache Deutsch nur ungerne andere Sprachen zu, weil sie befürchten, dass die Lernenden sich über fachfremde Inhalte austauschen (Heinemann und Dirim 2016). Das Beispiel aus der Seminargruppe legt das Gegenteil nahe: Gerade die Nutzung des Türkischen spiegelt die hohe Involviertheit der Studierenden in die Aufgabe.

An dieser Stelle kann folglich in der Hochschullehre der Bogen zu didaktischen Potentialen der Einbeziehung mehrsprachiger Ressourcen im Mathematikunterricht geschlagen werden (Redder et al. 2018; Duarte 2019; Prediger et al. 2019b).

Impulse für die Anschlussdiskussion

Durch die Spielsituation und den damit verbundenen Wettbewerb kommunizieren die Studierenden spontan und es ist i. d. R. kein Bemühen um eine fachlich erwünschte Ausdrucksweise erkennbar. Die Äußerungen sind dadurch in vielerlei Hinsicht mit denen von Schüler*innen im Unterricht vergleichbar. So lassen sich die Ergebnisse im Weiteren dann auch mit Blick auf die Realsituation Unterricht reflektieren:

- Welchen Sprach(en)gebrauch können wir von Schüler*innen in einer Spiel- bzw. Erkundungsphase erwarten bzw. nicht erwarten?
- Wie lassen sich alltagssprachliche Äußerungen aufgreifen und fachsprachlich (z. B. in einer Systematisierungsphase) weiterführen?
- Welche Vermutungen lassen sich aus der Beobachtung von Schüleräußerungen aufstellen (z. B. hinsichtlich zugrundeliegender Vorstellungen)?
- Wie kann die Mehrsprachigkeit der Schüler*innen im Unterricht als Ressource genutzt werden?

2.2 Aufgaben sprachbewusst planen

» Das meine ich mit „Leichtigkeit" in Bezug auf das Thema Sprachbildung: Dass es gar nicht
so schwer ist, dass man keinen Riesenberg vor sich sehen muss als Student oder als Lehrer.
Dass man eben schon mit Kleinigkeiten etwas bewirken kann (Studierende, Praxissemester
2019).

In der Lehramtsausbildung Mathematik spielen die Analyse, Konstruktion, Variation und
Erprobung von Aufgaben eine wichtige Rolle. In diesem Zusammenhang lohnt eine Betrachtung der Rolle von Sprache sowie der Verknüpfung mathematischer und sprachlicher
Lerngelegenheiten, denn der **Umgang mit Aufgaben(texten)** im Mathematikunterricht
stellt viele Schüler*innen vor große Herausforderungen. Dieser Abschnitt gibt Anregungen, wie die Arbeit mit und an schulischen Aufgabenstellungen, die das Zusammenspiel
von Sprache und Fach gezielt adressieren, in der Hochschullehre thematisiert werden
kann. Insofern wird die Leitidee L2 zum sprachbewussten Umgang mit Aufgaben konkretisiert. Adressiert wird dabei etwa die Rolle von typischen Aufgabenformaten vor
dem Hintergrund unterschiedlicher Kernprozesse sowie deren fachliche und sprachliche Anforderungen an Lernende, sodass die Studierenden das Potential von Aufgaben
unter Berücksichtigung mathematikdidaktischer und sprachbezogener Konzepte reflektieren (L2-1). Auf dieser Grundlage werden dann **Variationsmöglichkeiten** mit Blick
auf sprachbildende Zugänge diskutiert (L2-2), die Studierende im Kontext entsprechender Lehrveranstaltungen vornehmen können (L2-3).

Hinsichtlich der hochschuldidaktischen Design-Prinzipien wird in diesem Abschnitt
die Integration von Sprache und Fach vor allem auf inhaltlicher Ebene zur Arbeit mit
authentischen Lerngegenständen thematisiert (DP2).

2.2.1 Aufgabenvariationen mit mehr „Leichtigkeit"

Das einleitende Zitat einer Studierenden aus einem Begleitseminar zum Praxissemester beschreibt eine häufig zu beobachtende Wahrnehmung des Themas Sprachbildung
aus Sicht der Schulpraxis: Es wird als „Riesenberg" gesehen, als ein Thema also, das
so fundamentale Konsequenzen für das eigene unterrichtliche Handeln hat, dass viele
Studierende und Lehrkräfte einfach nicht wissen, wo sie genau anfangen sollen. Die Studierende berichtet hingegen von Erfahrungen aus dem Praxissemester, die dem Thema
mehr „Leichtigkeit" verleihen, mit der Erkenntnis: Auch kleine Veränderungen im Unterricht können schon viel bewirken. Das vorliegende Kapitel gibt einige Anregungen,
wie Aufgabenvariationen in interdisziplinären Lehrveranstaltungen erprobt werden können.

Aufgaben spielen eine zentrale Rolle in der Schule – dies gilt insbesondere auch für
den Mathematikunterricht. Entsprechend ist die Auseinandersetzung mit Aufgaben und
ihren Potentialen, Merkmalen und Funktionen ein wichtiger Bestandteil des Lehramtsstudiums Mathematik – und zwar für jede Schulform und -stufe. Dass auch Studierende
das Thema als relevant für ihre Professionalisierung einschätzen, zeigt die Rückmeldung
einer Mathematikstudentin im Praxissemester 2019:

2

» Ich fand das Thema Aufgabengestaltung und Aufgabenvariation super spannend. Mir sind in Mathebüchern schon oft Aufgaben aufgefallen, die nicht gut formuliert und für die Schüler unmotivierend waren. Jetzt habe ich einen kleinen Methodenpool, wie ich Aufgaben mit einfachen Mitteln selbst umgestalten oder umstrukturieren kann (Studierende, Praxissemester 2019).

Mathematikaufgaben unterscheiden sich je nachdem, in welchen **Prozessen** – etwa beim Problemlösen, Modellieren, Argumentieren oder Begriffsbilden (Büchter und Leuders 2016) – und in welchen **Funktionen** – z. B. zur Diagnose, zum Lernen oder im Rahmen von Leistungssituationen – sie verwendet werden. In Verbindung mit dem Anspruch an einen sprachbewussten Mathematikunterricht bekommt die Auseinandersetzung mit Aufgaben noch einmal besonderes Gewicht. Eine große Herausforderung stellen in diesem Zusammenhang **Textaufgaben** dar: Vielfältige Studien weisen auf die Hürden hin, die sich für Schülerinnen und Schüler ergeben, und zwar sowohl in sprachrezeptiven als auch in sprachproduktiven Situationen (z. B. Wilhelm 2016; Prediger et al. 2015; Reusser 1997). Textaufgaben werden nicht nur schlechter gelöst als vergleichbare Aufgaben z. B. in numerischer Darstellungsform (Reusser 1997). Vielmehr erweist sich die Sprachkompetenz als zentrale Variable für die Erklärung von herkunftsbedingten Leistungsdisparitäten, insofern sie einen deutlich stärkeren Zusammenhang zur Mathematikleistung aufweist als etwa andere soziale Faktoren wie Migrationshintergrund oder Zeitpunkt des Deutscherwerbs (Prediger et al. 2015).

Nicht selten ist eine Reaktion auf solche Befunde, dass man gerade in der Mathematik als einem vermeintlich „spracharmen" Fach doch weitgehend auf Sprache verzichten könne. Der Ansatz von Aufgabenkaskaden spiegelt ein solches Verständnis (◘ Abb. 2.4).

Ein solcher Ansatz, der Sprache bewusst zu umgehen versucht, ist aber aus mehreren Gründen kontraproduktiv. Denn eine Reduktion auf kalkül- und eher verfahrensbezogene Zugänge setzt häufig weniger auf das Verständnis der mathematischen Zusammenhänge als vielmehr darauf, bestimmte Verfahren zu trainieren; das kann allerdings z. B. fehlerhafte Routinen sogar noch verstärken. Umgekehrt wird der Gegenstandsbereich mitnichten vereinfacht, wenn Sprache reduziert wird – im Gegenteil: Für verstehens- und vorstellungsorientierte Zugänge zur Mathematik braucht es geeignete Sprachmittel, um die Inhalte zu verstehen. Insofern ergibt sich gerade für das Fach Mathematik die Forderung nach der Vermittlung von Sprachkompetenz (z. B. Prediger 2009). Vor diesem Hintergrund ist es sehr zu begrüßen, dass Sprachbildung auch aus curricularer Perspektive als „Querschnittsaufgabe aller an schulischer Bildung Beteiligten und durchgängiges Unterrichtsprinzip in allen Fächern, Lernbereichen und Lernfeldern" (KMK 2019, S. 4) anerkannt und ausgewiesen ist. Für eine Darstellung der spezifischen Sprachmittel, die

Berechne

$10 \cdot 10$	$9 \cdot 8$	$10 \cdot 7$	$9 \cdot 6$	$10 \cdot 5$	$10 \cdot 4$	$8 \cdot 3$
$7 \cdot 10$	$5 \cdot 8$	$6 \cdot 7$	$8 \cdot 6$	$9 \cdot 5$	$6 \cdot 4$	$5 \cdot 3$
$5 \cdot 10$	$3 \cdot 8$	$5 \cdot 7$	$4 \cdot 6$	$8 \cdot 5$	$3 \cdot 4$	$3 \cdot 3$
$7 \cdot \_ = 49$	$8 \cdot \_ = 72$	$3 \cdot \_ = 15$	$2 \cdot \_ = 20$	$10 \cdot \_ = 40$	$6 \cdot \_ = 48$	$8 \cdot \_ = 64$
$5 \cdot \_ = 45$	$6 \cdot \_ = 36$	$7 \cdot \_ = 42$	$4 \cdot \_ = 24$	$3 \cdot \_ = 21$	$5 \cdot \_ = 35$	$2 \cdot \_ = 24$
$3 \cdot \_ = 27$	$5 \cdot \_ = 25$	$7 \cdot \_ = 56$	$9 \cdot \_ = 81$	$8 \cdot \_ = 32$	$7 \cdot \_ = 35$	$3 \cdot \_ = 12$

◘ **Abb. 2.4** Aufgabenkaskaden zur Multiplikation im Hunderterraum

man im Mathematikunterricht jeweils hinsichtlich der unterschiedlichen mathematischen Inhaltsbereiche benötigt, sei etwa auf Prediger (2020) verwiesen.

Im Folgenden werden – pointiert – drei Strategien gegenübergestellt, die in der unterrichtlichen Praxis oder im Rahmen von Fortbildungen sehr häufig anzutreffen sind, wenn über die Rolle von Sprache im Fach diskutiert wird.

i. Sprache-vermeintlich-vermeiden: *Unser Schulbuch eignet sich nicht für einen sprachbewussten Mathematikunterricht, die Aufgaben sind zu textlastig. Für Schülerinnen und Schüler mit sprachlichen Schwierigkeiten lasse ich das Schulbuch weg und gebe ihnen nur die Rechenaufgaben.*

ii. Augen-zu-und-durch: *Wir haben in der Fachgruppe die klare Verabredung, dass wir das Buch nutzen. Wenn die Aufgaben zu textlastig sind, müssen die Lernenden in entsprechenden Förderstunden die Lesekompetenzen verbessern. Neue Aufgaben stellen: Wie soll ich das leisten?*

iii. Aufgabenvariation: *Ich kenne Möglichkeiten zur Veränderung von Aufgaben. Mit einfachen Mitteln kann man manchmal schon sehr viel erreichen.*

Wissenschaftliche Forschungsbefunde belegen klar, dass die Szenarien i und ii nicht zielführend sind. Die vermeintliche Vermeidung von Sprache (Szenario i) berücksichtigt nicht, dass es Sprache braucht, um sich die mathematischen Konzepte zu erarbeiten – eine reine Reduktion auf (Rechen-)Verfahren wird der Komplexität der mathematischen Gegenstände nicht gerecht und enthält den Schülerinnen und Schülern letztlich auch fundierte Verstehensprozesse vor (Maier und Schweiger 1999; Zindel 2019). Szenario ii ist ebenso wenig zielführend. Sprache ist nämlich nicht nur Lernmedium und Lernvoraussetzung, sondern insbesondere auch ein Lerngegenstand im Mathematikunterricht (etwa Meyer und Prediger 2012; Pimm 1987; Ellerton und Clarkson 1996; Maier und Schweiger 1999). Dass fachliche Kommunikationsfähigkeit eine Kompetenz ist, die Lernende im jeweiligen Fachunterricht erlangen sollen, lässt sich den entsprechenden Curricula entnehmen. Eine ausschließliche Auslagerung etwa in den Deutschunterricht oder in eine allgemeine Sprachförderung ist schon allein deshalb nicht hilfreich, weil sprachliche Fähigkeiten nicht ohne Weiteres aus einem Fach in ein anderes übertragen werden können. Das zeigen beispielsweise Untersuchungen aus dem Projekt SchriFT (Schreiben im Fachunterricht unter Einbeziehung des Türkischen) zum Schreiben von Versuchsprotokollen im Physikunterricht der Jgst. 8:

» Sprachliche Fähigkeiten aus dem Deutschunterricht helfen Schülerinnen und Schülern [...] nur im geringen Maße beim kohärenten Schreiben eines Versuchsprotokolls. Sprachliche Strukturen sollten demnach funktional in Verbindung mit dem Fachwissen und dem prozeduralen naturwissenschaftlichen Wissen im Physikunterricht vermittelt werden (Boubakri et al. 2018, S. 260).

Der folgende Abschnitt gibt Anregungen, wie eine sprachbewusste Aufgabenplanung in der Hochschullehre adressiert werden kann. Als handlungsleitende theoretische Konzepte werden dabei die Möglichkeiten der Darstellungsvernetzung genutzt sowie eine eher phasengebundene Betrachtung unterrichtlicher Prozesse entlang der Kernprozesse des Erkundens, des Systematisierens und des Übens.

Zur Produktion und zur Variation von Aufgaben gibt es vielfältige Anregungen (für ausführliche Darstellungen etwa Schupp 2002; Büchter und Leuders 2016). Für eine vertiefte Auseinandersetzung mit der Rolle von Sprache in der unterrichtlichen Praxis sind vielfältige Anregungen auch bei Prediger (2020) und Abshagen (2015) zu finden.

2

2.2.2 Sprachbewusste Aufgabenplanung in der Hochschullehre am Beispiel Mittelwerte

Im Folgenden wird am Beispiel Mittelwerte exemplarisch gezeigt, wie sprachbewusste Aufgabenplanung und -variation in der Hochschullehre thematisiert werden kann – mit dem Ziel der Ausarbeitung von Konzepten für einen sprachbildenden Mathematikunterricht.

Die stoffdidaktische und sprachliche Einordnung des Themas wird zunächst anhand der Aufgabe „Mittelwert ist nicht gleich Mittelwert" aus dem Lehrwerk Lambacher Schweizer vorgenommen (◘ Abb. 2.5; ► Abschn. 2.2.2.1). Anschließend werden von Studierenden entwickelte Aufgaben zum Thema Mittelwerte analysiert und diskutiert (► Abschn. 2.2.2.2).

Für einen thematischen Einstieg im Seminar können den Studierenden folgende **Arbeitsaufträge** gegeben werden:

Arbeitsauftrag für die Hochschullehre zur Analyse von Aufgaben
- Lösen Sie die Aufgabe. Welche fachlichen Anforderungen sind mit der Aufgabe verbunden?
- Übertragen Sie zwei Sätze aus der Aufgabe in eine Fremd- oder Herkunftssprache. Reflektieren Sie sprachliche Schwierigkeitsbereiche und Lösungsansätze.
- Welchen Stellenwert hat Sprache bei der Bearbeitung der Aufgabe (z. B. als Lernvoraussetzung, Lernmedium und Lerngegenstand)?

2.2.2.1 Merkmale des stochastischen Kontexts „Mittelwerte"

Bevor nun genauer die Frage diskutiert wird, wie die Arbeit an Aufgaben in Lehrveranstaltungen produktiv gestaltet werden kann, sei in Kürze zunächst auf den **mathematischen Gehalt** der Aufgabe „Mittelwert ist nicht gleich Mittelwert" (◘ Abb. 2.5) eingegangen. Inhaltlich wird hier der Begriff des arithmetischen Mittels thematisiert. Der Begriff bezeichnet eine der wichtigsten statistischen Kenngrößen im Umgang mit Daten in der Schule. Von besonderer Bedeutung ist in diesem Zusammenhang vor allem die Erfahrung, die von der Frage ausgeht, wo sich in einem gegebenen Datensatz die Mitte befindet und wie diese bestimmt werden kann – hier unterscheidet man in der Mathematik unterschiedliche Mittelwerte, etwa den Median/Zentralwert, das harmonische Mittel, das geometrische Mittel oder eben das arithmetische Mittel. Letzteres wird gebildet als Quotient der Summe aller Werte geteilt durch die Anzahl der Werte. Für eine sehr lesenswerte Übersicht zu den inhaltlichen Vorstellungen zum arithmetischen Mittel sei auf Sill (2016) verwiesen. Der **Aufbau tragfähiger Vorstellungen** ist in diesem Zusammenhang besonders wichtig. Wird nämlich allein die Rechenvorschrift auswendig gelernt, so fehlt eine Vorstellung davon, warum dieser Begriff besonders nützlich ist, wozu er verwendet wird und was er genau – z. B. auch in Abgrenzung zu anderen Mittelwerten – bedeutet. Vor allem aber kann eine zu starke Betonung des Kalküls problematische Übergeneralisierungen fördern, d. h. die Lernenden wenden die auswendig gelernten Verfahren in falscher oder nicht zulässiger Weise an. Genau dies soll im Rahmen der obigen Aufgabe reflektiert werden. Die drei im Aufgabentext genannten Schülerinnen Johanna, Claudia und Lina ha-

◘ **Abb. 2.5** Aufgabe zum Thema Mittelwerte (Abschrift aus: Lambacher Schweizer 2017, S. 180)

Unterrichtsebene / Schulbuchaufgabe: „Mittelwert ist nicht gleich Mittelwert"

Drei Schülerinnen teilen sich die Arbeit bei der Meinungsumfrage: Johanna hat bei 10 Befragten 6 regelmäßige Leser (60%), Claudia unter 30 Befragten 15 regelmäßige Leser (50%) und Lina unter 20 Befragten 2 regelmäßige Leser gefunden (10%). Johanna meint:

„Also lesen im Mittel $\frac{(60\% + 50\% + 10\%)}{3}$ = 40% regelmäßig die PopNews".

Larissa meint, das Ergebnis sei falsch. Sie kommt auf einen Mittelwert von 38,3%. Nimm Stellung.

ben jeweils unterschiedlich viele Personen nach ihrem Leseverhalten befragt und jeweils für die betrachtete Teilmenge das arithmetische Mittel gebildet. Nun sollen die Ergebnisse zusammengeführt werden. Der Ansatz, dass die arithmetischen Mittelwerte addiert und dann durch die Anzahl (also 3) dividiert werden, ist nicht zulässig. Grund dafür ist, dass die Stichproben der drei Schülerinnen unterschiedlich groß sind. Für die Berechnung des arithmetischen Mittels wäre es notwendig, die **Summe aller Lesenden durch die Anzahl aller befragten Personen** zu dividieren, d. h. $\bar{x} = \frac{6+15+2}{10+30+20} = \frac{23}{60} = 0{,}383 = 38{,}3\,\%$. Insofern ist Larissas Behauptung aus der Aufgabe, dass der zunächst gewählte Ansatz falsch sei, richtig.

Betrachtet man die **sprachliche Gestaltung** der Aufgabe, so fällt als eine zentrale Herausforderung die Versprachlichung des Anteilbegriffs auf. So finden sich in dem Aufgabentext die folgenden Formulierungen:
- bei 10 Befragten 6 regelmäßige Leser
- unter 30 Befragten 15 regelmäßige Leser

Üblich sind darüber hinaus weitere Formulierungen, etwa „bei 6 von 10 Befragten", „bei 6 der 10 Befragten", „die Hälfte der Befragten". Die Beispiele zeigen: Inhaltlich geht es in allen sprachlichen Varianten um den Anteil der Leserinnen und Leser an den befragten Personen. Allerdings zeigen sich unterschiedliche Akzentuierungen, die an Lernende nicht selten hohe Anforderungen stellen. So kann etwa die Leserichtung variieren („6 von 10", „bei 10 Befragten 6 Leser") oder der Gebrauch und die Rolle von Präpositionen („bei x von y"; „bei y Befragten x Leser"; „unter y Befragten x Leser"). Prediger (2020) spricht von bedeutungsbezogenen Begriffen (in diesem Fall die entsprechenden Präpositionen), die für das Verständnis der spezifischen mathematischen Begriffe (in diesem Fall des Anteil- bzw. Bruchzahlbegriffs) zentral sind.

Für Schülerinnen und Schüler ist es besonders wichtig, solche sprachlich verdichteten Ausdrücke wie „bei x von y" oder „unter y Befragten x Leser" weiter aufzufalten (dazu etwa Zindel 2019; Prediger und Zindel 2017), z. B. durch die Visualisierung von Abhängigkeiten, durch die Generierung von Beispielen, mit Hilfe expliziter Argumentationsstrukturen oder durch Nachfragen, die gezielt die thematisierten Größen adressieren.

2.2.2.2 Studentische Aufgabenvariationen

Das o. g. Aufgabe „Mittelwert ist nicht gleich Mittelwert" (◘ Abb. 2.5) kann in der Hochschullehre nicht nur als Analyse- und Reflexionsanlass genutzt werden, sondern in einem weiteren Schritt auch, um Aufgabenvariationen bzw. eigene Aufgabenplanungen zum Thema Mittelwerte zu initiieren. Der **Arbeitsauftrag an die Studierenden** lautet:

2

> Entwickeln Sie zum Thema „Mittelwerte" – ggf. auf Grundlage der Aufgabe „Mittelwert ist nicht gleich Mittelwert" – jeweils eine Aufgabe für die Erarbeitungsphase, für die Konsolidierungsphase und für eine vertiefende Übephase. Beziehen Sie das Prinzip des Darstellungswechsels ein. Nutzen Sie dafür auch die Checkliste zur Sprachbildung.

Die **Checkliste Sprachbildung** (◼ Abb. 2.6) gibt den Studierenden praktische Anregungen für eine Überprüfung von bestehenden oder selbst entwickelten Aufgaben hinsichtlich sprachbezogener Aspekte; darüber hinaus kann sie natürlich auch als Anregung bei der Planung neuer Aufgaben(teile) dienen.

Das erste studentische Beispiel (◼ Abb. 2.7) stellt ein Gerüst für die Planung unterschiedlicher unterrichtlicher Handlungen zum Thema Mittelwerte dar. Der Student möchte im Rahmen einer Unterrichtssequenz die Mittelwerte „arithmetisches Mittel", „Median" und „Modalwert" thematisieren. Die **Erkundungsphase** soll im Kontext von Körpergrößen erfolgen. Dabei sollen die Schülerinnen und Schüler in Kleingruppen im Rahmen eines

◼ **Abb. 2.6**   Checkliste Sprachbildung

Checkliste Sprachbildung für die Konstruktion und Variation von Mathematikaufgaben

Liebe Studierende,

Sie können die folgenden Leitfragen nutzen, um bestehende oder von Ihnen neu entwickelte Aufgaben zu den unterrichtlichen Kernprozessen des Erkundens (Winter, 1989a; Gallin & Ruf, 1998), Sicherns bzw. Systematisierens (z.B. Prediger et al., 2011a) und Übens (z.B. Leuders, 2011) auf Aspekte der Sprachbildung hin zu überprüfen und ggf. zu überarbeiten.

Die Fragen sollen Ihnen helfen, die Mathematikaufgaben aus sprachlicher Sicht einzuschätzen – Sie müssen die Fragen aber nicht „abarbeiten". Natürlich dürfen Sie gerne weitere Aspekte mit einbringen.

Welche sprachlichen Besonderheiten hat die Aufgabe?

- Welche Begriffe sind zentral für das Verständnis?
- Kommen fachspezifische Substantiv-Verb-Verbindungen vor, die der besonderen Klärung bedürfen?
- Sind ungewohnte syntaktische Konstruktionen enthalten, die die Lernenden entschlüsseln müssen?

Welche Möglichkeiten aktiven sprachlichen Handelns bietet die Aufgabe?

- Bietet die Aufgabe Anlässe zur gemeinsamen Problemlösung?
- Gibt es authentische Sprechanlässe?
- Schreiben die Lernenden etwas (evtl. auch gemeinsam/kooperativ)?

◘ Abb. 2.6 (Fortsetzung)

Inwiefern verlangt oder fördert die Aufgabe situationsentbundenes Sprechen oder Schreiben?

- Sind die Lernenden aufgefordert, im Plenum zusammenfassend über Ergebnisse einer Gruppenarbeit zu berichten?
- Wird zum Wechsel zwischen mündlichem und schriftlichem Sprachgebrauch aufgefordert?

Was ist die sprachliche Erwartung, die Sie mit der Aufgabe verbinden?

- Sollen die Lernenden bestimmte Fachbegriffe verwenden?
- Steht die Alltagssprache im Vordergrund?
- Wird eine bestimmte Textsorte gefordert?

Lassen sich mit der Aufgabe Schreibanlässe verbinden?

- Sollen die Lernenden etwas beschriften, eine Aufgabe selbst formulieren, aus einer Kalkülaufgabe eine Textaufgabe oder einen Zeitungsbericht entwickeln oder eine Definition erarbeiten?

Was dient der Sprachentlastung?

- Wird an Vorwissen der Lernenden angeknüpft?
- Wurde eine bestimmte methodische Aufbereitung / Einbettung zur Sprachentlastung gewählt?
- Werden sprachliche Beispiele / Vorbilder gegeben?

Wie werden die Lernenden aktiv in den Lernprozess eingebunden?

- Finden sie selbst Fragestellungen?
- Stellen sie Vermutungen auf?
- Sind sie an der Generierung / Sammlung von Daten beteiligt?
- Spielen digitale Werkzeuge eine Rolle?

Bietet die Aufgabe Gelegenheit zur Darstellungsvernetzung?

- Werden unterschiedliche Darstellungen genutzt?
- Werden Darstellungen miteinander vernetzt?
- Haben Lernende Gelegenheit, Darstellungen hinsichtlich ihrer Potentiale und Grenzen zu beurteilen?

Welche Möglichkeiten zur Kooperation und Reflexion bietet die Aufgabe?

- Vergleichen die Lernenden unterschiedliche Lösungsansätze?
- Überarbeiten / kommentieren die Lernenden die Vorgehensweisen / Ergebnisse von anderen?
- Vergleichen die Lernenden die Schwierigkeit von Aufgaben?

2

Mittelwerte

Entdecken, Erfinden, Erkunden:
Was ist die mittlere Körpergröße innerhalb der Gruppen?

$\Longrightarrow$ Arithmetisches Mittel
$\quad\Longrightarrow$ Median
$\qquad\Longrightarrow$ Modalwert

Sichern und Systematisieren:
Wie unterscheiden sich die Mittelwerte?

$\Longrightarrow$ Durchschnitt
$\quad\Longrightarrow$ Wert in der Mitte
$\qquad\Longrightarrow$ Häufigster Wert

Üben:
Wie ändern sich die Mittelwerte, wenn eine Playmobilfigur als Schüler hinzukommt?

geringe Änderung / starke Änderung / keine Änderung

Verhalten bei Ausreißern

◗ Abb. 2.7   Studentisches Unterrichtsgerüst „Mittelwerte"

entdeckenden Lernprozesses der Leitfrage nachgehen: „Was ist die mittlere Körpergröße innerhalb der Gruppen?" Im Rahmen der anschließenden **Sicherungsphase** soll dann herausgearbeitet werden, wie sich die jeweiligen Mittelwerte unterscheiden. Dafür ist es entscheidend, auf die inhaltliche Unterscheidung von Durchschnitt, Wert in der Mitte und häufigstem Wert bewusst zu achten. Für die anschließende **Übephase** ist eine Aktivität geplant, bei der die Lernenden eine Playmobilfigur als fiktiven Schüler hinzunehmen und ermitteln, wie sich die Werte ändern. Hier wird also darauf eingegangen, dass die Mittelwerte jeweils unterschiedlich stark auf Ausreißer – also auf extreme Werte – reagieren. So ändert sich das arithmetische Mittel bei Ausreißern stark, während der Median in seiner Eigenschaft als Zentralwert z. B. auch gleich bleiben kann (aber nicht muss).

Bei der studentischen Skizze in ◗ Abb. 2.7 handelt es sich zunächst um ein Gerüst, das noch keine konkreten Aufgabenstellungen bereithält. Es wurde im Rahmen der Lehrveranstaltung genutzt, um Aufgaben auszuarbeiten, die auch die unterschiedlichen Kernprozesse berücksichtigen. So entwickelte eine Studentin eine Aufgabenvariation für die **Sicherungsphase** und erprobte sie im Praxissemester in einer 7. Klasse. Dabei wurden die Schüler*innen im Anschluss an eine Lerneinheit zum Thema Mittelwerte gebeten, die wichtigsten Begriffe als SMS schriftlich festzuhalten – also als sehr kurze Nachricht, die die wichtigsten Informationen enthält. Die Aufgabenstellung der Studentin lautete:

Mittelwerte

Dein Freund/deine Freundin hat in den letzten Mathestunden zum Thema „Mittelwerte" gefehlt. Schreibe ihm/ihr eine SMS und erkläre ihm/ihr anhand der Beispiele, die ihr im Unterricht behandelt habt, die Begriffe „Median" und „Arithmetisches Mittel". Pro Erklärung kannst du bis zu 5 Sätze schreiben.

Die Aufgabenstellung erscheint für eine Sicherungsphase geeignet, weil die Schülerinnen und Schüler beim Schreiben das zuvor im Unterricht behandelte Thema Mittelwerte eigenständig zusammenfassen müssen. Dabei ist zu erwarten, dass für die Schüler*innen selbst sowie für die Lehrkraft bzw. Praktikantin sichtbar wird, inwieweit der Lernstoff fachlich und sprachlich schon angeeignet ist (vgl. Leitidee L4). Zugleich können sich, wie die Schülerbeispiele in ◘ Abb. 2.8 zeigen, auch Einblicke in individuelle Einschätzungen in Bezug auf den Lernbereich ergeben („Der Median ist im Prinzip eigentlich ganz leicht.“; „Mein Lieblingsmittelwert ist der arithmetische Mittelwert.“). Um den Schreibprozess zu fokussieren, sind in der Aufgabenstellung einige Anhaltspunkte gegeben – etwa der Bezug auf die im Unterricht gegebenen Beispiele sowie zwei für den Themenbereich zentrale Begriffe, die erklärt werden sollen.

◘ Abb. 2.8 zeigt zwei Schülertexte, die mithilfe der SMS-Methode entstanden sind.

Wie in ◘ Abb. 2.8 exemplarisch gezeigt, führte der vergleichsweise einfache Schreibauftrag der Studentin zu reichhaltigen Lernendenprodukten, die häufig auch umfangreicher waren als die geforderte SMS-Länge von fünf Sätzen pro Erklärung.

Um die Studierenden bei der Auswertung der erhobenen Daten zu unterstützen, wurde im Begleitseminar zum Praxissemester zunächst die Vorstellungsorientierung diskutiert, die in den Lernendenprodukten zum Ausdruck kommt. So verdeutlichten die Schüler die thematisierten mathematischen Begriffe anhand **sinnstiftender Beispiele**, etwa die Vorstellung des Durchschnitts mit der Schwerpunkteigenschaft (Sill 2016). Dem zugrunde liegt die alltägliche Erfahrung einer Wippe (z. B. auf Spielplätzen), die in ein Gleichgewicht gebracht wird (in Schülerbeispiel 2 als „Waage“ bezeichnet). Die Mitte im Sinne eines Gleichgewichtspunktes ist eine tragfähige Vorstellung des arithmetischen Mittels. Auch das Beispiel zum Median (Schülerbeispiel 1) ist gut gewählt, da sich anhand der Körpergröße wichtige Aspekte des Medianbegriffs verdeutlichen lassen. Dabei gibt der Schüler im Sinne einer **Anleitung** an, was bei der Ermittlung des Medians zu beachten ist (nämlich die numerische Anordnung der Werte: „Man muss die sortieren“; „von Klein nach groß“).

◘ Abb. 2.8 Lernendenprodukte „Mittelwerte“

Schülerbeispiel 1

Hi Jonas.

Da du ja gefehlt hast, und dadurch auch den Unterichtsstoff verpasst hast. Erkläre ich dir dann jetzt was, und wie wir das Gelernt haben. Also es gibt einmal den Median der heißt auch Zentralwert, weil er der Wert in der Mitte ist. Der Median ist im Prinzip eigentlich ganz leicht. Den Median bestimmt man so: Erst müssen alle Daten der Größe nach angeordnet. Dann bestimmt man den Wert in der Mitte.

1) Man hat die Daten 3 - 8 - 5 - 9 - 2 - 4 - 11
2) Man muss die sortieren 2 - 3 - 4 - 5 - 8 - 9 - 11
3) Dann bestimmt man den Wert in der Mitte 2 - 3 - 4 - 5 - 8 - 9 - 11
4) Also, der Median ist 5

Ich gebe dir ein Beispiel. Alle in der Klasse stellen sich von Klein nach groß auf. Die Körpergröße vom Schüler in der Mitte ist der Median.

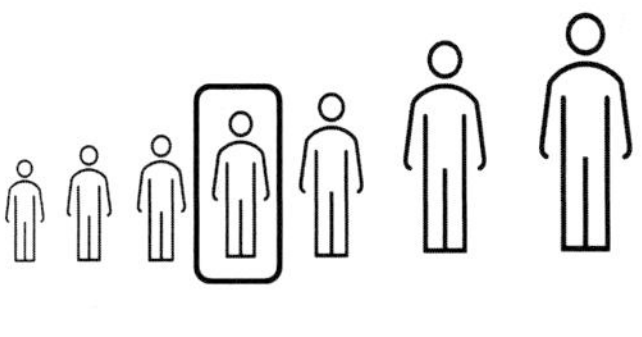

2

◻ Abb. 2.8 (Fortsetzung)

Schülerbeispiel 2

Hallo! Mein Lieblingsmittelwert ist der arithmetische Mittelwert, weil man ihn so leicht berechnen kann. Wenn du den Arithmetischen Mittelwert ausrechnen willst musst du die Werte addieren und dann durch die Anzahl der Werte teilen.

Beispiel:

Datum Nr.	Wert des Datums
1	1
2	2
3	6
4	7
5	9

Also ist die Anzahl der Werte 5, das sieht man links.

So wird der arithmetische Mittelwert ausgerechnet: 1+2+6+7+9=25, dann 25:5=5. Also ist der arithmetische Mittelwert 5.

So kann man sich das vorstellen:

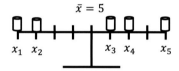

Auf der Waage sind Gewichte, so wie die Zahlen in der Tabelle. An der Stelle $\bar{x} = 5$ sind die Gewichte in der waage.

Auch die Rolle der Nutzung unterschiedlicher **Darstellungen** wurde im Rahmen der Begleitveranstaltung thematisiert (dazu ▶ Abschn. 2.3): Die Schüler*innen nutzen nicht nur unterschiedliche (symbolische, ikonische und tabellarische) Darstellungen, sie vernetzen diese auch explizit in ihren Texten (vgl. Schülerbeispiel 2: „Also ist die Anzahl der Werte 5, das sieht man links [in der Tabelle]."; „Auf der Waage sind Gewichte, so wie die Zahlen in der Tabelle.").

Anhand der studentischen Aufgabe konnten im Seminar auch noch einmal explizite Bezüge zu den **Kernprozessen** hergestellt werden. Zum Beispiel wurde diskutiert, welche weiteren Varianten für eine Sicherungsphase möglich wären oder wie eine Aufgabe verändert werden müsste, um sie in einer Einführungs- oder Vertiefungsphase gewinnbringend einzusetzen. Die vorliegende Aufgabe eignet sich z. B. nicht für eine Einführungsphase, da auf bereits vermittelten Unterrichtsstoff Bezug genommen wird und Fachbegriffe explizit erfragt werden.[6] Für eine Vertiefungsphase könnte die Aufgabe so abgewandelt werden, dass der Ausbau der mathematischen Kommunikationskompetenz stärker in den Mittelpunkt rückt.

---

6 Ein Beispiel für einen Schreibauftrag in der Einführungsphase findet sich in ▶ Abschn. 2.6.3.2 (mit Lernendenprodukten in ◻ Abb. 2.19).

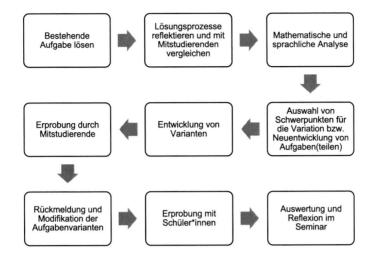

◻ **Abb. 2.9** Prozess der Aufgabenanalyse und -variation

◻ Abb. 2.9 gibt einen Überblick, wie die **Arbeit an Aufgaben** unter Berücksichtigung von Aspekten der Sprachbildung in Lehrveranstaltungen gestaltet werden kann. Den Ausgangspunkt bilden bestehende (Schulbuch-)Aufgaben, die die Studierenden zunächst selbst lösen; der Lösungsprozess wird dabei bereits zum Gegenstand der Reflexion gemacht. Vor dem Hintergrund geeigneter theoretischer Ansätze werden dann (z. B. mit Hilfe der Checkliste zur Sprachbildung, ◻ Abb. 2.6) Aufgabenvariationen vorgenommen oder neue Aufgaben(teile) entwickelt, die die Rolle von Sprache im Mathematikunterricht bewusst adressieren. Es bietet sich an, diese Aufgaben innerhalb der Seminargruppe zu erproben und ggf. Modifikationen vorzunehmen, bevor sie beispielsweise im Rahmen eines studentischen Forschungsprojekts Lernenden zur Bearbeitung gegeben werden. Den Abschluss bildet eine Reflexion in der Seminargruppe, in der zentrale Schritte und Hilfen bei der Arbeit an Aufgaben zusammengefasst werden.

2.3 Darstellungsvernetzungen adressieren

» Mir ist aufgefallen, dass die Schüler große Schwierigkeiten hatten, funktionale Zusammenhänge zu erkennen und zu versprachlichen. Ich habe dann mit einem digitalen Werkzeug Aufgaben entwickelt, bei denen sie zwischen ikonischer, tabellarischer und graphischer Darstellung wechseln konnten. Die Schüler haben immer neue schriftliche Vermutungen zu funktionalen Zusammenhängen aufgestellt und dann überprüft – das war schon fast wie ein Wettbewerb! (Studierende, Masterkolloquium 2019).[7]

Darstellungen (und ihre Vernetzung) sind für das Fach Mathematik von großer Bedeutung, weil sie das inhaltliche Denken unterstützen und Kommunikationsanlässe für eine produktive Auseinandersetzung im Unterricht bieten können. Der vorliegende Abschnitt zeigt anhand konkreter Beispiele, wie das Thema Darstellungsvernetzung im Rahmen einer sprachbewussten Hochschullehre thematisiert werden kann. Dabei wird insbesondere

---

7   Ergebnisse aus der Masterarbeit werden vorgestellt in Schacht et al. (i. V.).

2

diskutiert, wie sich **Darstellungen für die Variation von Aufgaben** (▶ Abschn. 2.2) nutzen lassen.

Damit werden in diesem Abschnitt sowohl Leitideen zu fachbezogenem Sprachwissen (L1) als auch zur Rolle von Aufgaben bzw. den darin verwendeten Darstellungen (L2) konkretisiert. Besonders eingegangen wird auf die Beurteilung der Rolle von Darstellungen für das fachliche und sprachliche Lernen sowie auf die Nutzung von Darstellungsvernetzungen als Element der Sprachbildung. Hinsichtlich der hochschuldidaktischen Design-Prinzipien wird in diesem Abschnitt die Integration von Sprache und Fach sowohl auf struktureller und planungsbezogener Ebene (DP1) als auch auf inhaltlicher Ebene zur Arbeit mit authentischen Lerngegenständen (DP2) thematisiert.

2.3.1 Musiker für Schulfest gesucht – Bedingte Wahrscheinlichkeiten

Für den Aufbau inhaltlichen Denkens im Fach Mathematik ist es zentral, dass Lernende unterschiedliche Darstellungen kennen und diese miteinander vernetzen können. Im sprachbildenden Mathematikunterricht ist damit die Herausforderung verknüpft, die mit den jeweiligen Darstellungen verbundenen Sprachmittel gezielt zu adressieren. Dies kann in der universitären Lehre an unterrichtsrelevanten Beispielen theoretisch fundiert und reflektiert werden. Im Folgenden dient als Ausgangspunkt ein Aufgabenkontext zum Thema „Bedingte Wahrscheinlichkeiten" (dazu auch Guckelsberger und Schacht 2018, S. 30):

> **Kontext zu bedingten Wahrscheinlichkeiten**
>
> Für das Schulfest werden noch Musiker gesucht. Die Klasse 9a hat unter den 25 Schülerinnen und Schülern eine Umfrage gemacht. Diese ergab, dass jedes dritte Mädchen ein Instrument spielt, während es bei den Jungen 2 von 10 sind.

Es bietet sich an, die im Kontext „Schulfest" enthaltenen Informationen zunächst in unterschiedlichen Darstellungsformen zu strukturieren und zu visualisieren (◘ Abb. 2.10; entnommen aus Guckelsberger und Schacht 2018).[8] So lässt sich mit Hilfe eines **Baumdiagramms** die sequenzielle Struktur mehrstufiger Vorgänge abbilden. Hingegen eignet sich das **Einheitsquadrat**, um die Verhältnisse der zugrunde liegenden Daten zu veranschaulichen. Die **Vierfeldertafel** wiederum bietet die Möglichkeit, bivariate metrische Daten darzustellen und zu interpretieren: „Mit der Auswertung und Interpretation solcher Vierfeldertafeln im Rahmen von Gruppenvergleichen lassen sich wichtige Grundbegriffe der Stochastik vorbereiten, nämlich die statistische Abhängigkeit und die bedingte Wahrscheinlichkeit" (Krüger et al. 2015, S. 111). Die **symbolische Darstellung** wird schließlich für die Berechnung von Wahrscheinlichkeiten genutzt. Die Darstellungen machen also jeweils unterschiedliche Spezifika der beschriebenen Situation sichtbar.

◘ Abb. 2.10 verdeutlicht, dass mit jeder Darstellungsform nicht nur spezifische Begriffsfacetten verknüpft sind, sondern auch jeweils besondere sprachliche Mittel (Wessel 2015; Duval 2006). So lassen sich etwa in der Vierfeldertafel die bedingten Wahrschein-

---

8   Vgl. Eichler und Vogel (2010) zu Vor- und Nachteilen unterschiedlicher Visualisierungen in der Wahrscheinlichkeitsrechnung.

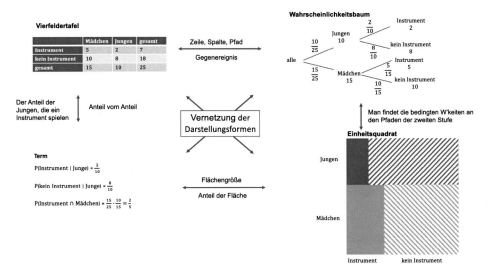

Abb. 2.10 Darstellungsformen für bedingte Wahrscheinlichkeiten

lichkeiten nicht direkt ablesen. Es ist daher eine zentrale inhaltliche und sprachliche Herausforderung, diese entlang der Werte in den Zeilen und Spalten korrekt zu ermitteln. Inhaltlich werden dafür Anteile von Anteilen bestimmt (dazu auch Schacht et al. 2020). Umgekehrt liefert die sequenzielle Darstellung des Wahrscheinlichkeitsbaums eine gute Übersicht über die Mehrstufigkeit des Zufallsversuchs, wobei eine zentrale semantische Herausforderung darin liegt, die Wahrscheinlichkeiten als Multiplikation der relativen Häufigkeiten entlang der einzelnen Pfade zu interpretieren. Welche besonderen sprachlichen Anforderungen sich daraus jeweils ergeben, wird im nächsten Abschnitt systematisch beschrieben (dazu etwa Prediger 2020; Wessel 2015; Duval 2006; Guckelsberger und Schacht 2018)

2.3.2 Merkmale des stochastischen Kontexts „Bedingte Wahrscheinlichkeiten"

Aus mathematischer Perspektive bieten Problemstellungen wie die obige eine reichhaltige Substanz. Die Lernenden können z. B. Anteile bzw. Wahrscheinlichkeiten bestimmen. Weil hierbei mehr als ein Merkmal eine Rolle spielt (Musiker bzw. Nicht-Musiker und Junge bzw. Mädchen), müssen bedingte Wahrscheinlichkeiten bestimmt werden. Von einer bedingten Wahrscheinlichkeit wird z. B. in dem Fall gesprochen, dass $\frac{1}{5}$ der Jungen (im Unterschied zu: $\frac{1}{5}$ aller Befragten) ein Instrument spielt. Der Anteil bezieht sich hier ausschließlich auf die Merkmalsausprägung „Junge". Folglich beträgt die bedingte Wahrscheinlichkeit dafür, dass ein zufällig gewählter Junge der Klasse ein Instrumentalist ist, $\frac{1}{5}$.

Eine zentrale begriffliche Herausforderung darin liegt, die unterschiedlichen Darstellungen nicht nur einzeln zu betrachten, sondern sie miteinander in Beziehung zu setzen und zu vernetzen (vgl. dazu z. B. auch Duval 2006; Leisen 2005, 2010; sowie Eichler

2

und Vogel 2010 als Beispiel zur Wahrscheinlichkeitsrechnung). Welche Potentiale für die Sprachbildung im Fach Mathematik daraus erwachsen, zeigen sowohl Studien mit Lernenden, die lebensweltlich mehrsprachig aufwachsen (u. a. Prediger und Wessel 2011, Wessel 2015), als auch Untersuchungen mit einsprachig aufwachsenden Lernenden. So zeigen Schacht et al. (i. V.) am Beispiel funktionaler Zusammenhänge auf, wie sich durch die Auseinandersetzung mit unterschiedlichen Darstellungsformen und mit Hilfe von digitalen Werkzeugen fachbezogene sprachliche Handlungen gezielt initiieren und fördern lassen. Dies ist umso wichtiger angesichts von Forschungsbefunden, die belegen, dass Lernschwierigkeiten im Fach Mathematik mit Problemen bei der Darstellungsvernetzung einhergehen (Radatz 1991; Moser Opitz 2007). Die Zielperspektive ist daher ein breites inhaltliches Verstehen inklusive der jeweiligen Sprachmittel, die für die einzelnen Darstellungsebenen genutzt werden müssen.

2.3.3 Sprachbewusste Aufgabenvariation durch Darstellungsvernetzung

Der o. g. Aufgabenkontext „Schulfest" kann in der Hochschullehre genutzt werden, um Aufgabenvariationen mit einem Schwerpunkt auf der Vernetzung von Darstellungsformen zu thematisieren. Den Ausgangspunkt bilden folgende **Arbeitsaufträge an die Studierenden**:

Sprachbildung durch Darstellungsvernetzung
Nutzen Sie den folgenden Kontext aus dem Lernbereich Bedingte Wahrscheinlichkeiten, um Aufgaben mit einem Schwerpunkt auf Darstellungsvernetzung zu entwickeln:

» Für das Schulfest werden noch Musiker gesucht. Die Klasse 9a hat unter den 25 Schülerinnen und Schülern eine Umfrage gemacht. Diese ergab, dass jedes dritte Mädchen ein Instrument spielt, während es bei den Jungen 2 von 10 sind.

Setzen Sie dabei die folgenden Schwerpunkte:
- Übersetzungsprozesse initiieren: Hier sollte der Darstellungswechsel von der einen Darstellung in die andere Darstellung im Vordergrund stehen.
- Vernetzungsprozesse initiieren (vergleichen und vernetzen): Bei dieser Aufgabenvariante sollte die gezielte Vernetzung (also nicht nur der Wechsel) im Fokus stehen.
- Lernen am sprachlichen Vorbild: Erarbeiten Sie eine Variante, bei der sprachliche Vorbilder gezielt genutzt werden.
- Darstellungen und Darstellungswechsel „erleben": Hier können Sie eine Aufgabenvariante konstruieren, bei der bedingte Wahrscheinlichkeiten praktisch-handelnd erfahren werden können.

Arbeiten Sie für jede der Aufgabenvarianten Potentiale und Herausforderungen für die Umsetzung im Mathematikunterricht heraus.

2.3.3.1 Aufgabenvariante 1: Übersetzungsprozesse initiieren

Eine erste Möglichkeit, einen Darstellungswechsel gezielt zu initiieren, besteht darin, den Aufgabentext in weitere Darstellungen zu **übersetzen**. Hierfür sollten Arbeitsaufträge für die Schüler*innen formuliert werden, die die entsprechenden Darstellungsformen konkret benennen:

> Für das Schulfest werden noch Musiker gesucht. Die Klasse 9a hat unter den 25 Schülerinnen und Schülern eine Umfrage gemacht. Diese ergab, dass jedes dritte Mädchen ein Instrument spielt, während es bei den Jungen 2 von 10 sind.
> - Bilde die Situation in einem Einheitsquadrat ab.
> - Erstelle ein Baumdiagramm.
> - Stelle die Daten in einer Vierfeldertafel dar.

In diesem Fall besteht die inhaltliche Herausforderung darin, die im Text gegebene Sachsituation in die Darstellungsformen Einheitsquadrat, Baumdiagramm und Vierfeldertafel zu übersetzen. Diese halten jeweils spezifische fachliche und sprachliche Hürden bereit, die im Mathematikunterricht gezielt zu adressieren sind. Sollen die im obigen Text genannten Informationen in ein **Einheitsquadrat** überführt werden, so müssen zunächst die entsprechenden Merkmale bestimmt werden, in diesem Fall also Junge/Mädchen bzw. Instrument/kein Instrument. Auf der Ebene der Textrezeption ist es daher notwendig, diese Kategorien zu identifizieren bzw. – auf der Ebene der Textproduktion – begrifflich zunächst zu bilden. Dies ist also ein entscheidender Aspekt des zugrundeliegenden fachlichen Begriffsbildungsprozesses der Lernenden, der bei der Planung entsprechender Aufgaben durch die Studierenden berücksichtigt werden sollte. Sind die Kategorien einmal gefunden, ist es nun entscheidend, die jeweiligen Verhältnisse zu bilden. Dies erfordert auf der Ebene der Textrezeption eine genaue Rekonstruktion der zugrunde liegenden Anteile. Typische Schwierigkeiten bestehen in dem obigen Fall etwa darin, dass sowohl Zahlzeichen („2 [von] 10") als auch Zahlwörter („[jedes] dritte [Mädchen]") verwendet werden, dass absolute Häufigkeiten („10 Jungen") und relative Häufigkeiten („jedes dritte Mädchen") genannt werden und dass explizite Angaben („10 Jungen") und nicht-explizite Angaben (Anzahl der Mädchen in der Klasse: $25 - 10 = 15$) enthalten sind. Bei der Rekonstruktion spielt hier insbesondere die **Bildung von Anteilen** eine zentrale Rolle, dies unter besonderem sprachlichen Fokus der Präposition „von".[9] Sind die absoluten Häufigkeiten einmal ermittelt, so müssen die relativen Häufigkeiten bzw. die Anteile gebildet werden. Diese sind notwendig, um die entsprechenden Flächenanteile abzubilden. Schließlich müssen die Flächenstücke korrekt interpretiert werden.

Auch für weitere Übersetzungsprozesse ergeben sich spezifische sprachliche und fachliche Anforderungen (vgl. ❏ Tab. 2.1). So müssen etwa für die **Vierfeldertafel** zunächst nicht die relativen Häufigkeiten bestimmt werden und damit auch nicht die entsprechenden Flächenanteile, sondern die absoluten Anzahlen. Fachliche und sprachliche Herausforderungen bei der Erstellung der Vierfeldertafel ergeben sich etwa im Zusammenhang mit den Zeilen- und Spaltensummen, die vor dem Hintergrund des Kontextes interpretiert werden müssen.

---

9 Hier kann mit den Studierenden – bzw. mit den Schülerinnen und Schülern – sprachkontrastiv erarbeitet werden, wie Anteile in anderen Sprachen konzeptualisiert und verbalisiert werden (s. Prediger et al. 2019a).

2

❏ Tab. 2.1 Sprachliche und fachliche Übersetzungsschritte zwischen unterschiedlichen Darstellungen

Übersetzungs-schritt	Text →	absolute Häufigkeiten →	relative Häufigkeiten →	Einheitsquadrat
sprachliche und fachliche Anforderungen	– explizite und nicht explizite Angaben – absolute und relative Häufigkeiten – Zahlwörter und Zahlzeichen	– Präpositionen bei absoluten Häufigkeiten: 3 von 10 – Ganze bestimmen	– Präpositionen bei Anteilen – Prozente als Anteile – Ganze bestimmen	– Flächenanteile benennen

Um Darstellungswechsel im Rahmen einer sprachbewussten Lehramtsausbildung zu nutzen, kann es produktiv sein, diese zunächst selbst für die eigenen universitären Lernprozesse zu reflektieren und zu erfahren. Hier bietet es sich an, Beispiele aus universitären Lehrveranstaltungen (z. B. aus fachbezogenen Vorlesungen) auf die Nutzung unterschiedlicher Repräsentationsformen hin zu untersuchen. Für Studierende ist es i. d. R. im Rückblick sehr erhellend, die eigene Begriffsbildung – etwa im Rahmen einer Zahlentheorie-Vorlesung – zu reflektieren und die Rolle von Darstellungsformen dabei gezielt in den Blick zu nehmen. Neben dem Rückblick ist es im Rahmen der Lehrveranstaltung auch durchaus produktiv, den Studierenden eine fachbezogene Aufgabe zu stellen und diese mit unterschiedlichen Darstellungsformen zu bearbeiten. Das folgende Beispiel zur Gültigkeit der Gaußschen Summenformel etwa ist Gegenstand fast jeder Arithmetik-Vorlesung. Der Zusatz, die jeweils spezifischen sprachlichen und inhaltlichen Anforderungen der einzelnen Begründungsvarianten zu analysieren, regt dazu an, eigene Lernprozesse (hier: im Rahmen des Studiums) hinsichtlich der Rolle der Sprache gezielt zu reflektieren.

Sprachliche Anforderungen bei Begründungen
Begründen Sie die Gültigkeit der Gaußschen Summenformel $\sum_{i=1}^{n} i = \frac{n \cdot (n+1)}{2}$ auf unterschiedliche Weise:

a) Begründung mit Hilfe eines generischen Beispiels
b) Begründung mit Hilfe eines generischen Bildes
c) Begründung mit Hilfe eines allgemeinen Bildes
d) Begründung mittels Algebraisierung
e) Begründung mittels vollständiger Induktion

Vergleichen Sie die sprachlichen und inhaltlichen Anforderungen der unterschiedlichen Begründungsvarianten.

2.3.3.2 Aufgabenvariante 2: Vernetzungsprozesse initiieren

Eine zweite Variante besteht darin, nicht allein die Übersetzungsprozesse zum Thema zu machen, sondern Darstellungen gezielt miteinander zu **vernetzen** und diese Vernetzung selbst zum Reflexionsgegenstand zu machen. Dies kann etwa durch die folgenden Aufgabenstellungen erreicht werden (❏ Abb. 2.11).

2.3 · Darstellungsvernetzungen adressieren

In der Klasse 9b wurde ebenfalls eine Erhebung durchgeführt.
Das Ergebnis ist in den drei abgebildeten Darstellungsformen zu sehen.

Einheitsquadrat

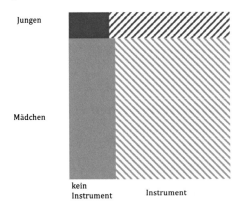

Wahrscheinlichkeitsbaum

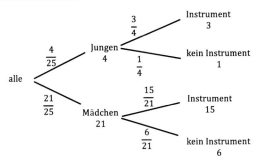

Vierfeldertafel

	Mädchen	**Jungen**	**gesamt**
Instrument	15	3	18
kein Instrument	6	1	7
gesamt	21	4	25

Erkläre, wie man die folgenden Aussagen jeweils mit den drei Darstellungsformen verdeutlichen kann:

- 3 von 4 Jungen spielen ein Instrument
- fast alle Instrumentalisten sind weiblich
- fast alle Jungen spielen ein Instrument
- (...)

Vergleiche die Darstellungen.

Benenne je 2 Aspekte, die in allen Darstellungen gleichermaßen dargestellt sind.

Findest du für jede Darstellung Aspekte, die nur dort deutlich werden?

◻ **Abb. 2.11** Aufgabe zur Vernetzung von Darstellungsformen

2

Im Rahmen der Aufträge in ◘ Abb. 2.11 steht die Sichtbarmachung einzelner Aussagen in den jeweiligen Darstellungen im Vordergrund. Die Kraft einer solchen Vernetzung besteht darin, dass die gleiche Aussage in unterschiedlichen Darstellungen – und damit auch mit unterschiedlichen mathematischen und sprachlichen Mitteln – verdeutlicht wird. So lässt sich am Einheitsquadrat etwa sehr übersichtlich ablesen, dass fast alle Instrumentalisten weiblich sind, wenn man die beiden rechten Zellen (der Instrumentalisten) betrachtet. Dies lässt sich mit Zahlen sowohl absolut über die Vierfeldertafel (15 Mädchen und 3 Jungen sind Instrumentalisten) als auch über das Baumdiagramm mit Hilfe relativer Häufigkeiten ($\frac{3}{4}$ der Jungen spielen ein Instrument) begründen.

2.3.3.3 Aufgabenvariante 3: Lernen am sprachlichen Vorbild

Die Rolle von sprachlichen Vorbildern ist zentral für gelingende Sprachbildung im Fachunterricht. Mit den folgenden Aufgabenstellungen werden sprachliche Mittel bereitgestellt, die die Schülerinnen und Schüler den entsprechenden Darstellungen zuordnen sollen.

> Ordne die Sätze einer der Darstellungen zu. Begründe deine Entscheidung.
> - „Mehrstufige Zufallsversuche lassen sich in dieser Darstellung besonders gut darstellen."
> - „Auf den Pfaden werden Wahrscheinlichkeiten abgetragen."
> - „Diese Darstellung eignet sich deshalb besonders gut, weil man direkt kontrollieren kann, ob die Zahlen stimmen."

Anders als bei den Aufgabenvarianten 1 und 2 werden bei dieser Variante **Sprachbeispiele** genutzt, um die Eigenschaften der jeweiligen Darstellungsformen gezielt gegenüberzustellen. Dabei wird ein qualitativer Vergleich der Darstellungen selbst vorgenommen. Dies ist aus fachlicher Sicht zentral, denn für einen tragfähigen Vorstellungsaufbau ist es wichtig, sich auch mit den **Grenzen und Potentialen der jeweiligen Darstellungsform** auseinanderzusetzen. Eine sprachliche Anforderung besteht in den obigen Beispielsätzen darin, diese hinsichtlich der genutzten Fachsprache zu dechiffrieren (z. B. „Wahrscheinlichkeiten abtragen"). Die Aussagen dienen umgekehrt als sprachliches und fachliches Modell, um ähnliche Aussagen selbst aufzustellen und diese mit Hilfe der Darstellungen zu begründen.

2.3.3.4 Aufgabenvariante 4: Darstellungen beurteilen

Eine besondere Kompetenz besteht darin, verschiedene Darstellungsformen selbstständig zu **beurteilen**. In ◘ Abb. 2.12 ist ein möglicher Schreibauftrag abgedruckt: Die Schüler*innen sollen begründen, warum ihnen die Arbeit mit bestimmten Darstellungen leichter fällt als mit anderen. Die zugehörigen Schülerbearbeitungen zeigen, dass ein solcher Schreibauftrag zur fachlichen Reflexion anregt, weil die Schüler*innen die Darstellungen dabei auch noch einmal miteinander in Beziehung setzen.

Die Schülerantworten machen deutlich, dass Lernende durchaus in der Lage sind, die jeweiligen Vorteile der einzelnen Darstellungen zu benennen. So argumentiert etwa ein Schüler, dass sich im doppelten Baumdiagramm die relativen Häufigkeiten und die „Stufen" (gemeint ist hier die sequenzielle Struktur) gut ablesen lassen, während in einem anderen Lernertext hervorgehoben wird, dass bei Termen „konkret dargestellt ist, was gesucht/gefordert ist" (◘ Abb. 2.12).

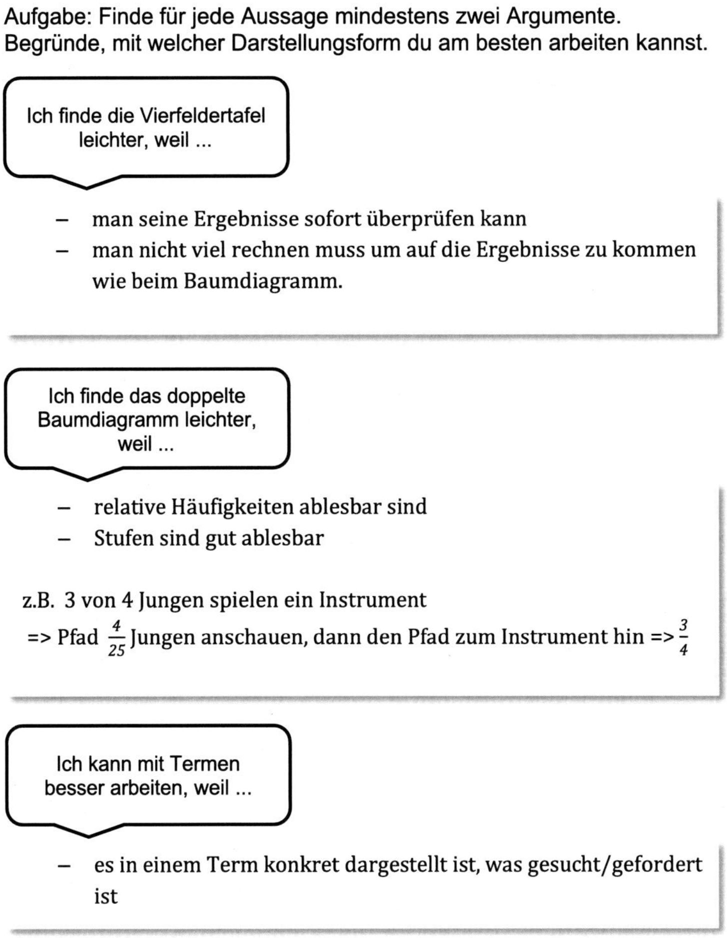

Aufgabe: Finde für jede Aussage mindestens zwei Argumente.
Begründe, mit welcher Darstellungsform du am besten arbeiten kannst.

> Ich finde die Vierfeldertafel leichter, weil …

- man seine Ergebnisse sofort überprüfen kann
- man nicht viel rechnen muss um auf die Ergebnisse zu kommen wie beim Baumdiagramm.

> Ich finde das doppelte Baumdiagramm leichter, weil …

- relative Häufigkeiten ablesbar sind
- Stufen sind gut ablesbar

z.B. 3 von 4 Jungen spielen ein Instrument

=> Pfad $\frac{4}{25}$ Jungen anschauen, dann den Pfad zum Instrument hin => $\frac{3}{4}$

> Ich kann mit Termen besser arbeiten, weil …

- es in einem Term konkret dargestellt ist, was gesucht/gefordert ist

◘ **Abb. 2.12** Schreibauftrag und Schülerdokumente zur Beurteilung von Darstellungsformen

2.3.3.5 Aufgabenvariante 5: Darstellungen und Darstellungswechsel „erleben"

Lebendig wird eine Darstellung mathematischer Zusammenhänge, wenn man diese experimentell nachstellt bzw. die Merkmale und Eigenschaften nutzt, um sie entlang der Gruppenmitglieder (an der Schule oder Hochschule) real abzubilden. So kann eine Situation wie die im Kontext „Schulfest" skizzierte (▶ Abschn. 2.3.1) genutzt werden, um Schüler*innen oder auch Studierende um eine möglichst übersichtliche Aufstellung im Raum zu bitten. Hierbei sollte zunächst ein möglichst offener Arbeitsauftrag gestellt werden, ohne vorab die Struktur – etwa die der Vierfeldertafel – vorzugeben. Dies erscheint für den Arbeitsprozess deutlich produktiver, weil die Teilnehmenden unterschiedliche Strukturierungsvarianten selbst auswählen können und sich argumentativ der übersichtlichsten Variante nähern.

Gerade das körperliche Erleben von Darstellungsformen kann in der universitären Ausbildung geeignet sein, um den gewohnten Blick auf Darstellungen und deren Rol-

2

Abb. 2.13 Aufstellung und von den Studierenden erstelltes Tafelbild

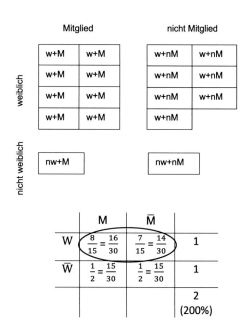

le im Mathematikunterricht noch einmal zu verändern. So stellte in einem Seminar eine Studierende die Hypothese auf, dass der Anteil der Männer, die Mitglied im Sportverein sind, größer ist als der Anteil der Frauen, die Mitglied im Sportverein sind. Die Studierenden wurden gebeten, sich dieser Hypothese so anzunähern, dass sie sie durch eine möglichst übersichtliche Anordnung im Raum verifizieren. Alle Studierenden waren zu dem Zeitpunkt bereits gut vertraut mit den entsprechenden mathematischen Darstellungsformen. Die Aufstellung der Studierenden im Seminarraum war schnell gefunden; sie ist in ☐ Abb. 2.13 (oben) wiedergegeben.

Es waren also von den 17 anwesenden Studierenden 15 weiblich und zwei männlich; insgesamt waren 9 Personen Mitglied und 8 Personen kein Mitglied in einem Sportverein. Einen Diskussionspunkt bei der Übertragung dieser Aufstellung in eine geeignete Darstellung (☐ Abb. 2.13, unten) bildete zunächst die Frage der Benennung der Merkmale. Dabei spielt es aus fachlicher Perspektive natürlich überhaupt keine Rolle, ob etwa „w" für „weiblich" und „m" für „männlich" gewählt wird. Erst aus der Rückschau erscheint es sinnvoll, Bezeichner zu wählen, die einen Zusammenhang zwischen den jeweiligen Merkmalsausprägungen erkennen lassen, wie in der Tafelanschrift oben „W" für „weiblich" und „$\overline{W}$" für „nicht weiblich". Gerade im Umgang mit Termen (etwa bei der Bestimmung von Wahrscheinlichkeiten für die Gegenereignisse) ist es übersichtlich(er), die Bezeichnungen entsprechend zu wählen. Dass dies für Schüler*innen im Mathematikunterricht keine selbstverständliche Erfahrung ist, sondern eine, die erst erlernt und dann aus der Rückschau reflektiert und eingeordnet werden muss, ist für Studierende eine wichtige Einsicht.

Wie das Tafelbild zeigt, führte der Versuch der Studierenden, ihre Aufstellung im Seminarraum in eine Vieferfeldertafel zu überführen, zu einem interessanten Fehler: Es wurden anstelle der absoluten Häufigkeiten fälschlicherweise die jeweiligen bedingten Wahrscheinlichkeiten zugrunde gelegt (☐ Abb. 2.13, unten). Die Studierenden haben also eine „Vierfeldertafel" entwickelt, die die jeweiligen Anteile einer Merkmalsausprägung aufführte. In der Aufstellung (❍ Abb. 2.13, oben) hatte sich gezeigt, dass 8 von 15 weiblichen Studierenden Mitglied eines Sportvereins sind, 7 von 15 hingegen nicht. Genau diese Verhältnisse wurden vor dem Hintergrund der Aufstellung in der Vierfeldertafel abgetragen. Gleiches passierte bei den männlichen Studierenden: Jeweils die Hälfte der anwesenden Studenten war Mitglied bzw. Nicht-Mitglied eines Sportvereins. Obwohl die Studierenden thematisch bereits eingearbeitet waren, sorgte auch die „Kontrolle" (Addition der jeweiligen Anteile zu 200 % statt 100 %) zunächst nicht für einen kognitiven Konflikt. Erst als eine Studentin die Darstellung hinterfragte, entwickelte sich eine produktive Diskussion, in der die Vierfeldertafel überarbeitet und korrigiert wurde.

Das Beispiel führt anschaulich vor Augen, wie erfahrungsbezogenes Lernen auch auf Hochschulebene zu einer intensiven inhaltlichen Auseinandersetzung – in diesem Fall über den Aufbau und die Struktur einer Darstellungsform – führen und dadurch vermeintliche mathematische Selbstverständlichkeiten und gewohnte Schemata aufbrechen kann.

2.4 Empirische Daten aus dem Unterricht als Analyse- und Lerngegenstand

» Ich habe einem Schüler und einer Schülerin der 8. Klasse Blütenaufgaben zu linearen Gleichungen vorgelegt, die immer schwieriger wurden. Die beiden haben sich bei der gemeinsamen Bearbeitung selbst mit dem Smartphone aufgenommen und ich habe das im Anschluss transkribiert. Dann habe ich analysiert, wie sie bei der Lösung der Aufgabe vorgegangen sind und welche sprachlichen und mathematischen Probleme sie hatten. (…) Mir ist bewusst geworden, wie sprachintensiv Mathematik eigentlich ist (Studentin, Praxissemester 2018).

Die universitäre Vorbereitung auf die spätere Schulpraxis sollte die Lernendenperspektive konsequent mitberücksichtigen. Interessante Analyse- und Lerngegenstände bilden in diesem Zusammenhang empirische Daten aus dem Fachunterricht: Anhand von schriftlichen Schülerdokumenten oder (transkribierten) Aufzeichnungen mündlicher Kommunikation lassen sich beispielsweise individuelle Vorgehensweisen, Denkwege und Begriffsvorstellungen von Schülerinnen und Schülern rekonstruieren oder Verständnisschwierigkeiten diagnostizieren. Im Folgenden wird aufgezeigt, wie solche Analyseprozesse in der Hochschullehre initiiert und für die Reflexion von fachlichem und sprachlichem Lernen produktiv genutzt werden können.

Im Vordergrund steht somit die Leitidee L4 zum fachlich-sprachlichen Diagnostizieren mit dem Ziel, das mathematische Verständnis von Lernenden einzuschätzen und entsprechende Konsequenzen für das unterrichtliche Handeln im Sinne eines sprachbewussten Fachunterrichts abzuleiten. Hinsichtlich der hochschuldidaktischen Design-Prinzipien wird in diesem Abschnitt die Integration von Sprache und Fach insbesondere auf inhaltlicher Ebene zur Arbeit mit authentischen Lerngegenständen (DP2) thematisiert: Die Studierenden sollen empirischen Beispielen gegenüber eine forschende Haltung einnehmen; insbesondere sollen sie theoretische Konstrukte zur Analyse sprachlicher und mathematischer Prozesse kennen und diese anwenden, um z. B. die Begriffsbildung, den Umgang mit Darstellungen oder die Lernstände der Schülerinnen und Schüler genauer zu verstehen.

2

2.4.1 Schriftliche und mündliche Unterrichtsdaten in universitären Veranstaltungen

Für die studentischen Lernprozesse im Rahmen der universitären Lehramtsausbildung ist die Arbeit mit authentischen Produkten von Schülerinnen und Schülern sehr wichtig – nicht nur, um auf die spätere Praxis vorzubereiten, sondern auch, um einen Raum zu schaffen, der eine theoriegeleitete und bewusst sehr **detaillierte Auseinandersetzung mit Lernendenprodukten** und -prozessen ermöglicht, bevor fachdidaktisch und pädagogisch begründete Entscheidungen in der späteren beruflichen Praxis häufig unter Zeitdruck und ad hoc gefällt werden (müssen).

Grundsätzlich eignen sich fast alle unterrichtsbezogenen Produkte, um sie einer fachlichen und sprachlichen Analyse zu unterziehen (Caspari 2016). Häufig lohnt sich ein Start mit bereits vorliegenden Schülerdokumenten, die in bisherigen Lehrveranstaltungen eher unter fachlichen Gesichtspunkten untersucht wurden. Wenn solche Daten nicht zur Verfügung stehen, können (z. B. im Rahmen von Seminaren, die an eine Praxisphase gekoppelt sind) vor allem schriftliche Materialien unkompliziert eingeholt werden (natürlich unter Einhaltung der Datenschutzregeln). So könnten die Schüler*innen zum Beispiel gebeten werden, einen fachlichen Zusammenhang in einem Brief an einen Mitschüler (Maier und Schweiger 1999; ▶ Abschn. 2.4.3) oder auf einem „Spickzettel" (Prediger 2003) zu erläutern und dabei Abbildungen, Tabellen oder sonstige darstellerische Mittel zu nutzen.

Bei der Einbindung empirischer Daten aus dem Unterricht in die Hochschullehre ist Folgendes zu berücksichtigen:

- **Genaue sprachliche Auseinandersetzung:** Um sich den empirischen Daten zu nähern, ist zunächst die sehr genaue Lektüre der schriftlichen oder transkribierten mündlichen Äußerungen notwendig. Dabei sollten die Studierenden zu einer Auseinandersetzung angeleitet werden, die fachlich relevante sprachliche Aspekte fokussiert. Dies ist wichtig, weil bei einer ersten Durchsicht schriftlicher Schülerdaten oft vor allem Abweichungen von der grammatischen und orthographischen Norm auffallen; beim Lesen von Transkripten wiederum springen „unvollständige" Äußerungen, Reformulierungen und andere Merkmale mündlicher Kommunikation ins Auge. Die Studierenden sollten also lernen, mündliche und schriftliche Äußerungen gezielt auf ihre fachliche und fachsprachliche Qualität hin zu lesen und zu prüfen, um daraus dann Erkenntnisse für entsprechende Unterstützungsmaßnahmen zu ziehen.
- **Fachliche Durchdringung**: Eine weitere Voraussetzung für eine angemessene Einordnung mündlicher oder schriftlicher Lernendenprodukte ist die fachliche Auseinandersetzung mit den mathematischen Gegenständen. Die Studierenden sollten also beispielsweise zugrunde liegende Aufgaben zunächst selbst lösen.
- **Theoriebezug bei der empirischen Analyse:** Der konsequente Theoriebezug ist für die Betrachtung der empirischen Daten aus wissenschaftlicher Sicht nicht nur selbstverständlich, er ermöglicht es den Studierenden auch, zu vergleichbaren – wenngleich im Einzelfall durchaus sehr unterschiedlichen – Ergebnissen zu gelangen, die dann im Rahmen der Lehrveranstaltung diskutiert werden können. Im Rahmen des vorliegenden Kapitels werden Anregungen gegeben, inwiefern z. B. die Theorie des Conceptual Change (Duit 1996) eine theoretische Fundierung bietet, um die Entwicklung und Nutzung von Alltags- und Fachbegriffen bei Schülerinnen und Schülern zu untersuchen.

2.4.2 Unterrichtsdiskurs zum Abhängigkeitsbegriff als Lerngegenstand

Anhand des ersten Beispiels wird veranschaulicht, wie Studierende in Lehrveranstaltungen über die analytische Auseinandersetzung mit empirischen Daten – hier einem Transkriptausschnitt aus dem Unterricht einer Jahrgangsstufe 10 zum Thema Stochastik – zum Nachdenken über **schülerseitige Begriffsbildungsprozesse** angeregt werden können (vgl. ▶ Kap. 1; Maier und Schweiger 1999).

Für das Erlernen vieler naturwissenschaftlicher und mathematischer Begriffe bedarf es eines Wechsels von der alltäglichen hin zu einer fachlichen Sichtweise (etwa auf den Begriff des Vierecks). Häufig müssen alltägliche Vorstellungen entsprechender Konzepte erweitert, neu geordnet bzw. angepasst oder geändert werden. Duit (1996) u. a. sprechen in Bezug auf physikalisch-mathematische Zusammenhänge von einem **Conceptual Change**, bei dem es darum geht, neben dem alltäglichen Begriffsverständnis auch das – oft abweichende – fachbezogene Verständnis entsprechender Konzepte zu thematisieren. Lernen bedeutet in diesem Sinne

» in aller Regel „Umlernen" (...), da vorunterrichtliche Vorstellungen und naturwissenschaftliche Vorstellungen zumindest in wesentlichen Aspekten konträr gegenüberstehen. Sie sind in unterschiedliche Rahmenvorstellungen eingebettet, Lernen naturwissenschaftlicher Begriffe und Prinzipien erfordert auch den Wechsel dieser Rahmenvorstellungen (Duit 1996, S. 158).

Auch für den Mathematikunterricht folgt daraus, dass es geeigneter Kontexte bedarf, die einen solchen Konzeptwechsel begünstigen bzw. ermöglichen können (vgl. Schnell 2014; Prediger 2008).

Ganz ähnlich wird dies aus sprachbezogener Perspektive auch für andere fachliche Domänen beschrieben. So werden beispielsweise im Fach Geschichte

» viele Phänomene mit Begriffen der Alltagssprache erfasst, deren fachsprachliche Verwendung nicht nur eine semantische Umdeutung, sondern vielfach auch ein kontextbezogenes Umdenken der Begriffe erfordert (Roll et al. 2019b, S. 26 f.).

Für den unterrichtlichen Alltag bedeutet dies allerdings gerade nicht, das alltägliche Begriffsverständnis durch ein fachliches zu ersetzen. Vielmehr geht es um ein Nebeneinander der Begriffe sowie die bewusste Verwendung je nach Situation:

» Conceptual change does not imply that initial conceptions are „extinguished". Initial conceptions, especially those that hold explanatory power in nonscientific contexts, may be held concurrently with new conceptions. Successful students learn to utilize different conceptions in appropriate contexts. That is, the status of one particular conception may change in differing contexts (Tyson et al. 1997, S. 402).

Ein solcher Conceptual Change zwischen alltags- und fachbezogenen Begriffsverwendungen ist für mathematische Konzepte ein typisches Phänomen.

Um die Studierenden zu einer fachlichen und sprachlichen Auseinandersetzung anzuleiten, kann mit einem Transkript wie dem folgenden gearbeitet werden. Das Transkript dokumentiert einen kurzen Auszug aus einem Unterrichtsdiskurs in einer 10. Klasse im

Fach Mathematik.[10] Dem Ausschnitt ist die Bearbeitung einer Aufgabe vorangegangen, in der es darum ging, den Anteil von Rauchern und Nicht-Rauchern in einem Sportverein genauer zu untersuchen und entsprechende Wahrscheinlichkeiten zu berechnen. In diesem Zusammenhang wurden auch bedingte Wahrscheinlichkeiten untersucht.

Im Unterrichtsdiskurs wird der Begriff der Abhängigkeit thematisiert. Der Lehrer (L) fragt die Schülerinnen und Schüler, was der Begriff „abhängig" für sie bedeutet.

(s01) S1:   Ich würde zum Beispiel ●●

(s02)   Also ich bin jetzt zum Beispiel von der Schule abhängig.

(s03)   Nein, die Zukunft hängt von der Schule ab.

(s04) L: Aha, und jetzt bezogen auf Sportverein und Rauchen, was würde das bedeuten, „Abhängigkeit"?

(s05) S1:   Ob ich in einem Sportverein spielen darf und ob ich rauche oder ob ich nicht rauche.

(s06) L: Nein.

(s07) S1:   Also das hängt davon ab, ob ich in einem Sportverein rauche.

(s08) L: Nein, das steht da erstmal nicht.

(s09) S2:   Also ob das von den anderen abhängig ist,

(s10)   ob alle, die jetzt Mitglied im Sportverein sind, auch gleichzeitig Raucher sind.

(s11) L: Aha, genau ●

(s12)   also ob da ein Zusammenhang besteht.

(s13)   Ich bin im Sportverein.

(s14)   Ist es dann z. B. wahrscheinlicher, dass ich rauche oder ist es weniger wahrscheinlich? Was würde man vermuten?

Im Seminar kann das Transkript mithilfe der folgenden **Arbeitsaufträge** untersucht werden, die insbesondere die Spezifität von alltäglichem und fachbezogenem inhaltlichen Denken adressieren:

Auftrag für Studierende zur Analyse des obigen Transkripts

Analysieren Sie das Transkript „Abhängigkeit" aus dem Unterricht einer 10. Klasse. Thematisch geht es in dem Unterrichtsgespräch – hier zwischen dem Lehrer und den beiden Schülern S1 und S2 – um die Frage, was genau unter dem Begriff der Abhängigkeit zu verstehen sei.

- Arbeiten Sie die thematisierten Kontexte für jede Zeile heraus.
- Was lässt sich vor dem Hintergrund des Transkripts über alltags- und fachbezogene Aspekte des Abhängigkeitsbegriffs sagen?
- Welche Impulse würden Sie als Lehrkraft setzen, wenn Sie den Fachbegriff thematisieren möchten und dabei an die Vorerfahrungen der Lernenden anknüpfen?
- Transfer Conceptual Change: Finden Sie weitere Beispiele aus dem Mathematikunterricht, bei denen ein Conceptual Change notwendig ist.

Anhand des Transkripts kann analytisch nachvollzogen werden, welche Alltagskonzepte Schülerinnen und Schüler assoziieren (können), wenn sie über Begriffe sprechen, die,

---

10   Erhoben von Kathrin Schulze Osthoff (2017) im Rahmen ihrer Masterarbeit.

wie der Begriff der „Abhängigkeit", in der Alltagssprache und in der Fachsprache vorkommen. So erfolgt der erste Zugriff in (s02)–(s03) zunächst über für den Schüler S1 relevante Alltagssituationen. Die weiteren Formulierungen in (s07)–(s10) beziehen sich zwar auf den Kontext der Aufgabe, jedoch wird dabei umso deutlicher, wie schwer den Schülern die Annäherung an den Begriff der Abhängigkeit im Inhaltsbereich „Bedingte Wahrscheinlichkeiten" fällt:

- „Ich bin von der Schule abhängig" (s02)
- „Die Zukunft hängt von der Schule ab" (s03)
- „Das hängt davon ab, ob ich in einem Sportverein rauche" (s07)
- „Ob das von den anderen abhängig ist" (s09)
- „ob alle, die Mitglied im Sportverein sind, auch gleichzeitig Raucher sind" (s10)

Es zeigt sich, dass allen Schüleräußerungen ein alltägliches Verständnis des Abhängigkeitsbegriffs zugrunde liegt, das durch die Struktur „A hängt von B ab" gewissermaßen monodirektional, in eine Richtung gehend, geprägt ist. „A" steht in dieser Struktur für die Person oder die Sache, die abhängig ist („ich", „die Zukunft"), „B" für die Person oder Sache, gegenüber der die Abhängigkeit besteht („Schule", „die anderen"). Lediglich die letzte Äußerung „[das hängt davon ab,] ob alle, die jetzt Mitglied im Sportverein sind, auch gleichzeitig Raucher sind" (s10) führt, wenn auch in einer der Mündlichkeit geschuldeten etwas undurchsichtigen Konstruktion, ansatzweise in Richtung eines mathematischen Abhängigkeitsbegriffs, indem Schüler S2 einen Zusammenhang zwischen der Mitgliedschaft im Sportverein und dem Rauchen andeutet; dies greift der Lehrer dann in (s11)–(s12) auch direkt auf.

Bei der stochastischen (Un-)Abhängigkeit handelt es sich gegenüber dem alltäglichen Begriffsverständnis um ein grundverschiedenes Konzept, bei dem Wahrscheinlichkeitsmaße und Ereignisse abstrakt charakterisiert werden:

» Zwei Ereignisse heißen *stochastisch unabhängig*, wenn gilt $P(A) \cdot P(B) = P(A \cap B)$. Sonst heißen A und B *stochastisch abhängig* (Büchter und Henn 2007, S. 205, Hervorhebung im Original).

Auf **Unterrichtsebene** macht das Beispiel jedenfalls deutlich, wie divergent fachliche und alltägliche Begriffsverwendungen sein können, und es konkretisiert die o. g. Notwendigkeiten für einen Conceptual Change (z. B. Duit 1996; Tyson et al. 1997) bzw. für ein „kontextbezogenes Umdenken der Begriffe" (Roll et al. 2019b). Die Lernenden sollen also ein inhaltliches Verständnis für den Begriff aus fachinhaltlicher Perspektive entwickeln, ohne dabei jedoch den Alltagsbegriff durch den Fachbegriff zu ersetzen. Im Gegenteil: Wichtig ist gerade, dass Lernende ein Gespür dafür entwickeln, wann ein fachbezogenes Begriffsverständnis (i. S. stochastischer (Un-)Abhängigkeit) und wann ein alltagsbezogenes Begriffsverständnis aktiviert werden muss.

Das Eingangsbeispiel bildet einen guten Anlass, um in der **Hochschullehre** mit den Studierenden über den stochastischen (Un-)Abhängigkeitsbegriff im Speziellen bzw. mathematische Begriffe im Allgemeinen hinsichtlich ihrer Alltags- bzw. Fachverwendung zu sprechen. So ist es eine durchaus produktive Übung, Situationen zu finden und fachlich und sprachlich zu analysieren, in denen etwa der Begriff der Abhängigkeit oder der Erwartung („Erwartungswert") jeweils fachsprachlich bzw. alltagssprachlich genutzt wird; in einem zweiten Schritt können dann entsprechende Impulse oder Aufgaben für den Unterricht entwickelt werden, die die jeweiligen Bedeutungen adressieren.

2

2.4.3 Schülertext zum Thema „Wahrscheinlichkeiten" als Lerngegenstand

Auch das zweite Beispiel – ein schriftliches Dokument eines neu zugewanderten Schülers aus der oben erwähnten 10. Klasse zum Thema „Wahrscheinlichkeit" – bietet zahlreiche Anknüpfungspunkte, um im Seminar Zusammenhänge zwischen fachlichem und sprachlichem Lernen zu erschließen.

▶ Beispiel

Das Schülerdokument in ◘ Abb. 2.14 ist im Rahmen einer Unterrichtsreihe zum Thema „Bedingte Wahrscheinlichkeiten" in der Jahrgangsstufe 10 entstanden. Der Arbeitsauftrag für die Schüler*innen lautete: „Ein Mitschüler hat krankheitsbedingt leider das aktuelle Mathethema zur Stochastik verpasst. Schreibt ihm einen Brief, in welchem ihr ihm das Thema erklärt."

Das Dokument stammt von einem Schüler, der zum Zeitpunkt der Aufgabenbearbeitung seit zwei Jahren in Deutschland (und davor in Syrien) lebte und seitdem die deutsche Sprache erlernt.

Lesen Sie das Schülerdokument in ◘ Abb. 2.14 genau und analysieren Sie es hinsichtlich des Zusammenhangs von sprachlichen und fachlichen Aspekten.

Orientieren Sie sich an folgenden Leitfragen:

a) Was erfragt der Schüler mit den von ihm selbst formulierten Aufgaben a) und b) (Z. 06–08)?
b) An welchen Stellen lässt das Schriftprodukt auf einen sicheren bzw. noch nicht sicheren Umgang mit dem Themengebiet schließen?
c) Was lässt sich hinsichtlich des Umgangs mit Darstellungen sagen?
d) Zur weiterführenden Diskussion: Wie könnten die aus der Analyse des Dokuments gewonnenen Erkenntnisse in den Unterricht oder in eine persönliche Rückmeldung einfließen? ◀

Betrachtet man das Beispiel in ◘ Abb. 2.14, so fällt zunächst die gute sprachliche Leistung auf, mit der der Schüler, der zu diesem Zeitpunkt erst seit kurzer Zeit die deutsche Sprache erlernt, das Dokument verfasst hat. Auf **Unterrichtsebene** stellen Schreibanlässe wie diese eine produktive Möglichkeit dar, um die Schülerinnen und Schüler die Lerngegenstände reflektieren und für sich ordnen zu lassen (vgl. Leitidee 2-3). Dabei soll, so Maier und Schweiger (1999),

>> die sprachliche Formulierung nicht durch das Befolgen vorgegebener oder erlernter Darstellungsnormen geprägt sein, sondern die Schüler müssen sich eigenständig der ihnen aktiv verfügbaren Sprachmittel bedienen. Schließlich sollte der produzierte Text nicht so sehr an einen Experten (den Lehrer) adressiert sein (…). Stattdessen müssten sich die Schüler als Adressaten einen „Unwissenden" vorstellen, für den die Problemlösung oder der geschilderte Sachverhalt neu ist und der daher explizit, ausführlich und in verständlicher Sprache informiert werden muss (Maier und Schweiger 1999, S. 148).

Solche Formen der **schriftlichen Reflexion** im Mathematikunterricht eignen sich vor allem dann, wenn die Lernenden bereits erste Erfahrungen mit den unterrichtlichen Gegenständen haben, also z. B. in einer Sicherungs- oder Vertiefungsphase (vgl. ▶ Abschn. 1.1.1). Im hier diskutierten Schreibkontext steht also die schülerseitige Reflexion im Vordergrund, durch die sich zugleich **kompetenzdiagnostische Auskünfte** gewinnen lassen. Hingegen geht es *nicht* um die Vermittlung mathematischer Textsortenkompetenz. Dafür wären andere Schreibaufträge und Herangehensweisen sinnvoll, etwa

01 Lieber Ömer
02 Ich habe dir das Brief geschrieben um dir zuerklären wie geht mit
03 dem Wahrscheinlichkeit.
04 Wahrscheinlichkeit ist z.B. Wir haben autos die Rot sind und die
05 nicht rot sind und wir haben schüler die volljährig und die
06 nicht volljärig sind, a) wie Wahrscheinlich dass der volljähriger
07 Schüler ein rotes auto besitzt und b) die nicht volljähriger
08 Schüler die Kein rotes auto besitzen.
09 Volljährige 75 % besetzen wir für volljährig V
10 nicht Volljährige 25 % " " " nicht " $\overline{V}$
11 rotes Autos 35 % " " " rotes Auto R
12 nicht rotes Autos: 65 % " " " nicht " " $\overline{R}$
13 wir haben zwei möglichkeiten: einmal der Doppelte baumdiagramm
14 und zweite der vier feldertafel
15 Ich würde die beiden möglichkeiten vorzeichnen, dass du die lernst.

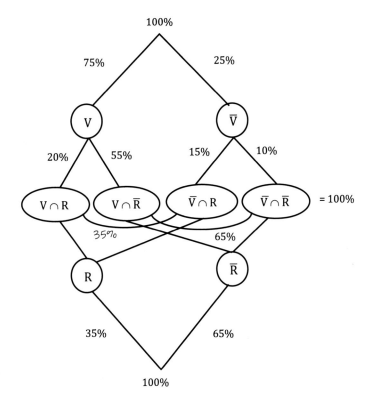

	V	$\overline{V}$	S
R	20%	15%	35%
$\overline{R}$	55%	10%	65%
S	75%	25%	100%

☐ **Abb. 2.14** Schülerdokument zum Thema „Wahrscheinlichkeit"

2

Ansätze zur Genredidaktik, bei der die Strukturen, Funktionen und sprachlichen Mittel einer Fachtextsorte systematisch erarbeitet werden.[11]

Im vorliegenden Beispiel richtet der Schüler seinen Brief an den fiktiven Mitschüler Ömer, um ihm das aktuelle stochastische Thema zu erklären. Da im Unterricht zu diesem Zeitpunkt die bedingten Wahrscheinlichkeiten behandelt wurden, wäre es naheliegend gewesen, speziell darauf einzugehen, jedoch formuliert der Schüler offener: „Ich habe dir das Brief geschrieben um dir zuerklären wie geht mit dem Wahrscheinlichkeit" (02–03). Er wählt sein Beispiel so, dass er als Merkmal 1 die Autofarbe (rot bzw. nicht rot) und als Merkmal 2 das Alter von Schülern (volljährig bzw. nicht volljährig) nennt: „Wir haben autos die Rot sind und die nicht rot sind und wir haben schüler die volljährig und die nicht volljärig sind." (Z. 04–06).[12] Dazu formuliert er (für seinen Adressaten Ömer) beispielhaft zwei **Aufgabenstellungen** (Z. 06–08):

a) wie Wahrscheinlich dass der volljähriger Schüler ein rotes auto besitzt und
b) die nicht volljähriger Schüler die Kein rotes auto besitzen.

Damit die Aufgaben gelöst werden können, stellt er außerdem die relativen Häufigkeiten für die volljährigen bzw. nicht volljährigen Schüler sowie für die roten und nicht-roten Autos zur Verfügung (Z. 09–12). Er verwendet dabei geeignete mathematische Symbole für „Ereignis" und „Gegenereignis" (V und $\overline{V}$; R und $\overline{R}$), ohne allerdings diese beiden zentralen Fachbegriffe auch zu benennen. Zudem wählt er zwei geeignete graphische **Darstellungen**, nämlich das doppelte Baumdiagramm und die Vierfeldertafel (siehe Z. 13–14 sowie die entsprechenden Darstellungen), in die er die Zahlen aus seinem Beispiel überführt. Dies gelingt ihm – allerdings mit einer mathematisch relevanten Ausnahme: Im Baumdiagramm trägt er auf die Pfade 2. Grades fälschlicherweise die Schnittwahrscheinlichkeiten (20 %, 55 %, 15 % und 10 %) anstelle der bedingten Wahrscheinlichkeiten ab (richtig wäre also: $\frac{20}{75}, \frac{55}{75}, \frac{15}{25}, \frac{10}{25}$). Auch die vom Schüler selbst formulierten **Aufgaben** lassen darauf schließen, dass er den Unterschied zwischen Schnittwahrscheinlichkeit und bedingter Wahrscheinlichkeit noch nicht sicher beherrscht. Aufgabe a) scheint auf die *bedingte Wahrscheinlichkeit* abzuzielen – also $P_V(R)$: Die Wahrscheinlichkeit, dass das Auto rot ist, wenn man weiß, dass der Besitzer volljährig ist. Im Unterschied dazu legt seine Aufgabe b) nahe, dass nach der *Schnittwahrscheinlichkeit* gefragt wird – also $P(\overline{V} \cap \overline{R})$: Die Wahrscheinlichkeit, dass die Person zugleich nicht volljährig ist und ein nicht-rotes Auto besitzt. In den vom Schüler am Ende des Dokuments zur Verfügung gestellten Lösungen hingegen sind für beide Aufgaben die Schnittwahrscheinlichkeiten angegeben („a) = 20 %; b) = 10 %"). Insgesamt ist also davon auszugehen, dass das Thema noch nicht ausreichend gefestigt ist.

Die **Analyse des Zusammenhangs von sprachlichen und fachlichen Aspekten** verdeutlicht eine Vielzahl von Phänomenen, von denen hier nur einige wenige diskutiert werden. Aus struktureller Perspektive ist zunächst festzuhalten, dass der Schüler sein Dokument inhaltlich plausibel strukturiert. So wird zunächst der allgemeine Rahmen und das Ziel benannt (Einführungssatz), dann eine Einführung in den Kontext gegeben (Explizierung der Merkmale), um im weiteren Verlauf eine Mathematisierung vorzunehmen, indem der Schüler die relativen Häufigkeiten benennt und die Merkmale sprachlich durch geeignete Symbole kennzeichnet. Gerade in diesem Schritt findet nicht nur ein wichtiger mathematischer Strukturierungsprozess statt, sondern auch ein sprachlicher. So ist an die-

---

11 Vgl. Frank und Gürsoy (2014), Jahn (2020).
12 Aus realitätsbezogener Sicht lässt sich an diesem Beispiel natürlich u. a. diskutieren, wie plausibel es ist, dass nicht-volljährige Personen überhaupt ein Auto besitzen.

ser Stelle etwa der Unterschied zwischen relativen Häufigkeiten (die eine entsprechende Verteilung angeben) und den (gesuchten) Wahrscheinlichkeiten (in dem Fall z. B. dafür, dass ein volljähriger Schüler ein rotes Auto besitzt) von Bedeutung. Für diese inhaltlich wichtige Unterscheidung zwischen realen Verteilungen und prognostischen Aussagen braucht es natürlich auch entsprechende sprachliche Mittel – fachliche Vorstellungen und sprachliche Mittel sind hier also unmittelbar miteinander verknüpft. So gibt der Schüler etwa „Volljährige 75 %" (Z. 09) als relative Häufigkeit für die Verteilung an und bestimmt am Ende des Dokuments die entsprechenden Wahrscheinlichkeiten. Hinsichtlich der unterrichtspraktischen Umsetzung wäre in diesem Zusammenhang zu diskutieren, inwiefern die Berechnung der Wahrscheinlichkeiten noch genauer expliziert werden sollte. Ein geeigneter **Auftrag für Studierende** besteht in diesem Zusammenhang darin, entsprechende Sprachmittel für die Thematisierung von relativen Häufigkeiten, Schnittwahrscheinlichkeiten und bedingten Wahrscheinlichkeiten zu finden und diese hinsichtlich der fachlichen Passung kritisch zu reflektieren. Weiterhin lässt sich anhand des vorliegenden Beispiels der Aspekt der Arbeit mit Darstellungen bzw. der **Darstellungsvernetzung** thematisieren. Gerade mathematische Objekte – aus mathematikphilosophischer Perspektive verstanden als genuin theoretische Objekte – sind ausschließlich über Darstellungen (z. B. in symbolischer Form mit Hilfe von Termen oder über entsprechende graphische Repräsentationen) erfahrbar. So betont Duval:

>> Mathematical objects, in contrast to phenomena of astronomy, physics, chemistry, biology, etc., are never accessible by perception or by instruments (microscopes, telescopes, measurement apparatus). The only way to have access to them and deal with them is using signs and semiotic representations (Duval 2006, S. 107).

Für das inhaltliche Denken im Fach Mathematik ist die Vernetzung unterschiedlicher Darstellungsformen zentral (Duval 2006; Prediger und Wessel 2013 u. v. m.). So betont etwa Duval (2006) weiter:

>> Changing representation register is the threshold of mathematical comprehension for learners at each stage of the curriculum. It depends on coordination of several representation registers and it is only in mathematics that such a register coordination is strongly needed (Duval 2006, S. 122).

Im vorliegenden Kontext sind die vielfältigen Forschungsbefunde zur Rolle der Darstellungsvernetzung für die Sprachbildung im Fach Mathematik daher von besonderer Bedeutung (vgl. z. B. Zindel 2019; Wessel 2015; Moschkovich et al. 1993; Romberg et al. 1993; Moschkovich 1998).

Für die Diskussion der Zusammenhänge zwischen fachlichem und sprachlichem Lernen lohnt es sich, im Seminar die **sprachlichen Mittel**, die man für die Arbeit mit den unterschiedlichen Darstellungsformen benötigt, zu spezifizieren. Diese Analyse kann in Praxisphasen des Studiums natürlich auch mit den Schülerinnen und Schülern vorgenommen werden und sie erbringt nicht nur sprachliche, sondern auch elementare **fachliche Einsichten**. So sind etwa die Pfadwahrscheinlichkeiten ein wesentliches Merkmal des (doppelten) Baumdiagramms. Im Kontext bedingter Wahrscheinlichkeiten spielen sie insofern eine zentrale Rolle, als bei zweistufigen Zufallsversuchen die Pfadwahrscheinlichkeiten der zweiten Stufe den bedingten Wahrscheinlichkeiten entsprechen. In diesem Zusammenhang sollte die Beziehung zur symbolischen Darstellung thematisiert werden, die im Satz von Bayes zum Ausdruck kommt. Mit Hilfe des Baumdiagramms und der damit verbundenen Sprachmittel bekommen Lernende mithin fachliche und sprachliche Gelegenheiten der sinnstiftenden Erarbeitung der entsprechenden Inhalte.

Für Studierende macht das obige Schülerbeispiel aber auch deutlich, in welcher Weise Schülerinnen und Schüler mathematische Gegenstände **in eigenen Worten** schriftlich festhalten (können). Viele Studierende sind häufig zunächst überrascht, dass Schülerinnen und Schüler (insbesondere solche, die die deutsche Sprache erst seit kurzem erlernen) solche beeindruckenden Texte formulieren können (und, wie Erfahrungen aus der Zusammenarbeit mit Schulen zeigen, dies oft auch durchaus bereitwillig tun).

Insgesamt ist die Arbeit mit empirischen Daten aus dem Unterricht für viele Studierende herausfordernd, weil sie sowohl sprachanalytische Kenntnisse als auch ein sehr genaues Verständnis der mathematischen Gegenstände erfordert. Denn nur vor dem Hintergrund der differenzierten fachlichen Betrachtung lässt sich einschätzen, welche Sprachmittel etwa für die Unterscheidung von (realen) Verteilungen und den entsprechenden relativen Häufigkeiten sowie prognostischen Aussagen mit den entsprechenden Wahrscheinlichkeiten geeignet bzw. weniger geeignet erscheinen. Der Kontext der Wahrscheinlichkeitsrechnung ist in diesem Zusammenhang durchaus bewusst gewählt: Gerade weil die mathematischen Aktivitäten in der Regel in alltagsnahen Kontexten verortet sind und zudem viele Fachbegriffe mit der Alltagssprache interferieren, ist die genaue sprachliche (und damit auch fachliche!) Reflexion hier besonders ergiebig.

Nicht selten entsteht auf der Grundlage der Arbeit mit solchen Schülerdokumenten der Wunsch, in Praxisphasen ähnliche Beispiele zu sammeln und wissenschaftlich genauer zu untersuchen. Dies kann in der Regel recht niedrigschwellig geschehen und bietet für entsprechende Reflexionsphasen (z. B. in Begleitveranstaltungen zum Praxissemester) vielfältige Anlässe für analytische Betrachtungen.

Impulse und Hilfestellungen für Studierende bei der Arbeit mit Schülerprodukten

Für die Arbeit mit Schülerprodukten in der Hochschullehre gelten ganz ähnliche Prinzipien wie für den (Mathematik-)Unterricht: Gerade bei Fragen von Studierenden in Arbeits- und Analysephasen ist es wichtig, Rückmeldungen bewusst vorzunehmen. Zech (1998) nimmt in diesem Zusammenhang eine Kategorisierung von Rückmeldungen vor und unterscheidet zwischen eher prozess- und eher inhaltsbezogenen Rückmeldungen.

Im Rahmen einer Analyse von Schülerprodukten durch die Studierenden versteht man z. B. unter einer eher prozessorientierten Rückmeldung bzw. Hilfestellung folgende Impulse:

- Formulieren Sie die theoretischen Konstrukte für die Analyse der Schülerbeispiele noch einmal in eigenen Worten und wenden Sie diese dann auf die empirischen Daten an.
- Wählen Sie zwei (drei, vier) theoretische Konstrukte bzw. Kategorien aus und erfinden Sie (ggf. etwas überzeichnete) Schülerbeispiele für den vorliegenden Gegenstandsbereich. Nehmen Sie nun eine Zuordnung der realen Daten vor.

Eher inhaltsorientierte Rückmeldungen sind hingegen etwa:
- Die gefundenen Kategorien sind richtig/falsch zugeordnet.
- Die bisherigen Arbeitsergebnisse entsprechen eher einem anderen theoretischen Zugang.

Im Rahmen der Hochschullehre ist es durchaus angebracht, Hilfen und Rückmeldungen zunächst auf Prozessebene zu geben, bevor man eine inhaltliche Einschätzung vornimmt (dazu auch Zech 1998), um den Studierenden die Gelegenheit zu geben, sich die Inhalte selbsttätig anzueignen.

2.5 Sprache und Fach erkunden durch forschendes Lernen

» Ich empfinde den universitären Teil des Praxissemesters nicht als zu wissenschaftlich. Ich denke, es ist eine Chance für die Studierenden, so zu arbeiten. Das schließt nicht aus, dass ich im Berufsalltag noch weiter forsche, ich habe hier ja die Methoden kennengelernt (Student, Praxissemester 2018).

Ein zentrales Ziel des Lehramtsstudiums ist es, dass die Studierenden sinnvolle und nützliche Verbindungen zwischen universitärer Ausbildung und schulischer Praxis herstellen können, die zu ihrer Professionalisierung beitragen. Dabei sollen die Studierenden erfahren, dass ihnen theoretische Konzepte aus den verschiedenen Disziplinen helfen, Sichtweisen oder Probleme von Lernenden nachzuvollziehen und daraus Handlungsmöglichkeiten für ihren Unterricht abzuleiten. Umgekehrt kann durch in der Schulpraxis aufkommende eigene Fragen neues Interesse an wissenschaftlichen Erklärungen entstehen (Weyland 2019, S. 43). Das forschende Lernen, wie es z. B. in den Studienprojekten im Praxissemester vorgesehen ist, bietet dafür einen guten Rahmen: Die Studierenden entwickeln eine theoretisch begründete, praxisrelevante und für sie interessante Fragestellung – im vorliegenden Fall für das Fach Mathematik und mit einem Schwerpunkt auf Sprachbildung – und führen dazu ein kleineres empirisches Projekt an der Schule durch.

Für viele Studierende stellt das forschende Lernen erfahrungsgemäß eine große Herausforderung dar. Wir halten den Ansatz für sehr sinnvoll, wenn es gelingt, bei den Studierenden eine phänomenbezogene, prozessorientierte und offene Haltung anzubahnen. Idealerweise unterstützt das forschende Lernen die Studierenden in Bezug auf alle in den Leitideen (▶ Abschn. 1.2) formulierten Fähigkeiten: Durch die intensive forschende Auseinandersetzung mit Sprachbildung im Fach Mathematik, die i. d. R. die Konzeption von Aufgaben sowie die kriteriengeleitete Auswertung der erhobenen Lernendendaten umfasst, werden alle zentralen Aspekte der Professionalisierung – Sensibilisierung für Sprache im Fach Mathematik (L1), Aufgabengestaltung (L2), unterstützende Maßnahmen (L3) und fachlich-sprachliches Diagnostizieren (L4) – angesprochen.

Hinsichtlich der hochschuldidaktischen Design-Prinzipien wird in diesem Abschnitt die Integration von Sprache und Fach insbesondere auf der Ebene des Forschenden Lernens (DP4) thematisiert. Neben Hinweisen zur Planung und Durchführung von Studienprojekten werden auch hochschuldidaktische und methodische Aspekte zur Präzisierung von Forschungsdesigns diskutiert. Viele Aspekte lassen sich auch auf andere (interdisziplinäre) Veranstaltungen im Kontext von Praxisphasen übertragen.

2.5.1 Forschendes Lernen im Praxissemester

Mit der Reform der Lehramtsausbildung in Nordrhein-Westfalen (2009) wurde ein fünfmonatiges Praxissemester im 2. Semester des Masterstudiums verankert. Die Studierenden hospitieren und unterrichten in dieser Zeit an einer Schule. Sie führen zugleich theoriegeleitete Erkundungen durch, d. h. sie untersuchen einen kleinen Ausschnitt des Handlungsfelds Schule und gewinnen daraus Erkenntnisse für ihre zukünftige Tätigkeit als Lehrerinnen und Lehrer. Ziel des Studienprojekts ist es, dass die Studierenden beobachtete Phänomene unabhängig von subjektiven Eindrücken untersuchen, indem sie Theorie und Praxis aufeinander beziehen. Das Studienprojekt soll „im Sinne eines forschenden Habitus" (MSW NRW 2016, S. 5) erfolgen und die explorierende, kritisch-reflexive Grundhaltung der Studierenden fördern. Die fachliche Betreuung der Studienprojekte erfolgt in den fachdidaktischen bzw. bildungswissenschaftlichen Begleitseminaren an der Universität.

Die erste Evaluation in Nordrhein-Westfalen (2016) hat ergeben, dass das Praxissemester grundsätzlich insgesamt sehr positiv bewertet wird, weil es einen „intensiven Einblick in den Arbeitsplatz Schule" (MSW NRW 2016, S. 7) ermöglicht. Allerdings halten 78 % der befragten Studierenden die Anforderungen der Studienprojekte für zu hoch und immerhin ein Drittel der Studierenden schätzt die universitäre Unterstützung im Praxissemester u. a. wegen unzureichender Praxisrelevanz als kritisch ein (ebd.). Es stellt sich also die Frage, wie die Begleitseminare zum Praxissemester so gestaltet werden können, dass sie den Studierenden in dieser zentralen Studienphase bestmögliche Unterstützung bieten und zugleich die Bedeutung einer wissenschaftlichen Herangehensweise für die eigene Professionalisierung verdeutlichen; dies gilt umso mehr für interdisziplinäre Seminare, die aufgrund der notwendigen Berücksichtigung zweier Disziplinen noch einmal besondere Anforderungen stellen. Für die Gestaltung von Lehrveranstaltungen zum forschenden Lernen in Praxisphasen sind u. a. folgende Punkte von Bedeutung:

- vorbereitende Übungen zum forschenden Lernen; dazu gehört insbesondere die Arbeit mit empirischen Daten (z. B. Audio-/Videoaufnahmen, Transkripte, schriftliche Schülerdokumente);
- vielfältige Beratungs- und Diskussionsanlässe zur kontinuierlichen Weiterentwicklung des Studienprojekts;
- theoretische Grundlagen, die helfen, schulische Praxis zu reflektieren, zu erklären, zu systematisieren und zu verbessern;
- Anlässe zur Reflexion, bei denen die Studierenden ihre Kompetenzentwicklung und Einflüsse, die dabei eine Rolle gespielt haben, klar erkennen können; idealerweise sollten die Studierenden in der Lage sein, die gewonnenen Erkenntnisse in ihrer weiteren Laufbahn weiter zu nutzen.

Dass die Anforderungen der Studienprojekte als zu hoch wahrgenommen werden, ist nicht überraschend; die meisten Studierenden haben nur wenig Erfahrung mit der eigenständigen Planung und Durchführung einer empirischen Studie. Sie benötigen daher gezielte Unterstützung in allen Phasen des forschenden Lernens:

- bei der Entwicklung einer geeigneten Forschungsfrage,
- beim Finden passender Forschungsmethoden,
- bei der Gestaltung der Datenerhebung,
- bei der Analyse und Diskussion der erhobenen Daten.

Die Studienprojekte sollten so angelegt sein, dass die Studierenden daraus möglichst viele Erkenntnisse für sich ziehen. Das geht i. d. R. über die reine Beobachtung hinaus und erfordert häufig die Einbeziehung mündlicher und/oder schriftlicher Lernendendaten. Gerade für solche deskriptiven empirischen Projekte eignet sich der Ansatz des forschenden Lernens. Die Daten müssen in diesem Zusammenhang nicht unbedingt selbst erhoben werden: Es können beispielsweise auch Schülerprodukte wie Lerntagebücher oder Klausurbearbeitungen untersucht werden, die ohnehin im Unterrichtskontext entstehen (Caspari 2016). Die Identifikation mit dem Projekt und das Lernpotential für die Studierenden ist aber unter Umständen höher, wenn sie „ihre" Daten selbst erheben, zumal dies im Fach Mathematik oftmals die eigenständige Entwicklung und Erprobung von Aufgabenstellungen bedeutet.

2.5.2　Verzahnung der Lernorte Schule und Universität

◨ Abb. 2.15 skizziert den zeitlichen Ablauf forschenden Lernens am Beispiel des Studienprojekts im Praxissemester; dabei wird die enge Verzahnung der Lernorte Schule und Universität deutlich. Das Begleitseminar zum Praxissemester findet in drei Blockveranstaltungen statt. Die in der Abbildung genannten Aktivitäten *Forschungsfragen generieren, Speed-Dating und Diskussion in Arbeitsgruppen* werden in ▶ Abschn. 2.5.4 am Beispiel des Schwerpunkts „Sprachbildung im Fach Mathematik" beschrieben.

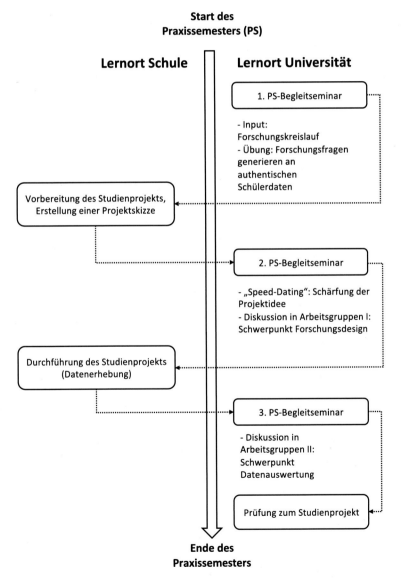

◨ **Abb. 2.15** Studienprojekt: Verzahnung der Lernorte Schule und Universität

2

Das erste Begleitseminar findet statt, kurz nachdem die Studierenden ihr Praxissemester in den Schulen gestartet haben. Zu diesem Zeitpunkt ist meistens noch nicht klar, in welchen Klassen oder mit welchen Schüler*innen ein Studienprojekt sinnvollerweise durchgeführt werden kann. Daher werden im ersten Begleitseminar zunächst allgemeine Fragen zu Elementen und Ablauf eines empirischen Projekts besprochen. Einen besonderen Schwerpunkt bildet das Entwickeln von **Forschungsfragen** (dazu im Einzelnen auch ▶ Abschn. 2.6). Die Studierenden haben dann etwa sechs Wochen Zeit, um ihr Studienprojekt an der Schule vorzubereiten und eine vorläufige Projektskizze zu erstellen. Im zweiten Begleitseminar stellen die Studierenden ihre **Projektskizzen** vor und entwickeln sie gemeinsam weiter. Alle Studierenden sollten spätestens am Ende des zweiten Begleitseminars eine klare Vorstellung bezüglich ihrer Fragestellung und ihres Forschungsdesigns haben. Die **Datenerhebung** findet zwischen dem zweiten und dritten Begleitseminar an den Schulen statt. Der Fokus des dritten Seminars liegt entsprechend auf der **Auswertung** der erhobenen Daten. Den Abschluss des Praxissemesters am Lernort Universität bildet die mündliche Prüfung, in der das Studienprojekt vorgestellt und diskutiert wird.

Die Aktivitäten an der Schule und an der Universität sind, wie ◘ Abb. 2.15 verdeutlicht, zeitlich und inhaltlich aufeinander abgestimmt. Auf diese Weise kann eine enge Verknüpfung von Praxiserfahrung und forschendem Lernen hergestellt werden.

2.5.3 Stiftung von Kohärenz beim forschenden Lernen

Die meisten Studierenden verfügen, auch wenn sie vielleicht noch nicht eigenständig geforscht haben, über Grundkenntnisse darüber, wie eine empirische Studie durchgeführt wird. So wissen sie, dass eine geeignete Forschungsfrage wichtig ist, sie kennen unterschiedliche Forschungsmethoden, und sie wissen, dass erhobene Daten unter Rückbezug auf theoretische Konzepte interpretiert werden müssen. Auch die an Schulen geltenden Datenschutzrichtlinien sind i. d. R. bereits bekannt.

Anhand eines **Forschungskreislaufs** (◘ Abb. 2.16) kann das Wissen der Studierenden gesammelt, ergänzt und systematisiert werden.

Die einzelnen Elemente des Forschungskreislaufs werden im Folgenden genauer beschrieben und in Beziehung zueinander gesetzt.

◘ **Abb. 2.16** Forschungskreislauf

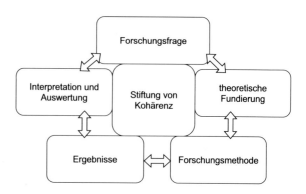

Den Ausgangspunkt bildet die Ausbildung eines Forschungsinteresses und damit verbunden die Formulierung einer **vorläufigen Forschungsfrage**. Sie ist notwendig, damit wichtige Entscheidungen z. B. hinsichtlich Probandenauswahl und Forschungsmethoden getroffen werden können. So betont etwa Riemer (2014), es sei

» ein [...] Trugschluss, dieser grundlegenden forschungsmethodologischen Entscheidung nicht die nötige Bedeutung zuzuweisen – auch bzw. gerade in qualitativer Forschung ist die Forschungsfrage auszudifferenzieren, will man einen langen Aufenthalt im WO-BIN-ICH-NEBEL vermeiden, der zu einem viel späteren Zeitpunkt im Forschungsprozess droht, wenn die Datenerhebungen und -analysen unter zu vage formulierten Fragestellungen vorgenommen wurden (Riemer 2014, S. 23).

Das schließt aber natürlich nicht aus, dass sich die vorläufige Forschungsfrage im Verlauf des Studienprojekts aufgrund der Datenlage oder mit steigendem Wissensstand weiterentwickelt (also z. B. der Fokus auf einen ausgewählten Teilaspekt der ursprünglichen Fragestellung gerichtet wird). Die Studierenden sind im Rahmen der hier beschriebenen Lehrveranstaltungen in der Wahl ihrer Forschungsfrage weitgehend frei, sie müssen aber den Aspekt der Sprachbildung mitberücksichtigen.

Jedes Studienprojekt muss theoretisch fundiert sein. Die **theoretischen Grundlagen** aus den Fachwissenschaften und -didaktiken helfen bei der Ausschärfung der Forschungsfrage, bei der Entwicklung des Forschungsdesigns und bei der Interpretation der Daten. So werden aus dem Studium bereits bekannte ebenso wie neue theoretische Ansätze durch das forschende Lernen in direkten Zusammenhang mit dem Handlungsfeld Schule gebracht. In unserem Kontext sind zum Beispiel das didaktische Prinzip der Darstellungsvernetzung, Unterschiede zwischen alltäglichem und fachlichem Begriffsverständnis, mathematische Grund- und Fehlvorstellungen sowie die sprachbewusste Aufgabenvariation relevante Themen. Das Studienprojekt eröffnet die Möglichkeit, diese auf theoretischer Ebene bekannten Zugänge zu Unterricht und Lernen in einem konkreten Handlungskontext (wenn auch oft exemplarisch) umzusetzen, zu erproben und kritisch zu überprüfen. Im besten Fall wird damit das „Eintauchen" in Wissenschaft gefördert; damit könne

» der Nutzen wissenschaftlichen Wissens als Theorie- und Begründungswissen für professionelles pädagogisches Handeln verdeutlicht und der im Forschungszusammenhang zur Lehrerbildung durchaus anzutreffenden Aussage einer *Theoriefeindlichkeit* zielführend begegnet werden (...) (Weyland 2019, S. 43, Kursivierung im Original).

Mit der hier ausgearbeiteten Konzeption für eine sprachbewusste Hochschullehre werden Erfahrungen geschildert, die sicher sehr stark mit den aktuellen Forschungspraxen des Autorenteams verknüpft sind. Vor diesem Hintergrund wurden im Rahmen von Studienprojekten gute Erfahrungen u. a. mit folgenden **Forschungsmethoden** gemacht:
- strukturierte Beobachtung von Unterricht,
- systematische Erhebung und Analyse von schriftlichen Schülerdokumenten (Aufgaben- und Testbearbeitungen, Lerntagebücher, Poster usw.),
- systematische Erhebung und Analyse von (transkribierten) Audio-/Videoaufnahmen,
- mündliche und schriftliche Befragungen (z. B. diagnostisches Interview).

2

Dabei werden mit den Studierenden die jeweiligen Vor- und Nachteile, Anwendungssze-narien sowie mögliche Kombinationen von Forschungsmethoden diskutiert. Beobachtun-gen und Befragungen unterstützen wir, sofern sie im Zusammenhang mit der Analyse von mündlichen oder schriftlichen Schülerprodukten stehen (z. B. Befragung einzelner Schüler*innen zu Aufgabenlösungsprozessen).

Die **Datenerhebung** erbringt Ergebnisse, die mit Blick auf die Fragestellung, die theoretischen Grundlagen und die Methode interpretiert und ausgewertet werden müs-sen. Dabei können z. B. folgende Fragen auftreten: Kann ich mit meinen Ergebnissen die Forschungsfrage sinnvoll beantworten? Welche theoretischen Grundlagen helfen mir bei der Interpretation? Oder, bei der Anwendung von mehreren Methoden: Welche Methode gibt Aufschluss worüber?

Bei der Ergebnissichtung und **Datenauswertung** sind zwei Tendenzen festzustellen:
1) Die Studierenden haben zu viele Daten erhoben. Da die Auswertung aller Daten den Rahmen des Studienprojekts sprengen würde, müssen sie eine sinnvolle Auswahl tref-fen.
2) Die Studierenden sind entmutigt, weil die Daten auf den ersten Blick wenig ergiebig erscheinen; sie brauchen bei der Auswertung besondere Unterstützung (z. B. durch die gemeinsame Diskussion eines auswählten Datenbeispiels aus verschiedenen Per-spektiven).

Ein wichtiger Hinweis zu Beginn des Studienprojekts und vor der Datenerhebung ist daher, dass es nicht um die Erhebung großer Datenmengen oder um besonders „gelunge-ne" Daten geht, sondern dass vielmehr die detaillierte, theoretisch fundierte Interpretation weniger Daten mit dem Ziel eines persönlichen Erkenntnisgewinns im Vordergrund steht.

2.5.4 Begleitung der studentischen Projekte im Rahmen der Hochschullehre

Im Folgenden werden ausgewählte Formate für die Gestaltung von Lehrveranstaltungen vorgestellt, die Studierenden bei der Durchführung eines kleinen empirischen Projekts, also z. B. eines Studienprojekts im Praxissemester, helfen können. Die Übungen zeigen, dass forschendes Lernen durch die Unterstützung von Mitstudierenden und Lehrenden durchaus zu bewältigen ist. Durch den intensiven Austausch im Seminar erlangen die Studierenden innerhalb kurzer Zeit Einblicke in eine Vielfalt an mathematischen Lern-bereichen, Möglichkeiten der Sprachbildung im Mathematikunterricht und Methoden der Datenerhebung und -auswertung. Fach- und sprachdidaktische Ansätze werden auf-gegriffen, miteinander vernetzt und auf ihren Nutzen im jeweiligen schulpraktischen Projektkontext hin überprüft, so dass eine Vermittlung zwischen den manchmal als ge-trennt wahrgenommenen universitären und schulpraktischen Ausbildungsanteilen herge-stellt werden kann.

2.5.4.1 Finden von Forschungsfragen

Die folgende Übung eignet sich, um das Finden und Formulieren von theoretisch fun-dierten Forschungsfragen zu üben. Die Grundlage bilden empirische Daten, wie sie auch im Rahmen eines eigenen (Studien-)Projekts erhoben werden könnten. Transkribierte

◘ Abb. 2.17 Schülerdokument
zur Aufgabe „Schulfest" (Auszug)

d) Wir haben die Werte dem Text entnommen und sie dann in das Baumdiagramm übertragen.

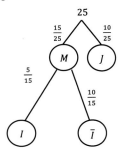

Audio- oder Videoaufnahmen sind dafür gut geeignet, weil sie einen direkten Einblick in Lernprozesse ermöglichen. Es können aber natürlich auch andere Dokumente (z. B. Lerntagebücher, Wissensspeicher, Konstruktionsbeschreibungen, schriftliche Aufgabenlösungen, Lehrmaterial usw.) genutzt werden.

Wir verwenden als Material die Audioaufnahme zweier Zehntklässlerinnen, die sie bei der gemeinsamen Bearbeitung einer Stochastikaufgabe mit der Diktierfunktion ihres Handys selbst erstellt haben. Die Studierenden erhalten:

- die Textaufgabe zum Thema Schulfest (vgl. ► Abschn. 2.3), die die Schülerinnen bearbeitet haben,
- einen Ausschnitt der schriftlichen Notizen, die die beiden Schülerinnen im Verlauf der Aufgabenbearbeitung erstellen (◘ Abb. 2.17),
- einen Ausschnitt aus der Audioaufnahme als Transkript.

Im abgedruckten Transkriptausschnitt sprechen die Schülerinnen über den Aufgabenteil d).

Aufgabe „Schulfest"

Aufgabe 1) Für das Schulfest werden noch Musiker gesucht. Die Klasse 9a hat unter den 25 Schülerinnen und Schülern eine Umfrage gemacht. Diese ergab, dass jedes dritte Mädchen ein Instrument spielt, während es bei den Jungen 2 von 10 sind.

a) Erstelle ein Baumdiagramm.
b) Stelle die Daten in einer Vierfeldertafel dar.
c) Bilde die Situation in einem Einheitsquadrat ab.
d) In der Klasse werde zufällig eine Person ausgewählt. Begründe für jede Darstellungsform, wie sich die Wahrscheinlichkeit für das Ereignis *Mädchen ∩ Instrument* bestimmen lässt.

(Guckelsberger und Schacht 2018)

2

(s01) S1: Also d) ist dann ((*liest vor*)): „In deiner Klasse wer/ wer/ In der Klasse werde zufällig eine Person ausgewählt. Begründe für jede Darstellungsform, wie sich die Wahrscheinlichkeit für das Ereignis Mädchen und Instrument bestimmen lässt." •

(s02)   Okay.

(s03)   Also müssen wir jetzt jedes Ereignis machen oder wie?

(s04)   Aber eigentlich suchen die doch nur Mädchen und Instrument. ((2s))

(s05)   ((*liest vor*)) „In der Klasse werde zufällig eine Person ausgewählt."

(s06)   Kann man das nicht „in der Klasse wird einfach eine Person ausgewählt" schreiben?

(s07)   ((*liest vor*)) „Begründe für jede Darstellungsform, wie sich die Wahrscheinlichkeit für das Ereignis"/

(s08) S2: Vielleicht sollen wir ein Baumdiagramm und 'ne Vierfeldertafel machen?

(s09) S1: Haben wir ja!

(s10) S2: Nein, zu der Aufgabe • nochmal, ((1s))

(s11) S1: Ach so, du meinst • dieses halbe Baumdiagramm.

(s12)   Mit (*unverständlich*). Wo wir nur den Pfad machen, der uns interessiert.

(s13)   Okay. • Okay.

(s14)   Dann machen wir ein doppeltes oder ein ein/ einfaches?

(s15) S2: Einfaches.

(s16) S1: Einfaches, okay. Ähm, dann haben wir einmal Mädchen und Jungen, ne?

(s17) S2: Ja.

(s18) S1: Also „M" „J".

(s19)   Wieder/ wir gehen wieder von fünfundzwanzig aus..

(s20)   Das sind dann/ Mädchen hatten wir gesagt/ wie viele?

(s21)   Fünfzehn. Fünfundzwan/ äh, fünfzehn Fünfundzwanzigstel

(s22) S2: Zehn Fünfundzwanzigstel Jungs.

(s23) S1: Mhm, und dann lassen wir das mit den Jungs sein und dann gucken wir uns nur noch die Mädchen an.

(s24)   Also Mädchen Instrument und kein Instrument dann direkt/

(s25)   also das, was wir eigentlich auch schon hatten, ne?

(s26)   Instrument, kein Instrument.

(s27)   Und jetzt interesse/ interessiert uns ja nur das mit dem Instrument.

(s28)   Das sind dann

(s29) S2: Fünf Fünfzehntel. •

(s30) S1: Genau, mit dem Instrument sind fünf Fünfzehntel und das andere sind dann zehn Fünfzehntel.

(s31) S2: Ja. Hm. (*unverständlich*)

(s32) S1: ((*liest vor*)) „Begründe für jede Darstellungsform"/

(s33)   ach so, nein!

(s34)   Wir sollen begründen.

(s35)   Für diese Darstellungsformen die/

(s36)   Hm, warte.

(s37)   Ach so! Wir haben das falsch gemacht.

(s38)   Ach so, wir hätten das einfach nur begründen sollen.

(s39) S2: Nur begründen sollen.

(s40) S1: Ja. Oh, okay. Ähm, okay. ((1 s))

(s41)   Wie ist die Wahrschein/ • W/ Wie sie sich bestimmen lässt? Ja, oder?

(s42) S2: Das kann man eigentlich ablesen.

(s43) S1: Ja.

(s44)   Also schreiben wir • Mhm, „man kann das ablesen".

(s45)   Aber das ist ein bisschen• doof für ne Begründung, oder?

(s46) S2: Ähm, wir müssen jetzt die Zahl hier/ die Wahrscheinlichkeit • war/ ((1 s))

(s47) S1: Was ist/ was ist denn das für 'ne Begründung?

(s48)   Ich meine, das ist doch klar, wenn wir das machen, dann können wir einen Pfad langgehen.

(s49) S2: Ja.

(s50) S1: Und den/ ich schreib einfach: „man"/ Ja, „man sieht das doch". ((3 s))

(s51)   Ich weiß nicht, wie ich das sonst anders formulieren kann, hast du/

(s52) S2: Also wir müssen hier den ersten Pfad langgehen, also Mädchen und Instrument. Also das/

(s53) S1: Ja, also einfach den Pfad langgehen, ne?

(s54) S2: Ja, wir müssen die Zahl aufschreiben in der Antwort natürlich.

(s55) S1: Ach so •

(s56)   ähm also soll ich jetzt nicht schreiben „man sieht das"?

(s57) S2: Wir müssen/ Instrument.

(s58)   Ich glaub', wir müssen • das malrechnen.

(s59) S1: Das wär' die Pfadmultiplikationsregel.

(s60) S2: Ja.

(s61) S1: Hier steht nur „begründe" und nicht rechne. ((1 s))

(s62)   Also ich meine, als Begründung kannst du auch ne Rechnung angeben.

(s63)   ((*liest vor*)) „Begründe für jede Darstellungsform"/

(s64) S2: Ist das nicht Mädchen/ Heißt nicht das/ heißt das nicht „kein Instrument".

(s65) S1: Bestimmen/ aber hier ((*liest vor*)) „bestimmen lässt".

(s66) S2: Oder ist das/

(s67) S1: Nein, oben „n" [Anm.: S1 bezieht sich auf das mathematische Symbol ∩ in der Aufgabenstellung] heißt „und".

(s68)   Aber hier „bestimmen lässt", das heißt doch einfach, wie wir darauf gekommen sind.

(s69) S2: Ja. Dann musst du diese beiden Zahlen (*unverständlich*)

(s70) S1: Ich sag einfach: • „Man sieht das halt".

(s71) S2: Ja, „das war erkennbar". ((*liest vor*)) „Begründe".

(s72) S1: Okay, warte.

(s73)   Dann schreiben wir das ein bisschen schöner •

(s74)   Ähm, wenn man den Pfad entlang geht, erkennt man, wie viel/

(s75)   Ach, ich schreib mal los.

(s76) S2: Schreib einfach die Zahlen. ((1 s))

(s77) S1: Ja, das ist auch keine gute Begründung.

(s78) S2: Fünfzehn/ ((1 s))

(s79) S1: Ja?

2

(s80) S2: Die Wahrscheinlichkeit, dass ein Mäd/ das ist doch/ dass ein Mädchen ein Instrument spielt, ist doch die Frage, ne?

(s81) S1: Ja.

(s82) S2: Sind fünf Fünfzehntel.

(s83)   Jetzt müssen wir sagen, wie wir darauf gekommen sind. ((2 s))

(s84) S1: Ähm, wir haben die Werte aus dem Text abgelesen.

(s85)   Ah, das war ein guter Text.

(s86)   ((*schreibt*) „Wir • haben • die • Werte" dem Text/ aus dem Text entnommen.

(s87)   Dem Text entnommen?

(s88) S2: Ja.

(s89) S1: Dem Text entnommen? „Dem • Text • ent/• nomm/ • en • und • sie dann" •

(s90)   ich mach (*unverständlich*), oder?

(s91) S2: Also wir haben die fünfzehn durch drei geteilt, deswegen kam da ja fünf Mädchen raus und • die Gesamtzahl/ das ähm.

(s92)   Nee, es gibt ja fünfzehn Mädchen, deswegen sind es fünf Fünfzehntel.

(s93) S1: Wir müssen ja nicht dieselbe Begründung haben.

(s94)   Schreib einfach, was du geschrieben hast.

(s95)   Ich hab' jetzt geschrieben: „Wir haben die Werte dem Text entnommen und sie dann in das Baumdiagramm übertragen."

(s96)   Ich mein', was anderes haben wir ja nicht gemacht.

Dieses Material wird dann im Seminar aus möglichst unterschiedlichen Perspektiven „befragt". Es ist zu beachten, dass bei dieser Übung also von bereits vorliegenden Daten ausgegangen wird, zu denen Fragen entwickelt werden, während bei der Planung des Studienprojekts der Prozess umgekehrt – von der Forschungsfrage zur Datenerhebung – verläuft.

Wir halten die Übung für sehr nützlich, weil sie den Studierenden verdeutlicht, dass auch kleine Datenmengen reichhaltig sein können – die zugehörige Audioaufnahme hat eine Dauer von nur 4 min 53 s – und eine Bandbreite unterschiedlicher Fragerichtungen zulassen.

Der Arbeitsauftrag für die Studierenden lautet:

> **Arbeitsauftrag an die Studierenden zur „Befragung" des empirischen Materials**
> Lesen Sie den Transkriptausschnitt „Mädchen und Instrument".
> 1) Setzen Sie sich zunächst inhaltlich mit dem Transkript auseinander. Inwiefern zeigt sich der Zusammenhang von fachlichem und sprachlichem Lernen?
> 2) Formulieren Sie anhand des Transkriptausschnitts und der schriftlichen Notizen der Schülerinnen fünf theoretisch fundierte Forschungsfragen.

■ **Anmerkungen zum Arbeitsauftrag 1: Zusammenhang von sprachlichem und fachlichem Lernen**

Das Transkript bietet einen sehr guten (und in dieser Detailliertheit normalerweise nicht zugänglichen) Einblick, wie die beiden Schülerinnen bei der Aufgabenbearbeitung vorgehen, welche Fragen auftreten und welche Annahmen aufgestellt und wieder verworfen werden. Die Studierenden haben so die Möglichkeit, kognitive und sprachliche Handlungen der Schülerinnen nachzuvollziehen und in ihrer Relevanz für das fachliche Lernen zu beurteilen. Dies ist sowohl für den unterrichtspraktischen als auch für den forschungsbezogenen Teil von Praxisphasen von Bedeutung. Zwei zentrale Punkte seien hier kurz benannt:

Im Transkriptausschnitt offenbart sich das Problem, dass den Schülerinnen der Unterschied zwischen bedingter Wahrscheinlichkeit und (der hier gesuchten) **Schnittwahrscheinlichkeit** nicht klar ist. Zwar interpretieren sie das mathematische Symbol für die Schnittmenge (∩) zunächst richtig (s01) (an späterer Stelle bezeichnen sie das Symbol hingegen fachlich nicht angemessen als „n" (s67)). Unklarheit besteht jedoch hinsichtlich der jeweiligen Bezugsgrößen (alle Schüler vs. nur die Mädchen). Schnittwahrscheinlichkeiten lassen sich in der Vierfeldertafel direkt ablesen, während sie sich am Baumdiagramm nur über die Pfadmultiplikation ermitteln lassen. Einen richtigen Ansatz, der jedoch wieder verworfen wird, zeigen die Schülerinnen in (s58)–(s59): „Ich glaub', wir müssen das malrechnen". Im Seminardiskurs kann hier auf das Prinzip der Darstellungsvernetzung hingewiesen werden: Möglicherweise hätten die Schülerinnen das ihrer Begründung zugrundeliegende Ergebnis in Frage gestellt, wenn sie (wie in der Aufgabe gefordert) weitere Darstellungen herangezogen hätten.

Ein zweiter auffälliger Punkt ist der starke Einfluss, den die **Operatoren** aus dem Aufgabentext auf die Aufgabenbearbeitung haben. Die Schülerinnen weichen vom eigentlich richtigen Weg zur Bestimmung der Schnittwahrscheinlichkeit durch Pfadmultiplikation ab, weil sie sich uneins darüber sind, ob die involvierte Rechenoperation kompatibel mit dem Operator „begründe" sei ((s58)–(s62)). Auch die Formulierungsversuche für den Antwortsatz weisen auf Schwierigkeiten im Zusammenhang mit den Operatoren hin. So kommen die Schülerinnen mehrmals auf die Frage zurück, ob es für eine Begründung ausreichend ist, wenn man auf das Ablesen von Werten aus einer Darstellung verweist (z. B. (s45); (s50)–(s51); (s76)–(s77)). Ähnliches zeigt sich in Bezug auf den Operator „bestimme" in (s65 ff.).

Beide Aspekte können im Seminar zunächst zu einer vertieften Diskussion über den Zusammenhang von fachlichem und sprachlichem Lernen sowie Möglichkeiten der Sprachbildung im Unterricht führen. Zugleich bietet dieser Einstieg eine gute Grundlage für einen stärker forschungsbezogenen Zugang zum Transkript, wie in Arbeitsauftrag 2 vorgesehen.

- **Anmerkungen zum Arbeitsauftrag 2: Generieren von Forschungsfragen**

Im Seminarkontext lassen sich dann in der Auseinandersetzung mit dem empirischen Material Fragestellungen entwickeln. Hier einige Beispiele:
- Wie verwenden die Lernenden den Zufallsbegriff in ihren Argumentationen? (argumentationsbezogene Perspektive)
- Welches Verständnis haben die Lernenden von den genutzten Fachbegriffen? (individuelle Perspektive)
- Inwiefern nutzen die Lernenden spezifische Begriffe für die einzelnen Darstellungsformen sowie für den Wechsel zwischen den Darstellungsformen (Text – Diagramm – Einheitsquadrat)? (repräsentationsbezogene Perspektive)

2

- Wie stellen die Lernenden den Zusammenhang zwischen absoluten Werten, relativen Häufigkeiten und Wahrscheinlichkeiten her und welche sprachlichen Mittel nutzen sie dafür? (stoffdidaktische Perspektive, Schwerpunkt Stochastik)
- Inwiefern werden die Lösungsversuche im Verlauf des gemeinsamen Denkprozesses sprachlich und fachlich differenzierter? (prozessorientierte Perspektive)
- An welchen Stellen zeigt sich ein sprachlicher oder fachlicher Klärungsbedarf und inwiefern wird er bearbeitet? (Problemlösungs-Perspektive)

Die Übung verdeutlicht den Studierenden exemplarisch, was anhand eines sehr kleinen Ausschnitts aus dem Handlungsfeld Schule alles untersucht werden kann. Im vorliegenden Beispiel lassen sich etwa theoretische Anknüpfungspunkte zu den Bereichen Begriffsbildung, Darstellungsvernetzung, Lernendenaktivierung, mathematisches Begründen oder individuelle Vorstellungsentwicklung herstellen. Auf forschungsmethodischer Ebene zeigt sich, dass ein interessantes Studienprojekt nicht notwendigerweise auf große Datenmengen oder komplexe Erhebungsmethoden angewiesen ist.

Die Frage, wie Studierende bei der Entwicklung eigener Forschungsfragen zum Thema Sprachbildung im Fach Mathematik systematisch unterstützt werden können, wird in ▶ Abschn. 2.6 thematisiert.

2.5.4.2 Ausschärfung der Projektidee

Zum Zeitpunkt des zweiten Begleitseminars, etwa sechs Wochen nach Beginn des Praxissemesters an der Schule, haben die Studierenden eine vorläufige Projektskizze eingereicht. Ziel dieser Phase des Projekts ist es, die in der Skizze formulierte Projektidee weiter auszuschärfen, indem zum einen die Passung von Forschungsfrage, geplanter Erhebungsmethode und Probandenauswahl, zum anderen die Realisierbarkeit des Projekts mit Blick auf die Voraussetzungen an der Praktikumsschule überprüft wird. Dafür eignen sich die folgenden Übungen für den Seminarkontext.

- **Projektskizze schärfen I: „Speed-Dating"**

Die Studierenden bilden für diese Übung einen Innen- und einen Außenkreis. Im Innenkreis befinden sich die Studierenden, die ein Studienprojekt im Fach Mathematik durchführen, im Außenkreis die Kommilitonen ohne Studienprojekt; sie haben die Funktion von kollegialen Berater*innen.[13] Die Studierenden im Innenkreis stellen ihr Studienprojekt in zwei Minuten ihrem Gegenüber vor und benennen dabei ihren fachlichen Schwerpunkt, die Forschungsfrage, den theoretischen Hintergrund, die geplante Forschungsmethode, das Projektszenario sowie Aspekte der Sprachbildung. Die Zeit ist bewusst äußerst knapp kalkuliert, damit die Studierenden sich auf wesentliche Aspekte ihres Vorhabens konzentrieren müssen. Der/die kollegiale Berater*in hat dann drei Minuten Zeit für Nachfragen. Nach Ablauf der fünf Minuten rücken die Studierenden im Außenkreis zwei Plätze weiter. Insgesamt werden drei Runden durchlaufen. In einer kurzen Rückmelde-Runde berichten die Studierenden, welche Erkenntnisse sie für ihr Studienprojekt gewonnen haben, wo sie in ihrer Weiterarbeit ansetzen möchten und wo sie Unterstützung benötigen.

---

13 Die Aufteilung der Studierenden in die beiden Gruppen kann natürlich variiert werden; es muss nur darauf geachtet werden, dass mindestens eine Studentin oder ein Student pro Paar auch tatsächlich eine Projektskizze zu diskutieren hat.

Arbeitsauftrag Speed-Dating an die Studierenden
Stellen Sie Ihre Skizze mit Hilfe der folgenden Stichpunkte vor:
- Forschungsfrage
- Theoriehintergrund, Literatur
- Methode
- Konkretes Projektszenario (Zeitraum, Klasse, Design …)
- Aspekte der Sprachbildung

Jede/r sollte anschließend in der Lage sein, seine/ihre Projektidee kurz und präzise zu formulieren.

Die Methode erweist sich als sehr wirksam, weil die Studierenden ihre Projektskizze innerhalb kürzester Zeit dreimal mündlich beschreiben müssen und sie Rückmeldungen aus drei verschiedenen Perspektiven bekommen. Gerade wenn die Nachfragen sich auf ähnliche Punkte beziehen (z. B. Forschungsmethode, Erhebungsdesign, Machbarkeit), erkennen die Studierenden, wo sie bei der **Konkretisierung** ihrer Projektskizze ansetzen können.

Auch Studierende, die ihr Studienprojekt nicht im Fach Mathematik durchführen, profitieren von dieser Übung, weil sie z. B. forschungsmethodologische Erkenntnisse auf die Planung ihrer Studienprojekte in anderen Fächern übertragen können.

Die Impulse aus dem Speed-Dating können direkt in die Weiterarbeit einfließen.

- **Projektskizze schärfen II: Weiterarbeit in Arbeitsgruppen**

Die anschließende Gruppenarbeit eignet sich, wenn eine erste Projektidee vorliegt und möglichst auch schon konkrete Fragen oder Probleme identifiziert wurden. Die Studierenden bilden für die Diskussion Gruppen à ca. vier Personen (plus reihum die Dozent*innen; Dauer ca. 45 min pro Studienprojekt). Sie erhalten folgenden **Arbeitsauftrag**:

Arbeitsauftrag an die Studierenden zur Weiterarbeit in Arbeitsgruppen, Schwerpunkt Forschungsdesign
Stellen Sie Ihr Studienprojekt in Ihrer Arbeitsgruppe kurz vor. Benennen Sie die Forschungsfrage und ein offenes Problem. Reflektieren Sie gemeinsam die Umsetzung des Projektes:
- Ist das Projekt reichhaltig?
- Passt die Methode zur Frage?
- Sind die für die Erhebung ggf. eingesetzten Aufgaben geeignet?
- Ist die Umsetzung realistisch?

Sammeln Sie Vorschläge zur Konkretisierung des Vorhabens. Welche Entscheidungen für die weitere Arbeit am Projekt ergeben sich?

Diskussionen in der Kleingruppe sind geeignet, um die in der Projektskizze angedachte Forschungsfrage zu schärfen und die geplante Datenerhebung zu besprechen. Zu den häufig diskutierten Aspekten gehören neben der Formulierung der Forschungsfrage (hierzu ► Abschn. 2.6) das Finden geeigneter Erhebungsmethoden sowie das Design von Mathematikaufgaben, die der Datenerhebung dienen.

2.5.4.3 Weiterarbeit am Erhebungsdesign

Manche Studierende sind der Auffassung, dass sie große Datenmengen erheben müssen bzw. dass es leichter sei, große Datenmengen auszuwerten. Das Studienprojekt kann und soll aber nur einen kleinen Ausschnitt aus dem Handlungsfeld Schule beleuchten, und statistisch relevante Daten können ohnehin nicht oder nur schwerlich im Rahmen eines solchen Projektes erhoben werden. Die vorliegenden Projekte sind daher überwiegend qualitativ angelegt, die Analyse der eher wenigen Daten erfolgt hingegen umso genauer. Dabei spielt die **Erhebungsmethode** eine wichtige Rolle. So sind im Kontext des Seminars z. B. (geschlossene) Befragungen von Schüler*innen mit einem Fragebogen weniger geeignet, weil sich daran schülerseitige Lernprozesse bestenfalls indirekt untersuchen lassen. Für den hier beschriebenen Kontext besonders geeignet erscheinen daher vor allem Untersuchungen, die sich auf mündliche oder schriftliche Schülerprodukte beziehen.

Dass eine solche Erhebung zwar gut durchdacht, aber nicht umfangreich oder aufwändig sein muss, zeigen folgende Beispiele:

- Ein Studierender hat für sein Studienprojekt den Schülerinnen und Schülern einer 8. Klasse in einer Einführungsphase den Auftrag gegeben, die Begriffe „Wahrscheinlichkeit" und „Zufall" sowie den Zusammenhang zwischen beiden Begriffen schriftlich zu erklären (vgl. ► Abschn. 2.6.3.2).
- Eine Studentin hat Schüler*innen der 7. Klasse eine eigenständige schriftliche Ergebnissicherung zum Thema Mittelwerte mit Hilfe der SMS-Methode vornehmen lassen (vgl. ► Abschn. 2.2.2.2).
- Eine Studentin hat zwei Achtklässlerinnen eine Blütenaufgabe[14] gemeinsam bearbeiten lassen und davon eine Audioaufnahme erstellt (vgl. ► Abschn. 3.1.1).

Diesen Erhebungen ist gemeinsam, dass die Studierenden mit minimalem Erhebungsaufwand Daten gewinnen konnten, die für das forschende Lernen sehr ergiebig sind und aus denen sich unterrichtspraktisch relevante Schlüsse ziehen lassen.

Wenn im Fach Mathematik mündliche oder schriftliche Schülerdaten erhoben werden, ist ein entscheidender Punkt das **Aufgabendesign**:

- Was genau sollen die Schüler*innen tun? Welche Aufgaben sollen sie bearbeiten und wie sollen diese konstruiert sein?
- Wie können sowohl mathematisch als auch sprachlich interessante Produkte entstehen?
- Wie kann gewährleistet werden, dass die Aufgaben für die Zielgruppe methodisch, fachlich und sprachlich angemessen sind?
- Wie kann das fachliche und sprachliche Vorwissen aktiviert werden – insbesondere dann, wenn sich die Aufgaben nicht unmittelbar auf die im Unterricht regulär bearbeiteten Inhalte beziehen?

Manchmal können die Studierenden an Aufgabenentwürfe aus dem Vorbereitungsseminar zum Praxissemester anknüpfen. Meistens ist aber eine Neukonzeption notwendig, um

---

14 Blütenaufgaben bestehen aus mehreren, zunehmend anspruchsvolleren Teilaufgaben zum selben Kontext (Bruder und Reibold 2012). Der Einstieg erfolgt über eine einfache, geschlossene Teilaufgabe, die weiteren Teilaufgaben können dann offener gestaltet sein.

die Bedingungen im Praxissemester (Jahrgangsstufe, im Unterricht anstehende Inhalte, fachliche und sprachliche Kenntnisse der Schüler usw.) berücksichtigen zu können.

Mit Hilfe der Impulse aus der Arbeitsgruppe in der Lehrveranstaltung legen die Studierenden ihr endgültiges Erhebungsdesign fest. Die Mitstudierenden haben also eine wichtige Unterstützungsfunktion in einer entscheidenden Phase des Studienprojekts. Ebenso wichtig ist allerdings die Unterstützung durch die Lehrenden – gerade weil die Studierenden in ihren Projekten zwei Disziplinen gemeinsam denken müssen.

2.5.4.4 Datenauswertung und Interpretation

Die gleiche Arbeitsweise kann eingesetzt werden, wenn es um die **Auswertung** der an den Schulen erhobenen Daten geht. Auch hier ist die Unterstützung der Studierenden untereinander, aber auch durch die Lehrenden, von großer Bedeutung. Hilfreich erweist sich insbesondere zu Beginn die gemeinsame exemplarische Analyse im Plenum. Im Anschluss daran können die Studierenden dann in Gruppen weiterarbeiten, wobei ein möglicher **Arbeitsauftrag** lautet:

Arbeitsauftrag an die Studierenden zur Weiterarbeit in Arbeitsgruppen, Schwerpunkt Datenauswertung

Stellen Sie Ihre Daten und den Stand der Datenauswertung kurz vor. Benennen Sie offene Fragen, die Sie diskutieren möchten, und reflektieren Sie gemeinsam entlang der folgenden Punkte:

- Sollen alle Daten berücksichtigt werden oder nur eine Auswahl? Warum?
- Wie lassen sich die Daten systematisieren (z. B. bündeln, kontrastieren)?
- Aus welchen Perspektiven kann man die Daten analysieren? Welche theoretischen Konzepte unterstützen die Analyse?
- Wie können Daten unterschiedlichen Typs aufeinander bezogen werden (z. B. Schriftprodukte von Schüler*innen, zu denen die Schüler*innen interviewt werden)?

Dabei sollte insgesamt deutlich werden, dass sich mithilfe einer systematischen Analyse entlang der im Arbeitsauftrag genannten Aspekte auch aus einem kleinen oder vermeintlich wenig interessanten Datenkorpus wichtige Einsichten gewinnen lassen, die über das Studienprojekt hinaus für die Professionalisierung relevant sind. Oft betrifft dies auch die für die Erhebung gewählten Methoden: So erweisen sich für Studierende rückblickend gerade qualitative Methoden wie z. B. mündliche Befragungen von Schülern zu ihren Lösungsansätzen oder zu ihrem Aufgabenverständnis nicht nur als besonders aufschlussreich, sondern auch als gut auf die spätere Schulpraxis übertragbar und damit als gewinnbringend für die eigene Professionalisierung (▶ Abschn. 3.1).

2.6 Forschungsfragen entwickeln

 » Dass die Mathematik mit ihren Textaufgaben auch für Muttersprachler sprachliche Hürden bereithält, kann ja niemand abstreiten. Aber wie gehen Lehrer damit um? Wie würde ich damit umgehen? Das war sozusagen meine Motivation, und daraus habe ich dann eine Forschungsfrage entwickelt (Studierender, Praxissemester 2018).

2

Das Eingrenzen und Formulieren geeigneter Forschungsfragen ist eine wesentliche Aufgabe bei der Arbeit an einem wissenschaftlichen Projekt. Das gilt auch für kleinere studentische Untersuchungen wie Studienprojekte im Praxissemester. Denn Forschungsfragen bestimmen, unter welchem Gesichtspunkt wir uns einem Phänomen oder einer Problemstellung nähern; sie haben damit Auswirkungen auf das gesamte Forschungsdesign: Wie kann die Untersuchung theoretisch fundiert werden? Welche Art von Daten und wie viele Daten sollen erhoben werden, um die Frage beantworten zu können? Welche Erhebungsmethoden kommen dafür in Frage?

Für viele Studierende stellt die exakte Formulierung von Forschungsfragen eine große Herausforderung dar. Der vorliegende Abschnitt zeigt anhand von Praxisbeispielen,

- welche Kriterien Forschungsfragen im Kontext der Verbindung von Sprache und Fach erfüllen sollten,
- wie Studierende Ansatzpunkte für Forschungsfragen finden können,
- wie vorläufige Forschungsfragen präzisiert werden können.

Hinsichtlich der hochschuldidaktischen Design-Prinzipien wird in diesem Abschnitt die Integration von Sprache und Fach daher insbesondere auf der Ebene des forschenden Lernens (DP4) thematisiert.

2.6.1 Vorläufige Forschungsfragen weiterentwickeln

Grundlage jeder empirischen Untersuchung ist eine klar fokussierte und wissenschaftlich fundierte Forschungsfrage, die eine realistische Projektplanung ermöglicht. Dies gilt gleichermaßen für kleinere studentische Projekte z. B. im Rahmen einer Praxisphase. Für Studierende stellt das Finden einer geeigneten Forschungsfrage oft eines der zentralen Probleme im Praxissemester dar. So formulierte eine Studentin im Rückblick (▶ Abschn. 3.1):

» Für mich war eines der wichtigsten Themen im Seminar, wie man eine Forschungsfrage findet. Damit tue ich mich furchtbar schwer. (…) Bei mir haben sich super viele Forschungsfragen aufgeworfen, die aber dann alle doch nicht Hand und Fuß hatten (Studentin, Praxissemester 2019).

Die Beispiele B1 und B2 zeigen **vorläufige Forschungsfragen**, die Studierende zu Beginn ihres Praxissemesters im Fach Mathematik mit Schwerpunkt Sprachbildung formuliert haben:

> ▶ **Beispiel**
>
> B1: „Inwieweit führt ein sprachsensibler Fachunterricht zu einem besseren Verständnis von Fachbegriffen (am Beispiel von ‚Median‘, ‚Arithmetisches Mittel‘ und ‚Robustheit‘)?"
> B2: „Welche Schwierigkeiten haben Schüler*innen der Jgst. 8 im Umgang mit Textaufgaben?"
>
> ◀

Aufgabe im Rahmen der Lehrveranstaltung ist es, die vorläufigen Forschungsfragen der Studierenden gemeinsam zu überprüfen und kriteriengeleitet weiterzuentwickeln.[15] Da-

---

15 Die Beispiele B1 und B2 werden am Ende von ▶ Abschn. 2.6 wieder aufgegriffen.

bei besteht im Kontext einer sprachbewussten Hochschullehre eine besondere Anforderung darin, dass die Verknüpfung fachlicher und sprachlicher Aspekte bereits in der Forschungsfrage angelegt sein muss.

Anhand von Beispielen wie den oben genannten kann mit den Studierenden exemplarisch durchgespielt werden, wie Forschungsfragen präziser gefasst werden können. Dafür können die in ▶ Abschn. 2.6.2 vorgestellten Kriterien herangezogen werden.

2.6.2 Kriterien für Forschungsfragen im Bereich Sprachbildung im Fach

Die folgenden **Kriterien** können dabei unterstützen, vorläufige Forschungsfragen im hier diskutierten Kontext „Sprachbildung im Fach Mathematik" zu prüfen und zu überarbeiten; sie lassen sich auch für andere Kontexte adaptieren.

- **Inwiefern steht die Forschungsfrage im Zusammenhang mit Sprachbildung im Fach Mathematik?**

Das erste Kriterium ist der interdisziplinären Ausrichtung im Kontext Sprache und Fach geschuldet: Die Forschungsfrage muss an der Schnittstelle von Mathematik und Sprachbildung verortet sein. Damit ist eine erste Bedingung und zugleich Möglichkeit zur Präzisierung des studentischen Vorhabens gegeben. So könnte eine Fragestellung in der Mathematikdidaktik *ohne* den Schwerpunkt Sprachbildung lauten: „Wie bearbeiten Lernende der Jgst. 8 kontextgebundene Aufgaben?" Wird ein Schwerpunkt auf Sprachbildung gesetzt, so wäre eine mögliche Variante: „Wie interagieren Lernende der Jgst. 8 bei der Bearbeitung kontextgebundener Aufgaben in Partnerarbeit?" Im zweiten Fall ist also eine Fokussierung insofern gegeben, als die mündliche Kommunikation zwischen den Lernenden ausdrücklich zum Gegenstand der Analyse wird.

- **Welche Theoriebezüge zu den jeweiligen Disziplinen lassen sich herstellen?**

Gegenstand von studentischen Projekten im Kontext einer Praxisphase ist die systematische Untersuchung eines kleinen Ausschnitts aus dem Handlungsfeld Schule. Dabei bilden Beobachtungen aus der Schulpraxis häufig den Ausgangspunkt für die Entwicklung einer Forschungsfrage – insbesondere, wenn die Studierenden zu diesem Zeitpunkt bereits an einer Schule tätig sind. Um das Projekt von Vornherein wissenschaftlich zu fundieren, muss bei der Konzeption der Forschungsfrage geprüft werden, wie sich das Projekt theoretisch einbetten lässt. Dafür müssen Theoriebezüge zu den relevanten Disziplinen (Mathematikdidaktik, Linguistik, Sprach-/DaZ-Didaktik) hergestellt werden.

- **Ist die Forschungsfrage ausreichend eingegrenzt?**

Viele vorläufige Forschungsfragen sind zu breit angelegt, etwa wenn sie auf umfassende Ansätze (z. B. „sprachsensibler Fachunterricht") Bezug nehmen. Um ein Projekt sinnvoll bearbeiten zu können, ist die Fokussierung auf einen ausgewählten Teilaspekt (z. B. eine bestimmte Methode des sprachsensiblen Fachunterrichts) notwendig (vgl. unten die Diskussion des Beispiels B1).

■ **Ist die Forschungsfrage operationalisierbar?**

Manche Forschungsfragen beziehen sich auf abstrakte Konzepte wie „Motivation", „Effizienz" oder „Verständnis", deren Erforschung komplexe Forschungsdesigns erfordern würden; sie können mit den verfügbaren fachlichen, zeitlichen und personellen Ressourcen nicht bearbeitet werden. Auch in diesem Fall muss die Forschungsfrage so adaptiert werden, dass sie im Rahmen des studentischen Vorhabens beantwortet werden kann. Dies lässt sich allerdings meist nicht mit einer einfachen Eingrenzung der Forschungsfrage lösen, sondern erfordert eine deutliche Modifikation oder Neukonzeption. Um an die ursprüngliche Idee, sich mit „Motivation", „Effizienz" oder „Verständnis" auseinanderzusetzen, trotzdem anzuknüpfen, kann einleitend die Frage gestellt werden: „Woran erkenne ich, dass die Lernenden motiviert sind, dass die Methode effizient ist, dass das Verständnis der Lernenden sich verbessert hat?" Auf diese Weise können beobachtbare, überprüfbare Faktoren gesammelt werden, auf deren Grundlage eine neue Forschungsfrage entstehen kann.

■ **Ist die Forschungsfrage mit Blick auf die Professionalisierung als zukünftige Lehrkraft relevant?**

Dieses Kriterium ist vor allem für studentische Projekte im Kontext von Praxisphasen von Bedeutung, wo neben dem wissenschaftlichen Erkenntnisgewinn vor allem die eigene Professionalisierung im Vordergrund steht:

» Im Zentrum steht damit der persönliche Erkenntnisgewinn. So zielt die intendierte Theorie-Praxis-Verknüpfung vornehmlich darauf ab, die im Rahmen der Studienprojekte gewonnenen Erfahrungen und Erkenntnisse vor dem Hintergrund der eigenen Professionsentwicklung zu reflektieren (ZLB UDE 2019, S. 3).

Die Forschungsfrage führt im gelingenden Fall zu einem Vorhaben, bei dem die Studierenden zum einen ihre analytischen und methodischen Fähigkeiten bezüglich Sprache und Sprachbildung im Fach Mathematik (und darüber hinaus) stärken und bei dem sie zum anderen Forschungsmethoden kennenlernen, die sie später im Sinne der Lehrerhandlungsforschung anwenden können (z. B. um Schwierigkeiten von Schülerinnen und Schülern systematisch nachzugehen).

2.6.3 Entwicklung von Forschungsfragen

In ▶ Abschn. 2.5 wurde eine Übung vorgestellt, bei der das Gespräch zweier Schülerinnen bei der Bearbeitung einer Mathematikaufgabe aus unterschiedlichen forschungstheoretischen Perspektiven „befragt" wurde. Diese Übung hat veranschaulicht, dass man empirische Daten aus ganz unterschiedlichen Perspektiven betrachten kann und dass sich auch an begrenztem Datenmaterial unterschiedliche Fragestellungen entwickeln lassen. Allerdings ist die Vorgehensweise in einem empirischen Projekt in der Regel umgekehrt: Es werden zunächst Forschungsfragen formuliert, erst dann erfolgt die Datenerhebung. Zwar ist es nicht nur bei studentischen Vorhaben durchaus möglich und oft notwendig, die ursprüngliche Forschungsfrage anzupassen, wenn die Daten vorliegen (z. B. indem auf einen Teilaspekt fokussiert wird). Da aber die Forschungsfrage das gesamte Forschungsdesign maßgeblich beeinflusst, sollte sie bereits zu Projektbeginn sorgfältig durchdacht sein.

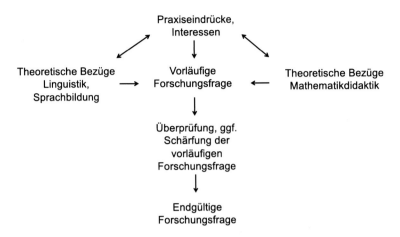

◘ Abb. 2.18 Entwicklung einer Forschungsfrage

Im Folgenden (► Abschn. 2.6.3.1–2.6.3.3) wird beschrieben, wie Forschungsfragen im Kontext des forschenden Lernens schrittweise entwickelt werden können. Den Ausgangspunkt bilden, wie in ◘ Abb. 2.18 dargestellt, zum Beispiel Eindrücke aus der (Schul-)Praxis und Interessen der Studierenden. Unter Bezugnahme auf Literatur aus den Bereichen Mathematikdidaktik, Sprachbildung und Linguistik wird dann zunächst eine vorläufige Forschungsfrage formuliert. Diese wird (am besten kooperativ) überprüft und geschärft, bevor die endgültige Forschungsfrage festgelegt wird.

2.6.3.1 Praxiseindrücke als Ausgangspunkt für erste Forschungsfragen

» Bei Aufgaben wie: „Lisa geht einkaufen, sie kauft drei Lutscher zu je achtzig Cent und zwei Flaschen Cola zu je einem Euro zehn" wurde deutlich, dass schon einfache Präpositionen wie beispielsweise die Präposition „je" große Schwierigkeiten verursachen können, wenn sie übersehen werden. Aus diesem Grund habe ich dieses Projekt überhaupt begonnen. Eine Schülerin hatte dieses Wort übersehen, beziehungsweise sie wollte es übersehen, weil sie es nicht verstanden hat (Student, Praxissemester 2018).

Konkrete Probleme von Schülerinnen und Schülern, wie sie der Studierende im Umgang mit Textaufgaben beobachtet hat, stellen einen klassischen Ansatzpunkt für systematische Untersuchungen im Rahmen von Aktions-/Lehrerhandlungsforschung dar (Altrichter et al. 2018; Boeckmann et al. 2010; Klewin et al. 2017). Auch für studentische Projekte im Kontext des forschenden Lernens bietet es sich an, Erfahrungen oder Beobachtungen aus der Praxis aufzugreifen: Zum einen ist die Motivation hoch, wenn es darum geht, Lösungsansätze für eine praktische Frage zu entwickeln (oder zumindest das Problem besser zu verstehen); zum anderen sind aus der Praxis entspringende Forschungsideen mit konkreteren Vorstellungen verbunden als solche, die auf ein allgemeines Interesse (z. B. „Wie kann man die Motivation im Mathematikunterricht erhöhen?") zurückgehen. Voraussetzung ist allerdings, dass die Studierenden das Handlungsfeld Schule bereits gut einschätzen können, sei es durch einen aktuellen Einblick in den schulischen Alltag in einer Praxisphase oder durch andere Erfahrungen mit Lernen-

2

den (z. B. beim Nachhilfeunterricht, bei der Unterstützung geflüchteter Schüler*innen, bei der Hausaufgabenbetreuung im Hort usw.). Einige Beispiele:

- Ein kleines Wort wie die Präposition „je" kann dazu führen, dass eine Textaufgabe falsch bearbeitet wird.
- Viele Lernende in der Klasse verwechseln „bedingte Wahrscheinlichkeit" und „Schnittwahrscheinlichkeit".
- Die beiden neu zugewanderten Schüler können gut rechnen, sie können aber ihre Lösungswege nicht gut erklären.
- Die Merksätze im Mathebuch sind schwer verständlich.

Solche Beobachtungen können den Kern für eine dann genauer zu spezifizierende und theoretisch zu begründende Forschungsfrage bilden.

2.6.3.2 Theoretische Fundierung von Studienprojekten

» Es ist eine Kernfrage der Lehrerbildung, wie Wissen, das in der universitären Ausbildungsphase angehender Lehrerinnen und Lehrer erworben wird, in der Praxis zum Tragen kommt. Im Hinblick auf die in Schule vorherrschende Alltagsbelastung, bei der Handlungsmodifikationen nicht allein durch abstraktes Wissen herbeizuführen sind, bieten Praxisphasen im Studium die Möglichkeit, das an der Universität Gelernte mit der Reflexion des eigenen erfahrungsbasierten Kompetenzerwerbs in der Schule zu verknüpfen (v. Ackeren und Herzig 2016, S. 4).

Das Praxissemester und insbesondere die Studienprojekte bieten für die Studierenden eine sinnstiftende Möglichkeit, um universitäre Inhalte mit schulischer Praxis in Beziehung zu setzen. Die theoriegeleitete Untersuchung und Einordnung von Praxiseindrücken soll zur Professionalisierung beitragen und die zukünftigen Lehrkräfte befähigen, „nicht spontan zu agieren, sondern Erfahrungen [zu] ordnen und [zu] lernen, mit künftigen und unbestimmten Situationen umgehen zu können." (v. Ackeren und Herzig 2016, S. 4)

Wichtige theoretische Bezugspunkte für Studienprojekte bilden zunächst die Konzepte aus der Fachdidaktik des studierten Lehramtsfachs, hier also aus der Mathematikdidaktik. Dazu gehören zum Beispiel:

- Konstruktion und Variation mathematischer Lernumgebungen
- mathematische Darstellungsformen und Darstellungsvernetzung
- individuelle Vorstellungen, Vorstellungsentwicklung und mathematische Begriffsbildung
- Phasierung mathematischer Lern- und Lehrprozesse (Kernprozesse Entdecken, Ordnen, Vertiefen)
- Nutzung digitaler Werkzeuge
- Unterscheidung von Lern-, Übungs- und Prüfungsaufgaben
- Binnendifferenzierung

Durch die gleichzeitige Berücksichtigung des Themas Sprachbildung erweitert sich die theoretische Basis um Lerninhalte aus den Bereichen Linguistik und Sprachdidaktik, etwa:

- Alltags- und Fachsprache
- Mündlichkeit und Schriftlichkeit
- linguistische Kategorien zur Beschreibung von Fachkommunikation

- Lernersprachenanalyse; Fehleranalyse
- Ansätze für sprachbewussten Fachunterricht (z. B. Scaffolding, genredidaktische Zugänge, Methoden des sprachsensiblen Unterrichts)
- Sprachvergleich
- mehrsprachiges Handeln (z. B. Translanguaging, Code-Switching)

Nicht alle der genannten Themen können in den Vorbereitungs- und Begleitseminaren ausführlich behandelt werden; die Studierenden sollten daher auch auf ihr Wissen aus vorangegangenen oder parallel verlaufenden Veranstaltungen zurückgreifen bzw. sich selbst mit neuen thematischen Bereichen vertraut machen.

Anhand der Forschungsfrage eines Studierenden im Praxissemester 2019 lässt sich aufzeigen, wie theoretische Bezüge hergestellt werden können. Die Forschungsfrage lautete:

» Wie erklären Schüler*innen der Jahrgangsstufe 8 die mathematischen Fachbegriffe „Wahrscheinlichkeit" und „Zufall"?

Der Studierende ließ die Schülerinnen und Schüler seiner 8. Klasse die Fachbegriffe „Wahrscheinlichkeit" und „Zufall" in einer Einführungsphase schriftlich erklären; die Begriffe waren also noch nicht eingeführt worden. Die Schüler*innen schrieben sehr kurze Texte wie die in ◘ Abb. 2.19 aufgeführten.

Die meisten der hier abgedruckten Beispiele lassen auf ein alltägliches Begriffsverständnis schließen – „Wahrscheinlichkeit" wird mit „hoher Wahrscheinlichkeit" gleichgesetzt (z. B. „was schon fast Perfekt ist in %"; „das was zu 75 % passiert"; „wenn etwas wahrscheinlich passiert"). Einige Schüler*innen knüpfen an konkrete Alltagserfahrungen (und die damit verbundenen Hoffnungen einer hohen Gewinnwahrscheinlichkeit) an, etwa die Fußballnachrichten oder das Würfelspiel. Ein neutraler Zugang zeigt sich demgegenüber im letzten Beispiel („wenn etwas passieren kann aber nicht muss"). Manche Schülerprodukte (wie oben das Beispiel „wenn z.b.s ein würfel würfelt") zielen wiederum eher auf den Zufallsbegriff ab.

Diese und weitere Schülertexte untersuchte der Studierende im Hinblick auf individuelle Vorstellungen unter Bezug auf verschiedene Wahrscheinlichkeitsmodelle (Krüger et al. 2015; Laakmann und Schnell 2015), die Nutzung verschiedener Darstellungsformen (Prediger et al. 2011; Wessel 2015) sowie alltägliches und mathematisches Begriffsverständnis (Weinrich 1989; George 2015; Guckelsberger und Schacht 2018). Die gewählte Forschungsfrage ermöglicht also vielfältige Theoriebezüge für eine fach- und sprachintegrierte Untersuchung.

◘ **Abb. 2.19** Schülertexte zum Begriff „Wahrscheinlichkeit"

Wahrscheinlichkeit:

- Was fast schon Perfekt ist in % (Fussball News)
- das was zu 75% passiert
- Eine Wahrscheinlichkeit ist wenn etwas wahrscheinlich passiert
- ist wenn z.b.s ein würfel würfelt und hofft das es eine 6 wird
- Wenn man was weiß aber sich nicht sicher ist.
- Wenn etwas passieren kann aber nicht muss

2.6.3.3   Mit Forschungsfragen arbeiten

Sobald eine vorläufige Forschungsfrage vorliegt, muss diese sorgfältig geprüft und ggf. überarbeitet werden. Um dies zu veranschaulichen, greifen wir die eingangs zitierten vorläufigen Forschungsfragen B1 und B2 auf.

Kommentar zur vorläufigen Forschungsfrage B1

> B1: „Inwieweit führt ein sprachsensibler Fachunterricht zu einem besseren Verständnis von Fachbegriffen (am Beispiel von ‚Median‘, ‚Arithmetisches Mittel‘ und ‚Robustheit‘)?"
> (vorläufige Forschungsfrage, Praxissemester 2018)

Die Idee der Studentin ist zwar grundsätzlich interessant und für den Kontext „Sprachbildung im Fach Mathematik" relevant; auch die Fachbegriffe, um deren Verständnis es geht, werden konkret benannt. Es stellen sich aber mindestens die folgenden Fragen:
- Welche der vielfältigen Methoden und Ansätze im Bereich des sprachsensiblen Fachunterrichts sollen angewandt werden?
- Woran wird festgemacht, ob bzw. inwieweit sich das Verständnis der Schüler*innen verbessert?
- Lässt sich „Verständnis" überhaupt (direkt) überprüfen?[16]

Wichtig ist an dieser Stelle also, Klarheit über das Erkenntnisinteresse zu gewinnen und zugleich die Realisierbarkeit im Rahmen der begrenzten Möglichkeiten des Studienprojekts kritisch zu prüfen. Im vorliegenden Fall hat die Studierende ihre Forschungsfrage folgendermaßen weiterentwickelt:

> B1′: „Inwieweit können Schüler*innen der Jahrgangsstufe 8 den Unterschied zwischen Median und arithmetischem Mittel schriftlich erklären?"

Durch diese Veränderung wird das Vorhaben einerseits spezifischer, andererseits eröffnen sich neue theoretische Bezugspunkte. Der ursprünglich genannte Aspekt des sprachsensiblen Fachunterrichts spiegelt sich in der Frage nur noch indirekt, wurde aber inhaltlich konkretisiert: Die Schülerinnen und Schüler sollen eine Erklärung schreiben. Die Studierende knüpft damit an Empfehlungen zur Integration von Schreibaufgaben[17] in den Fachunterricht an. Ebenso lassen sich mathematikdidaktische Bezüge herstellen – etwa zur Diskussion um das diagnostische Potential von Schülertexten im Fach Mathematik.[18]

---

16   Vergleichbares merken Klewin et al. (2017, S. 147 f.) für Konzepte wie „Motivation" oder „Stimmung" an: „Manche Forschungsfragestellungen sind der Beobachtung schwer zugänglich, z. B.: „Ist die Motivation der SchülerInnen größer beim Frontalunterricht oder bei offenen Unterrichtsformen?" oder „Wie ist die Stimmung in Klasse X"? Motivation lässt sich nicht direkt für die Beobachtung operationalisieren, sondern ist immer schon ein Ergebnis der Interpretation beobachtbarer Variablen. Stimmung lässt sich schlecht messen."

17   Leisen (2010), Gogolin und Lange (2010), Schmölzer-Eibinger et al. (2013), Schmölzer-Eibinger und Thürmann (2015) sowie Leitidee L2.

18   Götze (2019), Sjuts (2007).

Über die Analyse der schriftlichen Lernendenprodukte lassen sich konkrete Aussagen sowohl über sprachliche als auch über fachliche Kenntnisse der Lernenden treffen. Die so gewonnenen Einsichten könnten dann wiederum genutzt werden, um ein Konzept für fach- und sprachintegriertes Lernen zu entwickeln. Die schulpraktische Relevanz der Forschungsfrage lässt sich nicht zuletzt über die im Mathematiklehrplan aufgeführten prozessbezogenen Kompetenzen „Kommunizieren" und „Argumentieren" herstellen.

Kommentar zur vorläufigen Forschungsfrage B2

> B2: „Welche Schwierigkeiten haben Schüler*innen der Jgst. 8 im Umgang mit Textaufgaben?"

Viele Studierende neigen dazu, in ihren vorläufigen Forschungsfragen Probleme von Lernenden in den Vordergrund zu stellen. Typische Formulierungsmuster sind dann etwa:

- „Welche Probleme treten bei X auf?"
- „Welche Fehler zeigen Schüler*innen bei X?"
- „Welche Schwierigkeiten haben Schüler*innen mit X?"
- „Inwiefern sind Hürden bei X auf Y zurückzuführen?"

In der Schulpraxis fallen die Dinge, die nicht gelingen oder nicht verstanden werden, oft besonders ins Auge. Es ist daher gut nachvollziehbar, dass viele Studierende in ihren vorläufigen Forschungsfragen und Projektideen ein „Problem" genauer untersuchen möchten. Die Problem- oder Defizitorientierung kann jedoch den Blick darauf verstellen, über welche mathematischen und sprachlichen Kompetenzen die Lernenden bereits verfügen und woran individuell oder im Klassenverband angeknüpft werden kann. Auch ist zu befürchten, dass am Ende des Studienprojekts eine gewisse Unzufriedenheit zurückbleibt, wenn aus der Literatur bekannte Probleme bei den Lernenden zwar erneut bestätigt, nicht aber produktiv bearbeitet wurden. So könnte ein **fiktives Szenario** zur Bearbeitung der Forschungsfrage B2 folgendermaßen aussehen:

Fiktives Szenario zur Bearbeitung der Forschungsfrage B2
B2: „Welche Schwierigkeiten haben Schüler*innen der Jgst. 8 im Umgang mit Textaufgaben?"

Fiktives Szenario: Der Studierende lässt Lernende der Jgst. 8 eine mathematische Textaufgabe schriftlich bearbeiten. Die Schülerlösungen untersucht er unter Bezug auf Fachliteratur nach mathematischen und sprachlichen Fehlern. Es zeigt sich, dass die in der Literatur diskutierten „sprachlichen Hürden" von Textaufgaben sich auch in den gesammelten Daten spiegeln.

2

Der Studierende hätte in diesem Szenario eine Bestätigung für bereits bekannte Problembereiche bekommen, aber keine Erkenntnisse für die Unterrichtsgestaltung oder die individuelle Förderung von Lernenden gewonnen. Das Vorhaben hätte also vergleichsweise wenig zu seiner Professionalisierung beigetragen.

Es sollte daher grundsätzlich eine stärker phänomenbezogene Sichtweise eingenommen werden, bei der z. B. Lernendenbeiträge theoriegeleitet untersucht und verstehend nachvollzogen werden. Eine neutral formulierte Forschungsfrage unterstützt eine solche Vorgehensweise und lenkt den Blick auf konkrete Optionen für das unterrichtliche Handeln (z. B. Aufgabenvariation; Wissensspeicher statt Merksätzen; Darstellungen als Unterstützung).

Der Studierende hat seine vorläufige Forschungsfrage B2 überarbeitet; die endgültige Forschungsfrage B2′ lautet:

> B2′: „Inwiefern weichen die Mathematikleistungen von Schüler*innen der Jgst. 8 bei Textaufgaben voneinander ab, wenn die sprachlichen Anforderungen größer und kleiner werden?"

Das Projekt wurde dann folgendermaßen umgesetzt:

Verlauf des Studienprojekts zur Forschungsfrage B2′
Im Studienprojekt bezieht der Studierende sich auf wissenschaftliche Erkenntnisse a) zur Lösungshäufigkeit von numerischen Aufgaben im Unterschied zu Textaufgaben sowie b) zu sprachlichen Hürden in Textaufgaben. Er konstruiert vier Aufgaben in jeweils drei Varianten: Variante 1 ist eine rein numerische Aufgabe, Variante 2 ist eine durchschnittlich komplex formulierte Textaufgabe, Variante 3 ist eine gezielt sprachlich entlastete Textaufgabe. Er lässt die Schüler*innen die drei Aufgabenvarianten bearbeiten; ergänzend führt er einige Schülerinterviews dazu durch. Die Ergebnisse geben einerseits Aufschluss darüber, was den Schüler*innen bei der Aufgabenbearbeitung hilft, andererseits, wo eine gezielte (fach-)sprachliche Unterstützung notwendig ist (z. B. Präpositionen im Fachkontext).

Die Feststellung, dass bestimmte sprachliche Eigenschaften von Textaufgaben die Mathematikleistungen beeinflussen, ist im tatsächlich durchgeführten Projekt also nicht mehr Ziel, sondern Voraussetzung für die Untersuchung. Im Projekt werden wissenschaftliche Erkenntnisse aufgegriffen und produktiv für eine bewusste Aufgabenvariation genutzt. Darüber hinaus werden einzelne Lernende genauer zu ihren Aufgabenbearbeitungen befragt. Das Studienprojekt trägt also aus fach- und sprachdidaktischer als auch aus forschungsmethodischer Sicht zur Professionalisierung bei.

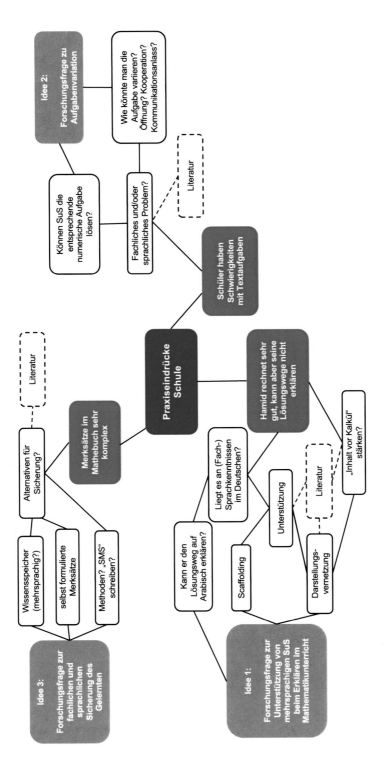

◻ Abb. 2.20 Mindmap zur Entwicklung einer Forschungsfrage

2

Abschließend sei eine **Brainstorming-Übung** vorgeschlagen, die Studierende bei der Findung und Weiterentwicklung von Forschungsfragen im Kontext einer Praxisphase unterstützt:

Arbeitsauftrag Brainstorming an die Studierenden

1) Beginnen Sie eine Mindmap mit Beobachtungen, die in Verbindung mit dem Thema „Sprachbildung im Mathematikunterricht" stehen. Greifen Sie dabei auf Ihre Notizen zu eigenem Unterricht oder zu Unterrichtsbeobachtungen zurück. Zum Beispiel: „Viele Schüler verstehen die Textaufgaben nicht."
2) Wählen Sie dann zwei Beobachtungen aus und entwickeln Sie sie systematisch weiter:
   - Welche Fragen oder Hypothesen haben Sie zu den Beobachtungen?
   - Welche Verbindungen zu theoretischen Konzepten aus dem Studium sehen Sie?
   - Wo können Sie eine erste Spezifizierung vornehmen (z. B. Fokus auf eine Zielgruppe, einen Lerninhalt, eine bestimmte Fachtextsorte …)?
   - Fügen Sie erste Literaturverweise ein.
   - Machen Sie sich Notizen für weitere Recherchen.
3) Entwickeln Sie Ihre Mindmap im Austausch mit Kommiliton*innen weiter.

◘ Abb. 2.20 zeigt eine exemplarische Mindmap, wie sie im Rahmen von Lehrveranstaltungen entstehen kann. Den Ausgangspunkt bilden Praxiseindrücke, die die Studierenden an der Schule sammeln. Diese werden zum einen um Fragen und Hypothesen erweitert, zum anderen werden Bezüge zu Inhalten aus universitären Lehrveranstaltungen im Bereich Mathematikdidaktik und Sprachbildung hergestellt.

Die zunächst individuell erstellte Mindmap wird im Austausch mit den Mitstudierenden sukzessive ergänzt und ausdifferenziert. Sie bildet zudem eine gute Grundlage für Beratungsgespräche, weil sich nachvollziehen lässt, welche Zusammenhänge die Studierenden herstellen.

Erfahrungen aus der Hochschullehre

Inhaltsverzeichnis

© Der/die Autor(en) 2022
F. Schacht, S. Guckelsberger, *Sprachbildung in der Lehramtsausbildung Mathematik*,
https://doi.org/10.1007/978-3-662-63793-7_3

Die bisherigen Ausführungen thematisieren praktische Erfahrungen mit den Konzepten, die zunächst in ▶ Kap. 1 hergeleitet und theoretisch fundiert und dann in ▶ Kap. 2 in praxisbezogener Perspektive ausgearbeitet wurden. In diesem Kapitel kommen unterschiedliche Stimmen von Studierenden sowie von Kolleginnen und Kollegen zu Wort.

▶ Abschn. 3.1 dokumentiert ein **Gespräch mit Studierenden**, das im Anschluss an die Lehrveranstaltungen geführt wurde, vor deren Hintergrund die in ▶ Kap. 1 und 2 entwickelten Konzepte entstanden sind. Teilgenommen an dem Gespräch haben auch ehemalige Studierende, die zum Zeitpunkt des Gespräches bereits ihren Vorbereitungsdienst absolvierten und die Leitideen einer sprachbewussten Lehramtsausbildung im Fach Mathematik vor dem Hintergrund ihrer bisherigen Praxiserfahrungen reflektieren konnten. Den Auftakt für das Gespräch bildet eine Rückschau auf die Studienprojekte, die die Studierenden im Rahmen der Lehrveranstaltungen ausgearbeitet hatten und die zu Beginn zusammenfassend wiedergegeben werden. Im Verlauf des Gespräches diskutieren die Studierenden dann etwa den Stellenwert von Sprachbildung in Hochschule und Schule, das forschende Lernen im Rahmen von Praxisphasen sowie nicht zuletzt die Frage, welche der in den Lehrveranstaltungen thematisierten Inhalte und Methoden für ihre Tätigkeit als Lehrkräfte von Bedeutung sind.

In ▶ Abschn. 3.2 werden von **Sümeyye Erbay** praxisbezogene Erfahrungen mit Elementen einer sprachbewussten Lehramtsausbildung bei der Vorbereitung und Durchführung eines Studienprojekts im Praxissemester aus der Perspektive einer (nunmehr ehemaligen) Studierenden dokumentiert. Inhaltlich wird dabei die Nutzung der Herkunftssprache im Mathematikunterricht am Beispiel des Türkischen adressiert.

Fatma Batur und **Jan Strobl** berichten in ▶ Abschn. 3.3 über ihre Kooperation zwischen der Didaktik der Informatik und dem Projekt „Deutsch als Zweitsprache in allen Fächern (ProDaZ)" an der Universität Duisburg-Essen zum Thema „Sprachbildung im Informatikunterricht". Die hohe Relevanz dieses Themas zeigt sich vor allem darin, dass Kompetenzen im Bereich der „Digital Literacy" von größter gesellschaftlicher Bedeutung sind, allerdings noch kaum beforscht ist, wie solche Kompetenzen in geeigneter Weise im Unterricht unter besonderer Berücksichtigung sprachbildender Ansätze vermittelt werden können. Der Beitrag zeigt exemplarisch, welche Anknüpfungspunkte auf curricularer, inhaltlicher und hochschuldidaktischer Ebene die hier beschriebenen Aspekte für andere Fächer bieten.

In ▶ Abschn. 3.4 beschreiben **Melanie Beese, Dennis Kirstein** und **Henning Krake** ein Seminarkonzept zur praxisnahen Vorbereitung von Lehramtsstudierenden auf sprachsensiblen Unterricht in den Fächern Sachunterricht (Grundschule) und Chemie (HRSGe). Im Mittelpunkt stehen dabei die theoretisch fundierte Planung und praktische Erprobung von Lernsequenzen am Übergang vom naturwissenschaftlichen Sach- zum chemischen Fachunterricht. Berücksichtigt werden dabei sowohl zentrale Qualitätsmerkmale des experimentgestützten Chemieunterrichts (z. B. Kontextorientierung, kognitive Aktivierung) als auch spezifische sprachliche Anforderungen und Fördermöglichkeiten im Fach Chemie.

▶ Abschn. 3.5 schließlich gibt einen Ausblick mit **praktischen Anregungen zur Kooperation und Vernetzung** unterschiedlicher fachlicher Domänen – auch und gerade mit Blick auf einen Transfer der hier beschriebenen Konzepte.

3

3.1 Zur Rolle einer sprachbewussten Lehramtsausbildung Mathematik: Ein Gespräch mit Studierenden

Das Thema „Sprache im Fach Mathematik" ist aus wissenschaftlicher Perspektive so komplex wie interessant. Ziel der vorliegenden Konzepte und Beispiele für die Gestaltung von Lehrveranstaltungen ist es, Studierenden durch die interdisziplinäre Zusammenarbeit eine Sichtweise zu ermöglichen, bei der fachliche und sprachliche Aspekte im Studium sowie im Unterricht als zusammengehörig wahrgenommen werden. Zugleich soll dem Thema Sprachbildung – wie es eine Studentin während einer Veranstaltung einmal formuliert hat – mehr *Leichtigkeit* verliehen werden.

Um mit einem gewissen zeitlichen Abstand zu den Lehrveranstaltungen auch Eindrücke aus Studierendensicht zu gewinnen, wurden im November 2019 vier ehemalige Studierende eingeladen, die die Lehrveranstaltungen zur Vorbereitung und Begleitung des Praxissemesters Mathematik bei in den Jahren 2017/18 bzw. 2018/19 besucht hatten.

Das Gespräch war durch Impulse zu folgenden Themenblöcken locker vorstrukturiert:

- **Vorstellung der Studienprojekte**: Inwiefern sind Aspekte der Verknüpfung von Sprache und Fach in Ihre Studienprojekte mit eingeflossen?
- **Stellenwert des Themas Sprachbildung in Hochschule und Schule:** Welche Seminarthemen erachten Sie im Rückblick als besonders wichtig?
- **Forschen im Praxissemester:** Wie beurteilen Sie das Verhältnis von wissenschaftlichen und praxisbezogenen Anteilen im Rahmen des Seminarzyklus?
- **Methoden und Inhalte im Seminar:** Welche Methoden, welche Seminarinhalte, welche wissenschaftlichen Verfahren „bleiben" Ihnen für die Zukunft?

Die Gesprächsbeiträge werden im Folgenden in entsprechenden Abschnitten wiedergegeben. Zum Auftakt stellten die Studierenden die Studienprojekte vor, die sie während des Praxissemesters an den Schulen durchgeführt hatten. Dafür wurden den Studierenden ihre Prüfungshandouts zur Verfügung gestellt.

Wie das (aus Gründen der Lesbarkeit leicht adaptierte) Transkript zeigt, bestritten die Studierenden das Gespräch im Wesentlichen untereinander. Wir danken Isabelle Brachtendorf, Sümeyye Erbay, Nina Pooth und Yasin Türkmenoglu sehr herzlich für ihre Bereitschaft, gemeinsam einen Rückblick auf die Lehrveranstaltungen zu werfen. Bei Julia Stechemesser bedanken wir uns für die Unterstützung bei der Abschrift und Erstellung dieses Kapitels.

3.1.1 Vorstellung der Studienprojekte

In diesem Abschnitt werden die Studienprojekte, die die Studierenden im Rahmen der Praxissemestervorbereitung und des Begleitseminars erarbeitet und in der Schule durchgeführt haben, vorgestellt. Die Studierenden erläutern Inhalte und Rahmenbedingungen des Projekts und geben zentrale Ergebnisse wieder. Es schließt sich jeweils eine Reflexion an.

- **Studienprojekt 1: Numerische Aufgaben und Textaufgaben mit unterschiedlichen sprachlichen Hürden**

YT: „Ich habe in meinem Projekt die Mathematikleistung bei Textaufgaben mit unterschiedlichem sprachlichen Anspruchsniveau untersucht. Ich habe den Schülerinnen und Schülern Textaufgaben gegeben, wo bei gleichem Fachinhalt unterschiedlich viele sprachliche Hürden zu finden waren. Zusätzlich zu der jeweiligen Textaufgabe wurden die Aufgaben noch in der numerischen, also entkleideten Form, gelöst. Ich habe im Rahmen einer quantitativen Auswertung die Aufgaben der ganzen Klasse mit einem Punktesystem korrigiert und mir die entsprechenden Ergebnisse notiert. Die Ergebnisse haben gezeigt, dass die numerischen Aufgaben zu über 80 % richtig bearbeitet wurden. Die Aufgaben mit niedrigerem sprachlichen Anspruchsniveau wurden zu 64 % richtig gelöst und die sprachlich schwierigen Aufgaben haben 49 % richtig gelöst. Ich habe dann die interessantesten Lösungen herausgesucht und mit den Schülerinnen und Schülern ein Interview geführt. Am Anfang der Interviews sollten sie erzählen, wie sie die Aufgabe gelöst haben. Dabei konnten sie zuerst frei erzählen und dann habe ich konkretere Fragen gestellt. Ich habe die Schüler auf Fehler aufmerksam gemacht, um ihre Denkprozesse besser verstehen zu können. Bei Aufgaben wie: *Lisa geht einkaufen, sie kauft drei Lutscher zu je achtzig Cent und zwei Flaschen Cola zu je einem Euro zehn.*, wurde deutlich, dass schon einfache Präpositionen wie beispielsweise die Präposition *je* große Schwierigkeiten verursachen können, wenn sie übersehen werden. Aus diesem Grund habe ich dieses Projekt überhaupt begonnen. Eine Schülerin hatte dieses Wort übersehen, beziehungsweise sie wollte es übersehen, weil sie es nicht verstanden hat. **Ich habe daraus gelernt, dass wirklich einfache Wörter, die für uns normal sind, für Lernende, und damit meine ich auch Muttersprachler, große Schwierigkeiten darstellen können.** Ich habe mir dann die Frage gestellt, ob ich als angehender Lehrer zum Beispiel im Rahmen von Prozentrechnung, wo Präpositionen eine wichtige Rolle spielen, nur die Mathematikleistung bewerte oder ob ich tatsächlich die sprachlichen Leistungen bewerte. Würden die Schülerinnen und Schüler die entkleidete Aufgabe richtig lösen? Sollte man beim Bewerten Sprache und Mathematik voneinander trennen oder gehört zu der Mathematik das Beherrschen der Fachsprache dazu? Also sind Bewertungen fair, bei denen sprachliche Komponenten gar nicht einbezogen werden? Ist die Aufgabe des Mathelehrers doch nur das Beibringen einer Formel? Ich habe eine Sensibilität dafür gewonnen, dass Fachsprache explizit und an die Zielgruppe angepasst vermittelt werden muss. Ich versuche, in meinem Rahmen und aufgrund der Literatur, die wir im Seminar behandelt haben, mit der Problematik umzugehen. Ich habe bei meinem Projekt die Textaufgaben natürlich vorher durchdacht, aber die Fragen im Interview waren der Dynamik des Gespräches untergeordnet. Ich konnte schon Einblicke in die Prozesse gewinnen, aber beim nächsten Mal würde ich systematischer vorgehen. **Eigentlich sind die Interviews das Herzstück des Ganzen, weil ich dort eins zu eins die Prozesse nachvollziehen konnte.** Im Nachhinein hätte ich bei den Interviews ein bisschen organisierter sein können. Ich habe sehr offen angefangen, um das Gespräch ein bisschen lockerer zu machen und ich wusste im Interview ja, an welchen Stellen die Schülerinnen und Schüler Schwierigkeiten hatten. Ich habe die Aufgaben gesammelt und konnte mir in den Aufgabenbearbeitungen die Stellen markieren. Dann habe ich versucht, die Fragen konkret auf ein bestimmtes Problem einer Schülerin oder eines Schülers zu beziehen. Vielleicht hätte ich das anders machen sollen. Ich habe auf diese Weise das Gespräch sehr gelenkt; beim nächsten Mal würde ich darauf achten, dass die Fragen systematischer gestellt werden. Die Dynamik sollte aber trotzdem aufrecht erhalten bleiben."

3

- **Studienprojekt 2: Textaufgaben in deutscher und türkischer Sprache**

SE: „Meine Forschungsfrage war: Welche Unterschiede lassen sich bei mehrsprachigen Schülerinnen und Schülern bei der Bearbeitung von Textaufgaben in der Muttersprache und in der deutschen Sprache feststellen? Mein Ziel war es, fachliche und sprachliche Auffälligkeiten von Schülerinnen und Schülern mit Migrationshintergrund zu ermitteln. Ich habe zehn Schülern der 9. Klasse zwei Aufgaben gestellt. Die eine Aufgabe war in deutscher Sprache und die andere Aufgabe war in türkischer Sprache. Ich habe die Schüler gebeten, die Aufgaben in der jeweiligen Sprache zu bearbeiten. Die Aufgaben bezogen sich thematisch auf lineare Gleichungssysteme. Dazu muss ich noch erwähnen, dass der Notendurchschnitt zum Thema lineare Gleichungen in der Klasse nicht gut war. Die Ergebnisse haben gezeigt, dass die Schülerinnen und Schüler sowohl bei der türkischen als auch bei der deutschen Aufgabe Schwierigkeiten hatten, die Textaufgabe zu verstehen und die mathematischen Anforderungen zu erfüllen. Insgesamt hatten sie bei der türkischen Aufgabe größere Schwierigkeiten. **Ich glaube, man hat häufig die Vorstellung, dass ein Kind, das zweisprachig aufgewachsen ist, beispielsweise Türkisch besser sprechen und verstehen kann als Deutsch. Bei der Aufgabe war es aber nicht so. Die Schwierigkeiten im Türkischen ergaben sich aus Problemen mit der Bildungssprache.** Wenn die Kinder hier aufwachsen, nehmen sie am deutschen Mathematikunterricht teil und Aufgaben werden auf Deutsch bearbeitet. Dementsprechend fiel es den Schülerinnen und Schülern schwer, typische mathematische Begriffe wie beispielsweise *Additionsverfahren* zu übersetzen. Im Nachhinein hätte ich die Schülerinnen und Schüler gerne interviewt, weil es mich sehr interessiert hätte, warum ihnen die Aufgabenbearbeitung so schwergefallen ist. Fünf von ihnen haben die Aufgabe gar nicht bearbeitet, was ich auch sehr interessant fand."

- **Studienprojekt 3: Sprachliche und mathematische Hürden bei kontextgebundenen Aufgaben**

IB: „Meine Forschungsfrage war: Wie strukturieren Lernende den Prozess der Bearbeitung kontextgebundener Aufgaben und auf welche innermathematischen und sprachlichen Hürden stoßen sie dabei? Ich habe einem Schüler und einer Schülerin der 8. Klasse Blütenaufgaben zu linearen Gleichungen vorgelegt, die immer schwieriger wurden. Die beiden haben sich bei der gemeinsamen Bearbeitung selbst mit dem Smartphone aufgenommen und ich habe das im Anschluss transkribiert. Dann habe ich analysiert, wie sie bei der Lösung der Aufgabe vorgegangen sind und welche sprachlichen und mathematischen Probleme sie hatten. Obwohl sie die Aufgaben ein paar Wochen zuvor im Unterricht gelöst hatten, hatten sie überhaupt keinen Ansatz. Sie wollten die Aufgabe zuerst mithilfe einer Skizze lösen, was nicht funktioniert hat. Dann haben sie es mit Ausprobieren versucht, hatten aber extreme Probleme, sich gegenseitig zu verstehen bei dem, was sie da gemacht haben. Also der eine hat das gesagt, der andere hat das dann aber nicht verstanden und sie haben versucht, zusammen zu arbeiten, aber das war eben auf sprachlicher Ebene relativ schwierig. **Durch das Projekt habe ich gelernt, dass man Vorgehensweisen mit Schülerinnen und Schülern intensiv üben muss. Und mir ist bewusst geworden, wie sprachintensiv Mathematik eigentlich ist.** Es ist außerdem wichtig, dass Schülerinnen und Schüler Strategien verinnerlichen. Beim nächsten Mal würde ich den Schülerinnen und Schülern nicht so viele Aufgaben geben. Ich habe ihnen viele arithmetische Aufgaben gegeben und hatte dann im Nachhinein das Problem, eine Forschungsfrage zu finden, die dazu passte. Ich bin dabei, glaube ich, etwas untypisch vorgegangen, weil ich mir die genaue Forschungsfrage erst im Nachhinein überlegt und hundert Mal umgeworfen habe. Ich hätte die anderen Aufgaben einfach weglassen können und mich nur auf die Textaufgaben fokussieren können."

- **Studienprojekt 4: Vergleiche mit relativer Häufigkeit in der sechsten Klasse**
NP: „In meinem Projekt ging es um das Thema relative Häufigkeit. In der sechsten Klasse wurden den Schülerinnen und Schülern Prozentzahlen beziehungsweise Brüche und Zusammenhänge erklärt. Ich wollte, dass den Schülerinnen und Schülern bewusst wird, warum dieses Thema wichtig ist. Ich habe dann überlegt, dafür die relative Häufigkeit zu nutzen. Ich glaube, es ist generell wichtig, das *Warum* gleich am Anfang zu klären. Meine Forschungsfrage lautet: Inwiefern können Schülerinnen und Schüler der Klasse 6 einen Vergleich mit Hilfe der relativen Häufigkeit anstellen, ohne diese explizit erlernt zu haben? Inwiefern sind sie in der Lage, ihre Ergebnisse zu versprachlichen? Dafür habe ich zuerst eine Aufgabe konzipiert, die sich durch die Auswahl des Themas *Fortnite* an den Interessen der Schülerinnen und Schüler orientiert hat. Ich habe dann Aussagen konzipiert, die die Schüler als richtig oder falsch bewerten sollten. Dazu habe ich ihnen Formulierungshilfen gegeben. In einer weiteren Aufgabe wurden dann die relativen Häufigkeiten von zwei Klassen verglichen, wodurch ich letztendlich meine Forschungsfrage beantworten konnte. Gerade im Fach Mathematik gab es in dieser Klasse viele Defizite. Für die Argumentationen haben wir mit Scaffolding gearbeitet. Die Ergebnisse haben gezeigt, dass die acht Schülerinnen und Schüler, die bisher eine Klasse wiederholen mussten oder große Probleme im Fach Mathematik hatten, auch die Aufgaben nicht beantwortet haben. Am Ende konnte ich sagen: Ja, es ist möglich, diesen Vergleich über die relative Häufigkeit bereits in der sechsten Klasse anzustellen und nicht, wie der Lehrplan es vorgibt, in der achten oder neunten Klasse. Das liegt daran, dass in der Klasse die Lernvoraussetzungen und das Vorwissen über Brüche und Prozentzahlen gegeben waren. Meine Ergebnisse haben dem Leistungsniveau der Klasse entsprochen. Bezüglich der Frage, ob die Schülerinnen und Schüler in der Lage waren, das zu versprachlichen, bin ich zu dem Ergebnis gekommen, dass es in diesem Bereich große Probleme gab. **Ich habe durch das Studienprojekt natürlich gemerkt, dass Sprache in der Mathematik eine Rolle spielt. Ich habe auch unabhängig von meinem Projekt erfahren, wie häufig Scaffolding eingesetzt wird und dass Versprachlichungsmöglichkeiten mittlerweile tatsächlich in den Unterricht gelangen.** Insgesamt denke ich, Textaufgaben sollten nicht zu sehr vereinfacht werden, damit man den Schülerinnen und Schülern nicht die Möglichkeit nimmt, daran zu wachsen. Auf der anderen Seite sollen sie aber auch nicht mit zu schwierigen Aufgaben überfordert werden. Es geht darum, eine Mitte zu finden. Man kann dann sagen: Ok, diese Aufgabe ist zu schwer und ich mache die ein bisschen leichter. Die Präposition *je* lasse ich in der Aufgabe und erkläre sie im Unterricht. Man kann den Schülerinnen und Schülern dadurch die Möglichkeit geben, daran zu wachsen, und das war für mich eine wichtige Erkenntnis. Wenn ich dieses Projekt noch einmal durchführen würde, würde ich eine ähnlich komplexe Problemstellung wählen. Ich würde die Aufgabenstellung präziser und simpler gestalten, direkt mehr Möglichkeiten des Scaffoldings einbinden sowie Differenzierung ermöglichen, beispielsweise in Form von Blütenaufgaben. Ich würde kleinschrittiger vorgehen und für das Projekt einen längeren Zeitraum einplanen."

3

3.1.2 Stellenwert des Themas Sprachbildung in Hochschule und Schule

Im folgenden Gesprächsausschnitt geht es um den Stellenwert von Sprachbildung im Lehramtsstudium allgemein sowie das Verhältnis von Mathematikdidaktik und Sprache in den Lehrveranstaltungen. Es wird deutlich, dass die Studierenden den konkreten Fachbezug für wichtig halten. Mit Blick auf die Schulpraxis zeigt sich, dass die Studierenden ein Bewusstsein für das Thema „Sprache im Fach" entwickelt haben und auch konkrete Umsetzungsmöglichkeiten im Unterricht kennen.

- **Gesprächsausschnitt 1, Sprachbildung in Hochschule und Schule**

IB   Ich fand das ganz gut an unserem Seminar, dass wir von Anfang an einen roten Faden hatten, der sich durchzog, was die Thematik anging: dass es immer um Sprache und Mathematik ging und nicht irgendwie so eine bunte Mischung aus allem Möglichen war, das nicht miteinander in Verbindung steht.

SE   Ja, das finde ich auch. Ich finde es gut, dass es diese Angebote gibt, bei denen ein Fach mit Deutsch als Zweitsprache kooperiert. Allerdings ist es möglich, dass Studierende mit dem Thema Sprachsensibilität nicht in Berührung kommen, wenn sie diese Seminare nicht bewusst wählen. Es wäre wünschenswert, dass sich alle Studierenden mit diesem Thema auseinandersetzen müssten.

NP   Wir kommen ja durch das DaZ-Modul allgemein mit Sprachbildung in Berührung, aber eben nicht spezifisch in Verbindung mit dem Fach Mathematik. **Ich finde, es ist schon wichtig, dass man den ganz klaren Bezug zu seinem Fach gewinnt.**

YT   Wir sind ja alle Sek-I-Studierende, ne? Die Uni ist ja dafür zuständig, uns Wissen zu vermitteln, das wir im Unterrichtsalltag verwenden können. Und ich denke, es ist eine Verweigerung der Realität, wenn man das System in dem Sinne tricksen kann, dass man einfach andere Seminare wählt. **Also um es auf den Punkt zu bringen: Ich glaube nicht, dass es irgendeinen Mathematikunterricht gibt, in dem man keine sprachförderlichen Elemente braucht.** Das Thema Sprachförderung ist im Studium meiner Meinung nach immer noch zu wenig vertreten. Und ich glaube, dass viele Kollegen und Kolleginnen in der Schule mit der Situation überfordert sind. Hier in diesem Seminar habe ich für mich persönlich die Chance gehabt, Empathie aufzubauen. Ich meine, ich habe sowieso erst die türkische Sprache erlernt, danach die deutsche; für mich ist das Thema sowieso schon sensibel. Solche Seminare können eine Empathie aufbauen und haben das ja auch getan. Ich erinnere mich noch daran, dass wir im Seminar eine Aufgabe auf Englisch oder auf einer Sprache, die wir nach der Deutschen am besten können, bearbeiten sollten. **Dabei merkt man erst, welche Probleme Schülerinnen und Schüler haben, die vor Aufgaben in einer Sprache gestellt werden, die sie nicht oder nicht so gut verstehen.** Ich finde es für angehende Lehrer und Lehrerinnen wichtig, eine Sensibilität zu entwickeln.

SG   Wie haben Sie das Verhältnis von Sprache und Mathematikdidaktik in dem Seminar empfunden?

IB   Ich fand das Verhältnis von Sprache und Mathe eigentlich sehr ausgewogen. Wir hatten davor relativ viele Seminare, die sich ausschließlich mit Mathematik befasst haben. Daher fand ich es erfrischend, eine andere Perspektive einzunehmen, die sonst zu kurz kommt.

NP Sprache hatte im Seminar die ganze Zeit „beiläufig" oder „nebenbei" einen gewissen Stellenwert. Das ist ja stellvertretend dafür, wie es später auch in unserem Unterricht sein soll. Und ich finde, das kann man sehr gut übertragen.

SG Sie haben im letzten Seminar über eine gewisse Leichtigkeit in Bezug auf das Thema Sprachbildung und Mathematikunterricht gesprochen.

NP Ja, das stimmt. Im Praxissemester habe ich zum Beispiel eine Lehrerin kennengelernt, die viele Fortbildungen zum Thema Sprachbildung im Fach Mathematik besucht und viel neuen Input geben kann. Sie integriert Sprachförderung in den Unterricht, indem sie bei den Schülern einfach mal nachfragt: „Wie meinst du das denn genau?" oder „Erklär doch mal, wie bist du da vorgegangen bist." **Und das meine ich mit „Leichtigkeit": Dass es gar nicht so schwer ist, dass man keinen Riesenberg vor sich sehen muss als Student oder als Lehrer. Dass man eben schon mit Kleinigkeiten etwas bewirken kann.** Man muss sich nicht für jede Unterrichtsstunde lange auf einen sprachsensiblen Umgang vorbereiten. Es geht mehr darum, spontan im Unterricht eine Chance zu ergreifen. Und was das Seminar vielleicht gerade gezeigt hat: Dass es ja manchmal schon reicht, wenn man kleine Worte in einer Aufgabenstellung bespricht oder kleine Veränderungen vornimmt und damit die Schüler schon sprachlich unterstützen kann.

YT Ich wollte noch einen allgemeineren Punkt anmerken. Die Situation im Praxissemester ist in Bezug auf die zeitlichen Ressourcen, die einer Lehrkraft zur Verfügung stehen, ein bisschen künstlich. Im schulischen Alltag wird man nie die Möglichkeit haben, sich so intensiv mit einer Klasse zu beschäftigen. Daher würde ich mich dem anschließen, was vorhin gesagt wurde: Durch solche interdisziplinären Seminare entwickelt man einfach so ein **Bewusstsein für bestimmte oder für potenzielle Hürden** und man sorgt mit kleinen Hilfen dafür, dass die Kinder lernen, diese Hürden zu bewältigen.

3.1.3 Forschen im Praxissemester

In diesem Gesprächsausschnitt geht es um die Bedeutung forschenden Lernens im Praxissemester. Einerseits wird der Sinn des forschenden Lernens mit Blick auf die spätere Unterrichtstätigkeit in Frage gestellt. Andererseits verdeutlichen die Studierenden, dass sie durch die intensive Auseinandersetzung im Studienprojekt neue Perspektiven einnehmen und theoretische Ansätze besser auf die Schulpraxis beziehen können. Das forschende Lernen wird zudem als Chance gesehen, um eigene Hypothesen zu überprüfen und verschiedene Methoden auszuprobieren.

- **Gesprächsausschnitt 2, Forschen im Praxissemester**

NP Wir sind ja alle Lehramtsstudenten. Wir möchten alle in die Schule gehen und Wissen vermitteln – aber keiner von uns hat sich ja dafür entschieden zu forschen. Und auf einmal wird uns abverlangt, dass wir Forschungsfragen entwickeln. Normalerweise liefert man im Studium einfach ab. Man fragt sich gar nicht mehr, was einen selbst interessiert, was man selbst erforschen möchte. Forschung ist keine Richtung, in die man selbst gehen möchte. Ich finde, das driftet von dem eigentlichen Ziel ab, aber vielleicht ist das auch ein falscher Blickwinkel.

SE Ich verstehe, was du meinst. Ich habe mich im Praxissemester auch gefragt, warum wir das machen.

3

NP Ja, warum sollen wir forschen? Natürlich werfen sich im Praxissemester Fragen auf, aber die Formulierung dieser Fragen und das Finden von Antworten ist so weit von dem entfernt, wo wir eigentlich hinmöchten. Es ist eine andere Richtung als die, die wir eigentlich eingeschlagen haben.

IB Ja, ich finde aber, dass das schon auch von der Frage abhängt, der du auf den Grund gehst. Manche Fragestellungen können dich für deine spätere Berufstätigkeit schon weiterbringen.

NP Ja, das stimmt, man kann mal einen anderen Blickwinkel auf die Sachen werfen, und es steht nicht immer nur die reine Wissensvermittlung im Vordergrund.

IB Ja, zum Beispiel auch die Arbeit mit Audios oder Videos, die eben angesprochen wurde.

SE Ich glaube, da ist es wichtig, dass das Thema einen einfach interessiert, ne?

NP Genau, ich möchte nicht in Frage stellen, dass es einen weiterbringen kann. Nur diesen Schritt des wissenschaftlichen Aufbereitens von Fragen und dann die Auswertung der Daten, das ist . . .

IB Hast du das so empfunden? Ich muss zugeben, ich hatte nie das Gefühl, dass ich so richtig wissenschaftlich arbeite, weil ja auch alles in einem so kleinen Rahmen war.

FS Vielleicht machen wir das nochmal konkret. Frau P., Sie hatten zum Beispiel die Forschungsfrage: Inwiefern können Schülerinnen und Schüler der sechsten Klasse einen Vergleich mit Hilfe der relativen Häufigkeiten anstellen, ohne dies vorher explizit thematisiert zu haben und inwiefern sind sie in der Lage ihre Ergebnisse zu versprachlichen? Wenn Sie diese Forschungsfrage jetzt rückblickend betrachten, haben Sie eine Antwort auf Ihre Forschungsfrage gefunden?

NP Ja, natürlich, und sich sage ja auch nicht, dass das alles keinen Sinn ergibt. Es hat sich zum Beispiel herausgestellt, dass Inhalte, die eigentlich nach dem Lehrplan erst später vermittelt werden sollten, schon früher verwendet werden können. **Das war eine Erkenntnis, die ich ja nicht nur für dieses spezielle Thema, sondern generell für mich gewonnen habe.**

YT Also ich sehe das Ganze so: Jeder weiß ja, wie man theoretisch ein Auto fährt, aber solange man nicht selbst gefahren ist, kann man das Auto auch nicht fahren. Ein Beispiel: Aus der Literatur wusste ich natürlich, dass es sprachliche Hürden gibt. **Aber erst als ich im Rahmen des Studienprojekts den Kontakt zu den Schülerinnen und Schülern hatte und mit ihnen darüber geredet habe und ihre Sichtweise reflektiert habe, ist mir das Problem so richtig bewusst geworden.** Deswegen finde ich es sehr gut, dass die Möglichkeit besteht, das auszuprobieren, bevor man in den Lehreralltag einsteigt.

IB Ja, dann kann man auch über den Tellerrand hinausschauen.

YT Also, dass man experimentiert, in diesem Sinne.

IB Also man kann im Studium auch mal etwas machen, was vielleicht nicht unbedingt direkt etwas mit dem Berufsleben zu tun hat.

YT Ich glaube, wenn man später im Referendariat und dann im Berufsalltag ist, ist man nicht mehr so offen gegenüber neuen Sachen. Man ist so sehr von Dingen gestresst und fragt sich, wie man das Ganze bewältigen soll, anstatt nach neuen Methoden zu suchen. Das war auch die Resonanz von Kollegen, mit denen ich darüber gesprochen habe. Man sollte als angehender Lehrer beziehungsweise als angehende Lehrerin offen sein für das Lesen wissenschaftlicher Bücher und die Auseinandersetzung mit der Wissenschaft. Ich habe im Praxissemester bemerkt, dass viele Personen an der Schule die Ansätze aus dem Bereich Deutsch als Zweitsprache, die in der Literatur beschrieben werden, nicht kennen. Und manchmal wurde Fleiß und nicht die Sprache als Erklärung benutzt, warum ein Schüler oder eine Schülerin eine Sache versteht oder nicht. Aus diesem Grund sollte der wissenschaftliche Anteil an der Universität stärker fokussiert werden als zum Beispiel praktische Aspekte wie die Unterrichtsplanung. Wenn eine Lehrkraft Prozesse und Faktoren, die im Lernprozess wichtig sind, nicht versteht, ist selbst die beste Unterrichtsplanung nicht hilfreich.

SE   Ich finde, das eine schließt das andere nicht aus. Wenn ich zum Beispiel Unterricht planen würde und Deutsch als Zweitsprache wäre ein Bestandteil, dann wäre ja auch die Sprachsensibilität ein entscheidender Faktor darin, oder?

YT   Ja genau, ich wollte nur noch mal auf die Kritik eingehen, dass das Praxissemester zu wissenschaftlich ist. Ich empfinde den universitären Teil des Praxissemesters nicht als zu wissenschaftlich. Ich denke, es ist eine Chance für die Studierenden, so zu arbeiten. Das schließt nicht aus, dass ich im Berufsalltag noch weiter forsche, ich habe hier ja die Methoden kennengelernt. In Bezug auf ältere Lehrkräfte möchte ich auch nicht pauschalisieren. Sie haben aber häufig weniger Kontakte zur Universität aufbauen können und in Gesprächen zum Thema Sprachsensibilität kristallisiert sich schnell heraus, wie Ursachen für Probleme geschildert werden. Ich denke, dass die Seminare insbesondere im Fach Mathematik eine gute Möglichkeit bieten, in einem reflektierten Raum Wissen vermittelt zu bekommen und forschen zu können.

FS   … was natürlich genau das ist, was wir uns fürs Praxissemester wünschen: Dass Sie als Studierende die Zeit haben, in einem geschützten Rahmen etwas auszuprobieren und das zusammen in der Universität theoretisch zu reflektieren und zu vertiefen. Das ist so das Idealbild des forschenden Lernens, wo Theorie und Praxis wirklich zusammenkommen.

SG   Und die Idee dahinter ist natürlich, dass Sie das später auch anwenden können. Wenn Sie das einmal gemacht haben und gemerkt haben: „Ok, ich habe wirklich eine Antwort dadurch bekommen", können Sie auch später als Lehrer oder Lehrerin ein Problem mit der Klasse wissenschaftlich angehen, also Daten sammeln, systematisch anschauen und eventuell etwas am Unterricht verändern. Das ist der große Bereich der Lehrerhandlungsforschung oder Aktionsforschung. Wir haben natürlich die Hoffnung, dass Sie durch das forschende Lernen auch in Ihrer Lehrtätigkeit später objektiver an Probleme herangehen können.

NP   Ich glaube, die Sätze, die Sie gerade formuliert haben, hätten mir zu Beginn des Seminars geholfen. Es wäre für mich logischer gewesen, wenn ich die Ziele, dass man später als Lehrkraft forschen können soll und dass Probleme dadurch objektiver bewältigt werden können, direkt verstanden hätte. Ich würde diese Ziele zu Beginn eines Seminars transparent machen. Das wäre die optimale Antwort auf die Frage: „Warum sind wir hier?"

FS   Diese Diskrepanz wird ja häufig erlebt: „Wir sitzen hier und wissen gar nicht, was wir tun sollen und denken uns irgendwelche Studienprojekte aus, die nichts mit der Realität zu tun haben."

NP   Ich glaube, den Sinn versteht man oft erst im Nachhinein. Ich hatte heute noch ein Reflexionsgespräch in meinem anderen Fach. Als ich mir mein eigenes Studienprojekt nochmal durchgelesen habe, habe ich erst so richtig begriffen, was das für mich tatsächlich bedeutet. Manchmal hat man erst Wochen oder Monate später so ein Aha-Erlebnis. Wenn das Ziel vorher vorgegeben wird, steigert das vielleicht die Motivation, Inhalte zu erarbeiten.

3.1.4 Forschungsfragen finden

Im folgenden Interviewausschnitt geht es um das Thema „Finden einer Forschungsfrage", das die Studierenden im Kontext des Praxissemesters als besonders wichtig empfinden. Sie gehen insbesondere auf die Schwierigkeit ein, aus einem individuellen Interesse heraus eine geeignete Forschungsfrage zu entwickeln. Als hilfreich wird der Austausch in der Seminargruppe, aber auch die Unterstützung durch die Dozierenden eingeschätzt. Letzteres ist gerade an einer solch sensiblen wie wichtigen Stelle im Forschungsprozess (dem Finden von Forschungsfragen) auch inhaltlich nachvollziehbar, wenngleich das Ziel solcher forschenden Lernprozesse natürlich darin besteht, Studierende zu selbständigem wissenschaftlichen Arbeiten anzuleiten.

- **Gesprächsausschnitt 3, Forschungsfragen finden**

FS Welche Themen haben Sie in Bezug auf das Studienprojekt im Praxissemester als besonders wichtig empfunden?

NP Für mich war eines der wichtigsten Themen im Seminar, wie man eine Forschungsfrage findet. Damit tue ich mich furchtbar schwer. Bei mir haben sich super viele Forschungsfragen aufgeworfen, die aber dann alle doch nicht Hand und Fuß hatten. Dazu gehörte zum Beispiel die Frage, wie man Frustration im Fach Mathematik vorbeugen kann, oder welche Methoden sich eignen, um die Angst vor dem Fach Mathematik zu reduzieren. Nur darauf zu achten, welche Fragen einen wirklich interessieren, ist vielleicht nicht der einzige Weg, eine Forschungsfrage zu finden.

YT Bei mir resultierte die Forschungsfrage aus der Frage, wie ich, insbesondere in Bezug auf die Sprache, mit den bestehenden Problemen umgehen würde. **Dass die Mathematik mit ihren Textaufgaben auch für Muttersprachler sprachliche Hürden bereithält, kann ja niemand abstreiten. Aber wie gehen Lehrer damit um? Wie würde ich damit umgehen? Das war sozusagen meine Motivation, und daraus habe ich dann eine Forschungsfrage entwickelt.**

FS Wenn wir die Projekte in ihrer Entwicklung betrachtet haben, ist uns aufgefallen, dass bei vielen Studierenden häufig solche Ausgangsfragen da waren: Wie ist die Motivation im Mathematikunterricht? Wie ist die sprachliche Entwicklung? Wie kann ich bestimmte Dinge fördern? Und dass diese Fragen im Verlauf immer spezifischer wurden. Können Sie das auf Ihren eigenen Prozess anwenden oder war das bei Ihnen nicht so?

NP Ja, doch, innerhalb des Seminars, das stimmt. Ich formuliere es vielleicht einmal anders: Innerhalb des Seminars bin ich gut unterstützt worden, sodass ich die Formulierung einer Forschungsfrage geschafft habe. Trotzdem fände ich aber auch eine Hilfestellung wichtig, die mich beim selbstständigen Finden einer Forschungsfrage unterstützt.

FS Und was waren Punkte, die Sie als Unterstützung empfunden haben?

NP Die Nachfragen der Dozenten ...

IB ... und der Austausch im Seminar. Wenn man alleine zuhause ist und überlegt, worüber man ein Projekt machen kann, ist das schwierig. **Dass wir uns im Seminar ausgetauscht haben, dass wir uns die Projekte gegenseitig vorgestellt und Schwächen und Stärken herausgearbeitet haben: Das fand ich hilfreich.** Das ist eine gute Vorbereitung. Aber du hast recht, der Austausch mit den Dozenten ist da nochmal ein bisschen ...

NP ... expertenhaltiger, ja.

IB Es ist schön, wenn jemand dabei ist, der die Thematik besser überblicken kann.

SE Ja, ich weiß noch genau, wie ich vor meinen Daten saß und dachte: Was hab' ich denn da herausgefunden? Ich dachte, ich habe gar nichts herausgefunden, was spannend ist. Da hat mir die individuelle Beratung schon sehr weitergeholfen.

SG Könnten Sie vier sich, wo Sie diesen Prozess schon einmal durchlaufen haben, bei einem neuen Problem besser helfen?

IB Ich glaube schon, aber ad hoc fände ich das schwierig, ich bräuchte dafür länger Zeit. Wenn ich zuhause in Ruhe darüber nachdenken würde und auch ein bisschen Zeit hätte, etwas zu recherchieren, dann könnte ich besser Hilfestellung geben.

3.1.5 Methoden und Inhalte im Seminar

Abschließend wird über die Methoden und Inhalte aus dem Seminar gesprochen, die den Studierenden besonders in Erinnerung geblieben sind und die sie als besonders wichtig für ihre spätere Tätigkeit als Lehrkräfte einschätzen. Als Beispiele werden forschungsmethodische Aspekte (z. B. Audio-/Videoanalyse), das Thema der sprachbewussten Aufgabenvariation sowie die eigene Sensibilisierung für die Bedeutung von Sprache im Fachunterricht genannt.

- **Gesprächsausschnitt 4, Methoden und Inhalte im Seminar**

SG Was bleibt Ihnen besonders im Gedächtnis von dem, was wir mit Ihnen in den zwei Semestern erarbeitet haben und was Sie selbst im Studienprojekt erarbeitet haben? Welche Inhalte und Methoden können Sie auf Ihren aktuellen Unterricht beziehen, wenn Sie schon in der Schule tätig sind? Gibt es wissenschaftliche Verfahren, die Sie anwenden können, um Ihre Schüler besser zu verstehen?

IB Für mich persönlich war es super spannend, die **Schüler aufzunehmen und diese Aufnahme dann zu analysieren.** Dadurch konnte ich ihre Herangehensweisen bei der Aufgabenbearbeitung nachvollziehen. Im Unterricht sieht man ja meistens hinterher nur das Ergebnis und kann den Denkprozess, der im Kopf stattfindet, nicht nachvollziehen. Ich könnte mir vorstellen, das später in Einzelfällen auch mal im Unterricht einzusetzen. Ich würde die Schüler bitten, ihre Denkprozesse aufzuschreiben und zu erklären oder bei der Partnerarbeit eine Audioaufnahme zu machen. Es ist zwar immer so eine Sache mit dem Datenschutz, aber grundsätzlich ist es ja kein großer Mehraufwand. Also das fand ich super spannend und da wäre ich vorher vielleicht gar nicht so auf die Idee gekommen.

NP Ich fand das Thema Aufgabengestaltung und Aufgabenvariation super spannend. Mir sind in Mathebüchern schon oft Aufgaben aufgefallen, die nicht gut formuliert und für die Schüler unmotivierend waren. Jetzt habe ich einen kleinen Methodenpool, wie ich Aufgaben mit einfachen Mitteln selbst umgestalten oder

3

umstrukturieren kann. Das fand ich mega spannend, weil ich damals genau zu den Schülern gehört habe, die große Probleme mit Textaufgaben hatten – auch wenn ich ja Muttersprachlerin bin. Ich finde es auch wichtig, eine Aufgabe so zu gestalten, dass die Schüler sie interessant finden. Bei vielen Aufgaben geht es um Themen wie beispielsweise Bakterien, wo die Schüler sagen: Das interessiert mich einfach nicht. Als Lehrkraft kann man auch einfach mal so nett sein und eine Aufgabe anpassen: Erstens, wie gesagt, um die Schüler fachlich und sprachlich zu fördern, gleichzeitig aber auch, um sie zu motivieren. Das fand ich sehr interessant.

SE   Da kann ich euch zustimmen. Im Praxissemester konnte ich das **Lehrerhandeln reflektieren** und sagen: Ok, das würde ich jetzt anders machen. Ich würde die Aufgabenstellung öffnen oder komplett umformulieren. Wenn ich jetzt teilweise noch Arbeitsblätter für Fünftklässler sehe, kann ich mir echt nicht vorstellen, dass einige Lehrer einfach gar nicht darüber nachdenken, auch wenn an der Schule viele sprachlich schwache Schüler sind. Aber genau das nehme ich auf jeden Fall mit: Ich habe so eine **Sensibilität** bekommen und das finde ich ganz schön und deswegen war dieses Seminar auch wichtig. Und ich fände es einfach gut bzw. eigentlich eher selbstverständlich, wenn jeder Student damit in Berührung kommt.

YT   Was mir aus dem Seminar besonders in Erinnerung geblieben ist: Einmal sollten wir eine Aufgabe in englischer Sprache oder in einer anderen Zweitsprache erklären. **Da wurde mir wirklich zum ersten Mal bewusst, dass ich in meiner vermeintlichen Muttersprache** [d. h. im Türkischen] **gar keine mathematischen Begriffe in diesem Sinne kenne und dass somit die Sprache der Mathematik eigentlich für jeden eine Zweitsprache darstellt, die eigene Strukturen und Ansprüche hat.** Mir ist auch in Erinnerung geblieben, dass ich es schwierig fand, die Probleme von Schülern zu lokalisieren. Das ist ein komplexer Prozess, denn die Schwierigkeiten können von mehreren Faktoren abhängig sein. Wir haben in dem Seminar eine Videoaufnahme gesehen von einem Interview mit zwei Schülern. Daran kann man sich orientieren und **ich kann mir vorstellen, diese Methode anzuwenden, wenn ein Schüler oder eine Schülerin Probleme hat.** Ich würde dann wieder mit Aufgaben arbeiten oder Interviews durchführen, um herauszufinden, wo die Schwierigkeiten wirklich liegen. Das könnte dann vielleicht Einfluss darauf haben, dass ein Schüler oder eine Schülerin erfolgreich wird.

3.2 Deutsche und türkische Schüler*innenlösungen im Vergleich

Sümeyye Erbay

Der vorliegende Beitrag thematisiert ein Studienprojekt, welches im Rahmen des Praxissemesters 2018 an einer Realschule im Fach Mathematik mit Schüler*innen der neunten Jahrgangsstufe durchgeführt wurde. Dabei wurde folgende Fragestellung fokussiert: *Welche Unterschiede lassen sich bei mehrsprachigen Schüler*innen bei der Bearbeitung von Textaufgaben in der Herkunftssprache und in der deutschen Sprache feststellen?*

Das Ziel dieses Projektes war es, sowohl inhaltliche als auch sprachliche Besonderheiten bei den Bearbeitungen der Schüler*innen zu ermitteln. Um die Bearbeitung von Textaufgaben in der Herkunftssprache (in dem Fall Türkisch) und in der deutschen Sprache genauer zu untersuchen, haben die Schüler*innen zwei Aufgaben schriftlich bearbeitet. Hierfür wurden folgende vergleichbare Aufgaben auf Deutsch und Türkisch formuliert, die die Schüler*innen in der jeweiligen Sprache bearbeiten sollten.

Zwei vergleichbare Aufgaben auf Deutsch und Türkisch (mit deutscher Übersetzung) zur Bearbeitung durch die Schüler*innen

1) Familie Müller will sich für den Urlaub ein Wohnmobil leihen. Sie bekommt zwei Angebote:

A: Grundgebühr 240 € und für jeden Tag der Nutzung 12 €.

B: Grundgebühr 128 € und für jeden Tag der Nutzung 20 €.

a) Gib die Funktionsgleichung für beide Angebote an. Bestimme vorher, was x und y bedeuten.

b) Stelle beide Funktionsgleichungen grafisch dar. Was bedeutet der Schnittpunkt der beiden Geraden?

c) Prüfe rechnerisch nach, ob du in (b) genau gezeichnet und den Schnittpunkt richtig abgelesen hast. Wende dafür ein dir bekanntes Lösungsverfahren an. Benenne erst, welches Verfahren du anwendest.

d) Welches Angebot sollte Familie Müller nutzen, wenn sie für 3 Wochen in den Urlaub fahren will? Begründe ausführlich (in mindestens 2 Sätzen).

2) 10b sınıfı mezuniyet için tişörtlerini mümkün olduğunca ucuza satın almak istiyorlar. Bunun için yapmaları gereken sadece iki teklif arasında seçim yapmaktır.

1. Teklif: Bir baskılı tişört 15 € ve tek seferlik işlem ücreti 18 €.

2. Teklif: Internet üzerinden aldıkları teklifte ise bir tişört 13 €'ya ve ayrıca tek seferlik baskı ve teslimat için 70 € hesaplanıyor.

a) Her iki teklifin fonksiyonel denklemini kur ve ayrıca x'i ve y'yi belirle.

b) Ikinci teklifin hangi andan itibaren avantajlı olduğunu hesapla. Çözmek için bildiğin bir yöntemi kullan ve açıkla.

c) 10b sınıfında 13 erkek ve 16 kız bulunmaktadır. Yaptığın fonksiyonu göz önünde bulundurarak hangi teklifi almaları gerekir? Açıkla.

d) Mezuniyet tişörtlerin ücretini hesapla.

Die deutsche Übersetzung der zweiten Aufgabe lautet wie folgt:

2) Die Klasse 10b möchte ihre Abschluss-Shirts so günstig wie möglich kaufen. Sie müssen sich lediglich zwischen zwei verschiedenen Angeboten entscheiden.

Angebot 1: Ein bedrucktes T-Shirt kostet 15 € und die Bearbeitungsgebühr beträgt einmalig 18 €.

Angebot 2: Dieses Online-Angebot berechnet pro T-Shirt 13 € und für die Druck- und Lieferkosten einmalig 70 €.

a) Stelle für jedes Angebot eine Funktionsgleichung auf. Bestimme vorher, was x und y bedeuten.

b) Bestimme rechnerisch, ab wieviel T-Shirts das Angebot 2 günstiger ist. Benutze dafür ein dir bekanntes Lösungsverfahren. Benenne erst, welches Verfahren du anwendest.

c) In der Klasse 10b sind 13 Jungs und 16 Mädchen. Für welches Angebot sollte sich die Klasse entscheiden? Begründe.

d) Berechne die Kosten für die Abschluss-Shirts.

3

Für die Erstellung dieser Aufgaben wurden zunächst verschiedene Aufgaben aus deutschen Lehrbüchern betrachtet und als Grundlage zur Konzipierung herangezogen. Der inhaltliche Fokus dieses Forschungsvorhabens lag auf funktionalen Aspekten, konkret in Verbindung mit dem Erstellen und Lösen linearer Gleichungssysteme. Die Unterrichtsreihe zum Thema Lineare Gleichungssysteme war zu diesem Zeitpunkt in der Klasse abgeschlossen, wodurch angenommen werden konnte, dass die befragten Schüler*innen Grundkenntnisse zu diesem Teilgebiet erworben hatten.

Im Folgenden werden nun zunächst die fachlichen und sprachlichen Anforderungen dargelegt, die sich aus den Aufgabenstellungen ergeben. Im Rahmen der ersten Teilaufgabe (1a, 2a) sollten die Schüler*innen zwei zu den Vorgaben passende Funktionsgleichungen aufstellen sowie die Variablen x und y definieren. Hierfür sind Kenntnisse über die allgemeine Form linearer Funktionen sowie deren Eigenschaften, wie z. B. über die (un-) abhängigen Variablen, erforderlich. Die sprachliche Anforderung besteht hierbei darin, die Informationen richtig zu deuten, um sie anschließend in die passenden mathematischen Gleichungen zu überführen. Im Rahmen der ersten Aufgabenstellung wurden die Schüler*innen aufgefordert, die von ihnen aufgestellten Funktionsgleichungen in einem Koordinatensystem darzustellen und den Schnittpunkt der beiden Geraden zu interpretieren. Anhand dieser Teilaufgabe (1b) sollte bestimmt werden, inwieweit die befragten Schüler*innen einen Wechsel von der symbolischen zur ikonischen Darstellung vollziehen können. Daraufhin sollten die Schüler*innen das Ergebnis des Gleichungssystems mithilfe eines Lösungsverfahrens bestimmen, um die Lösungsmenge mit dem Schnittpunkt der Funktionsgraphen zu vergleichen. Im Unterschied dazu wird in der zweiten (auf Türkisch formulierten) Aufgabenstellung dieser Darstellungswechsel nicht gezielt gefordert. Stattdessen sollten die Schüler*innen lediglich die Lösungsmenge des Gleichungssystems bestimmen. In beiden Fällen soll das genutzte Lösungsverfahren angegeben werden. Dies setzt nicht nur Kenntnisse über die Bezeichnungen der verschiedenen Verfahren voraus, sondern auch Erfahrungen im Umgang damit. Im letzten Schritt sollten die Schüler*innen bei der Bearbeitung der Aufgabenstellungen eine Aussage über das kosteneffizientere Angebot treffen und die damit verbundenen Kosten rechnerisch bestimmen. Hierbei wurde von den Schüler*innen eine Begründung für die Wahl des Angebots gefordert, die in mindestens zwei Sätzen dargelegt werden sollte. Beide Aufgabenstellungen haben überwiegend die gleichen fachlichen Anforderungen. Der einzige Unterschied besteht darin, dass in der ersten (auf Deutsch formulierten) Aufgabenstellung ein Darstellungswechsel gefordert wird. Neben diesen fachspezifischen Merkmalen stellen die Aufgaben selbst die Schüler*innen vor die sprachliche Herausforderung, Mathematikaufgaben in zwei Sprachen zu verstehen und zu bearbeiten.

Die Stichprobengröße dieser Studie umfasste 10 Schüler*innen einer neunten Klasse, die sowohl die deutsche als auch die türkische Sprache erlernt haben. Alle bis auf einen der befragten Schüler*innen gaben an, dass sie an herkunftssprachlichem Unterricht in der Primarstufe teilgenommen haben. Die Teilnahme konnte aufgrund der nicht vorhandenen schulischen Ressourcen in der Sekundarstufe nicht fortgeführt werden. Der türkische Sprachgebrauch ist im Alltag der Schüler*innen jedoch vorzufinden, da sie neben dem Deutschen auch die türkische Sprache als Kommunikationsmittel im familiären und sozialen Kontext nutzen, sodass sich ein domänenspezifischer Sprachgebrauch zeigt (vgl. Backus 2013, S. 774 ff.).

Für die Bearbeitung der zwei Aufgaben hatten die Schüler*innen insgesamt zwei Unterrichtsstunden Zeit. Die hoch angesetzte Bearbeitungszeit sollte ihnen genügend Zeit zur Verfügung stellen, sich mit beiden Aufgaben intensiv beschäftigen zu können.

Hospitationen im Unterricht haben gezeigt, dass die Schüler*innen Schwierigkeiten mit Termumformungen sowie bei der symbolischen Darstellung der aufgestellten Funktionsterme hatten.

Mit Blick auf die sprachliche Dimension wurde angenommen, dass die Bearbeitung der Mathematikaufgabe in der Herkunftssprache aufgrund der „sich längerfristig etablierenden Kultur der Deutschsprachigkeit des Mathematikunterrichts" (Meyer und Prediger 2011, S. 191) eine größere Herausforderung darstellen würde. Zudem wurde vermutet, dass in den schriftlichen Produkten der Schüler*innen Nonstandardvarianten des Türkischen auftreten, da viele mehrsprachig aufwachsende Schüler*innen in Deutschland durch die fehlende oder unzureichende Vermittlung der türkischen Bildungssprache, wie sie in der Türkei in Bildungsinstitutionen gebraucht wird, keinen sicheren Umgang mit der formalen Sprache erreichen (vgl. Dirim 2009, S. 140 f.). Hingegen wurde bei der Bearbeitung der deutschen Aufgabenstellung aufgrund der Vertrautheit mit ähnlichen Aufgabenformaten aus dem Mathematikunterricht angenommen, dass die Schüler*innen diese Aufgabe besser verstehen würden und dass ihnen die Bearbeitung leichter fallen würde. Hinsichtlich der Textprodukte wurden vor allem Fehlerquellen in den Bereichen der Grammatik und der Lexik erwartet, die für bilingual aufwachsende Schüler*innen typische Herausforderungen darstellen können (vgl. Verboom 2012, S. 14).

Im Folgenden werden Fallbeispiele aufgezeigt und Ergebnisse bezüglich fachlicher und sprachlicher Auffälligkeiten dargelegt, wobei die Bearbeitungen derjenigen Schüler*innen zur Datenauswertung herangezogen werden, die beide Aufgaben vollständig oder zumindest in Ansätzen bearbeiteten. Insgesamt haben fünf der befragten Schüler*innen ausschließlich die erste Aufgabenstellung bearbeitet; diese Bearbeitungen werden daher nicht in der Ergebnisdarstellung aufgegriffen.

Es werden zunächst fachliche Auffälligkeiten dargelegt. Diese wurden mithilfe von Analysekategorien klassifiziert, die anhand der fachlichen Anforderungen der einzelnen Teilaufgaben bestimmt wurden. Folgende Kategorien wurden zur Datenauswertung herangezogen: Aufstellen der Funktionsgleichungen, Zeichnen der Funktionsgraphen, Interpretation des Schnittpunktes der Graphen sowie das Lösen des Gleichungssystems mithilfe eines Lösungsverfahrens.

Die fachliche Analyse der Lernendendaten hat ergeben, dass die Schüler*innen bei der graphischen Darstellung des funktionalen Zusammenhangs z. T. große inhaltliche Schwierigkeiten hatten. Anhand dieser Teilaufgabe sollte ermittelt werden, inwieweit die Schüler*innen einen Darstellungswechsel vollziehen können. Die Aufgabenbearbeitungen zeigen auf, dass der Wechsel von der symbolischen zur ikonischen Ebene häufig eine große Herausforderung für die befragten Schüler*innen darstellte. Einige Schüler*innen konnten die Informationen in den Aufgabenstellungen richtig deuten und die mathematische Anforderung, zwei passende Funktionsgleichungen aufzustellen, erfüllen. Sie besitzen somit Kenntnisse über die allgemeine Form sowie Eigenschaften von Gleichungssystemen, benötigen in der Deutung von Darstellungen und im Darstellungsvernetzungsprozess jedoch Unterstützung. Dies soll im Folgenden anhand eines Beispiels in ◘ Abb. 3.1 verdeutlicht werden. Die Schülerin gibt zunächst beide Funktionsgleichungen an.

Im nächsten Schritt löst sie mithilfe des Subtraktionsverfahrens das Gleichungssystem, obwohl dies erst in Teilaufgabe c gefordert war. Hierin zeigt sich ein gewohnheitsmäßiger, prozeduraler Lösungsautomatismus, der auf formaler Ebene abläuft und das inhaltliche Denken und Deuten der Funktionen umfasst. Sie wendet das Verfahren korrekt

3

■ **Abb. 3.1** Schülerdokument
„Lineares Gleichungssystem"
(Aufgabe 1a)

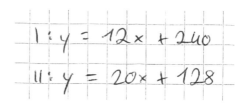

$$I: y = 12x + 240$$
$$II: y = 20x + 128$$

an und bestimmt die richtige Lösungsmenge. Anschließend zeichnet sie den in ■ Abb. 3.2 abgebildeten Funktionsgraphen.

Die Vorgehensweise der Schülerin bei der Erstellung dieser Funktionsgraphen kann aufgrund der fehlenden Dokumentation nicht rekonstruiert werden. Es kann lediglich erfasst werden, dass die gezeichneten Funktionsgraphen nicht zu den von ihr aufgestellten Funktionsgleichungen passen.

Insgesamt kann die Schülerin den mathematischen Zusammenhang symbolisch abbilden, ihn jedoch nicht auf die ikonische Ebene übertragen. Im Rahmen ihrer Empfehlung bzgl. des besseren Angebots der Wohnmobilvermietung bezieht sich die Schülerin auf die Funktionsgraphen und gibt an, dass Angebot 2 die kosteneffizientere Variante für den angegebenen Zeitraum darstellt. Es wird aus ihrer Dokumentation jedoch nicht ersichtlich, auf welchen Funktionsgraphen sie sich bezieht. Entgegen ihrer zuvor korrekt berechneten Lösungsmenge deutet die Schülerin die Lösung des Gleichungssystems nicht und bezieht sich am Ende ausschließlich auf die Funktionsgraphen.

Ein weiterer Fokus dieses Projektes lag darin, sprachliche Auffälligkeiten bei der Bearbeitung der beiden Textaufgaben zu ermitteln. Die Analyse der schriftlichen Ausführungen der Schüler*innen ergab, dass Grammatik und Rechtschreibung sowohl im Deutschen als auch im Türkischen nur unzureichend beachtet wurden. Bei der Beschreibung der Herangehensweise für den Aufgabenteil 1b beschrieb eine Schülerin ihre Vorgehensweise wie in ■ Abb. 3.3 abgebildet.

■ **Abb. 3.2** Schülerdokument
„Funktionsgraphen" (Aufgabe 1b)

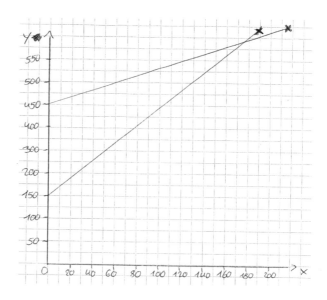

❏ Abb. 3.3 Schriftliche Konstruktionsbeschreibung (Aufgabe 1b)
Abschrift: „Ich habe um den richtige Schnittpunkt zu bekommen die 50. schritte nach oben gerechnet und 20. schritte in die rechte Seite gerechnet."

Diese Beschreibung verdeutlicht, dass das Steigungsdreieck verwendet wird, um beide Funktionen graphisch darzustellen. Aus inhaltlicher Perspektive ist diese Beschreibung fachlich passend, da formal gesehen die methodische Herangehensweise nachvollziehbar wird. Bei der Betrachtung der grammatischen Zusammensetzung des Satzes wird deutlich, dass die Schülerin Schwierigkeiten sowohl bei der Kommasetzung als auch bei der Nutzung der Zahladverbien sowie bei der Groß- und Kleinschreibung hat. Zudem lässt sich anhand der schriftlichen Erläuterung aufzeigen, dass die Schülerin die Aufgabenstellung, den Schnittpunkt rechnerisch zu bestimmen, fehlinterpretiert hat; das Schriftprodukt hat somit einen kleinen Einblick in den mathematischen Lösungsprozess der Schülerin ermöglicht (vgl. Sjuts 2007).

Analog hierzu können ebenfalls Grenzen beim Formulieren auf Türkisch aufgezeigt werden. Ein Schüler schrieb den in ❏ Abb. 3.4 abgebildeten Antwortsatz.

Es fällt auf, dass der Schüler diesen Satz mit deutschen Buchstaben bildet. Beide Alphabete zeichnen sich zwar durch das lateinische Schriftsystem aus, unterscheiden sich jedoch dahingehend, dass das türkische Alphabet um einige Buchstaben ergänzt wurde. Die Orientierung an deutschen Buchstaben zeigt sich insbesondere dadurch, dass im türkischen Alphabet vorhandene Buchstaben wie das „ı" nicht genutzt (z. B. sinifina statt sınıfına) und unter den Buchstaben „c" uns „s", sofern notwendig, keine Cedille gesetzt wurde (z. B. cünkü statt çünkü, tisört statt tişört). Des Weiteren wird der Satzanfang („ben …") klein und das Adjektiv „Ilk" (in: ilk ödeme = die erste Zahlung) großgeschrieben; dies kann als sprachenübergreifender Fehler aufgefasst werden, da sowohl im Türkischen als auch im Deutschen die Satzanfänge groß und die Zahladjektive klein geschrieben werden. Im Rahmen dieser Aufgabenstellung sollte der Schüler Stellung dazu beziehen, welches Angebot die kostengünstigere Variante darstellt. Der Schüler gibt seine Empfehlung ab, bezieht sich dabei jedoch auf keine mathematische Rechnung. Als Begründung werden lediglich Informationen aus der Textaufgabe entnommen und wiedergegeben.

Ein wesentlicher Unterschied zwischen den Bearbeitungen der Mathematikaufgaben in der deutschen und türkischen Sprache besteht im Umfang der Bearbeitungen. Während die erste Aufgabe (auf Deutsch) von allen Schüler*innen in vollem Umfang bearbeitet wurde, ist die zweite Aufgabe (auf Türkisch) von einigen Schüler*innen nur in Ansätzen

❏ Abb. 3.4 Antwortsatz zu Aufgabe 2d (I)
Abschrift: „ben olsam 10b sinifina 1 teklifi alirdim cünkü bir tisört fiyati da az ama Ilk ödeme daha cok pagli"
Übersetzung: „Ich würde das erste Angebot für die Klasse 10b wählen, weil der Einzelpreis eines T-Shirts günstiger ist, aber die erste Zahlung teurer ist"

> Sie sollten Angebot 1 nehmen weil es nicht so teuer wierd wie 2. 2 geht nach einer Zeit rasant hoh.

☐ **Abb. 3.5** Antwortsatz zu Aufgabe 1d

Abschrift: „Sie sollten Angebot 1 nehmen weil es nicht so teuer wierd wie 2. 2 geht nach einer Zeit rasant hoh."

3

bearbeitet worden. Im Vergleich der auf Deutsch und Türkisch formulierten Antwortsätze fällt auf, dass grundsätzlich die deutschen Antwortsätze Begründungszusammenhänge beinhalten und dadurch im Deutschen längere Sätze formuliert werden. Eine Schülerin notierte in Bezug auf die Frage, welches Angebot der Wohnmobilvermietung die kostengünstigere Variante darstelle (1d), den folgenden Antwortsatz: „Sie sollten Angebot 1 nehmen weil es nicht so teuer wierd wie 2. 2 geht nach einer Zeit rasant hoh." (☐ Abb. 3.5).

Es wird deutlich, dass die Schülerin sich eindeutig positioniert und mittels einer Konjunktion ihre Begründung einleitet, indem sie die zuvor erstellten Funktionsgraphen als Argumentationsgrundlage heranzieht.

Bei der Bearbeitung der türkischen Aufgabenstellung formuliert dieselbe Schülerin hinsichtlich der Frage, welches Angebot die Abschlussklasse wählen sollte, den folgenden Antwortsatz: „teklif 1 daha ucuz 2den" („Angebot 1 ist günstiger als 2") (☐ Abb. 3.6).

Hier wird lediglich eine Aussage getroffen, die auch im weiteren Verlauf nicht begründet wird. Bis auf einen Schüler, der sowohl im Deutschen als auch im Türkischen Begründungszusammenhänge einbringt, ist dieses Phänomen bei den anderen Schüler*innen ebenfalls vorzufinden. Der direkte Vergleich der Antwortsätze zeigt somit auf, dass die Formulierungen der Antwortsätze im Deutschen umfangreicher erfolgten.

Weiterhin konnte beobachtet werden, dass drei der fünf Schüler*innen die zweite Aufgabe auf Türkisch bearbeitet haben. Bei näherer Betrachtung wird jedoch deutlich, dass den Schüler*innen nicht immer die korrekten türkischen Entsprechungen für mathematische Begriffe zur Verfügung standen. Das Subtraktionsverfahren wurde beispielsweise von einem Schüler mit „eksi" übersetzt, welches jedoch die Bedeutung des Rechenoperators „minus" hat. Im Vergleich zu den Auffälligkeiten in den deutschen Ausführungen wird deutlich, dass die Herausforderungen der befragten Schüler*innen im Türkischen nicht nur die Grammatik, sondern auch die mathematischen Begrifflichkeiten betreffen. Dies könnte auch eine Erklärung dafür sein, dass nicht alle Schüler*innen die zweite Aufgabe auf Türkisch gelöst haben. Die Ergebnisse verdeutlichen, dass mehrsprachig aufgewachsene Schüler*innen in der herkunftssprachlichen Bildungs- bzw. Fachsprache Defizite aufweisen können, weil bzw. wenn sie diese weder zu Hause noch in der allgemeinbildenden Schule vermittelt bekommen. So gaben zwar alle Schüler*innen an, in der Primarstufe an herkunftssprachlichem Unterricht teilgenommen zu haben; es ist jedoch zu vermuten, dass dieser nicht fachsprachlich ausgerichtet war bzw. die türkische Bildungssprache nicht in einem ausdifferenzierten Rahmen vermittelt werden konnte. Für

> teklif 1 daha ucuz 2den

☐ **Abb. 3.6** Antwortsatz zu Aufgabe 2d (II)

Abschrift des Antwortsatzes zu Aufgabe 2d: „teklif 1 daha ucuz 2den"

Übersetzung: Angebot 1 ist günstiger als 2

den Aufbau bildungssprachlicher Kompetenzen in der Herkunftssprache müsste diese in den Lernprozess integriert werden, zum Beispiel durch die Nutzung im Mathematikunterricht oder durch eine Koordination von herkunftssprachlichem Unterricht und Fachunterricht (Meyer und Prediger 2011; Redder et al. 2018; Roll et al. 2019a):

> » Der Einbezug der Muttersprache in den mathematischen Lernprozess ermöglicht eine Erweiterung der muttersprachlichen (semantischen und lexikalischen) Ressourcen um neu erworbene fachliche Konzepte. Diese Erweiterung ist Voraussetzung zum einen für eine Nutzung des im Mathematikunterricht Gelernten im außermathematischen Denken, zum anderen für eine bildungssprachliche Konsolidierung der Muttersprache in lexikalischer, aber auch struktureller Hinsicht (…) (Meyer und Prediger 2011, S. 187).

Die Ergebnisse aus dem Studienprojekt verdeutlichen, dass sich für die befragten Schüler*innen sowohl auf der fachlichen als auch auf der sprachlichen Ebene Hürden ergeben haben. Die Analyse der fachlichen Verstehensprozesse legt zudem die Vermutung nahe, dass die Schüler*innen unabhängig von der Sprachwahl keine hinreichenden Vorstellungen zu linearen Funktionen aufgebaut haben. Die größten Schwierigkeiten scheinen darin zu bestehen, die aufgestellten Funktionsgleichungen in ein Koordinatensystem zu übertragen und somit einen Darstellungswechsel zu vollziehen sowie die Bedeutung des Schnittpunktes zu erfassen. Diese Aspekte deuten darauf hin, dass die Schüler*innen das Anwenden des Lösungsverfahrens als ein regelhaftes Anwenden bestimmter Operationen verstehen, ohne dabei den Zweck ihrer Handlungen nachzuvollziehen. Um ein tragfähiges Verständnis zu den Lösungsverfahren von Gleichungssystemen aufbauen zu können, sollten Darstellungswechsel in den Unterricht eingebaut, explizit versprachlicht und reflektiert werden. Nur so kann den Schüler*innen ein Zugang zu den weiteren sich anschließenden Fachinhalten eröffnet werden. Die Thematisierung der einzelnen Lösungsverfahren kann mithilfe von grafischen Darstellungen veranschaulicht werden, indem beispielsweise die einzelnen Schritte des Additionsverfahrens in unterschiedliche Koordinatensysteme eingezeichnet werden und ihre Bedeutung reflektiert wird (vgl. Filler 2010, S. 35). Dies könnte den Schüler*innen dazu verhelfen, den Zweck ihrer Handlungen und somit die Sinnhaftigkeit des Lösungsverfahrens zu verstehen und zugleich mit den relevanten sprachlichen Mitteln zu verknüpfen.

Die sprachliche Analyse legt darüber hinaus nahe, dass die befragten Schüler*innen zum Teil Probleme beim Verstehen der Aufgaben hatten. Solche „Lesehürden" (Prediger et al. 2015, S. 100) konnten anhand des fehlenden Aufgabenverständnisses, wodurch Aufgabenteile entweder gar nicht oder fehlerhaft bearbeitet wurden, identifiziert werden. Um genauere Einblicke in die Verstehensprozesse zu bekommen, könnten mit den Schüler*innen diagnostische Interviews geführt werden (vgl. Gürsoy et al. 2013). Darüber hinaus zeigten sich in den Schüler*innenlösungen in beiden Sprachen grammatische Schwierigkeiten sowie insbesondere im Türkischen lexikalische Unsicherheiten.

Im Rahmen des Praxissemesters konnte innerhalb des Studiums erstmalig eine intensive Auseinandersetzung mit eigenständig erhobenen Lernendenprodukten vorgenommen werden. Die Auseinandersetzung mit Bearbeitungen von Textaufgaben in der deutschen und türkischen Sprache bot interessante Einblicke in diverse fachliche sowie sprachliche Auffälligkeiten. Dass fünf von zehn Schüler*innen die türkische Aufgabenstellung nicht bearbeitet haben, lässt sich möglicherweise auf die sprachlichen Anforderungen in der Bildungssprache Türkisch – insbesondere auf die mangelnde Vertrautheit im Umgang mit türkischsprachigen Mathematikaufgaben sowie auf eine

3

gewisse Unsicherheit mit der türkischen Schriftsprache (vgl. Meyer und Prediger 2011, S. 190 f.) – zurückführen; hier könnten weitere Untersuchungen anknüpfen. Eine kritische Reflexion dieser Studie zeigt an dieser Stelle allerdings auch Grenzen in der Gestaltung der Lernumgebung. Linguistische und interdisziplinäre Studien belegen, dass mehrsprachige Lernende ihre Sprachen nicht in einsprachiger Logik prozessieren (Gogolin 2006; Rehbein 2011). Darüber hinaus zeigen mathematikdidaktische Studien, wie deutsch-türkische Lernende ohne schulsprachliche Erfahrungen in Einzelsprachen in schriftlichen oder mündlichen Antworten handlungsmustergerechte mathematische Denkprozesse artikulieren können, indem sie beispielsweise auf geschickte und funktionale Weise die Sprachen mischen oder (kognitiv) vernetzen (vgl. Maisano 2019; Wagner et al. 2018; Kuzu 2019). Aus mehrsprachigkeitsdidaktischer Perspektive wäre daher die Nutzung aller Sprachen in gemischtsprachlicher Form empfehlenswert gewesen. Besonders beachtlich ist somit im Rahmen dieses Studienprojektes, dass die Hälfte der befragten Schüler*innen die neuen sprachlichen Herausforderungen bewältigen konnten und die türkische Aufgabenstellung bearbeiteten.

Abschließend ist als besonderes Anliegen dieses Beitrags zu erwähnen, dass sprachlich bedingte Schwierigkeiten nicht nur bei mehrsprachig aufwachsenden Schüler*innen vorzufinden sind. Eine „simplifizierende Gleichsetzung von ‚mehrsprachig = sprachlich schwach' verbietet [sich]" (Wessel und Prediger 2017, S. 183), da das alleinige Merkmal der Mehrsprachigkeit nicht losgelöst von den „zur Verfügung stehenden allgemeinen Entwicklungs- und Bildungsmöglichkeiten" (Dirim und Mecheril 2010, S. 104) betrachtet werden kann. Wenn Schüler*innen mehrsprachig aufwachsen, stellt sich die Frage, inwiefern die Lerngelegenheiten für die zu erlernenden Sprachen qualitativ und quantitativ ausreichend waren, um diese Sprachen innerhalb bestimmter sozialer Kontexte zu gebrauchen (vgl. Dirim und Mecheril 2010, S. 104 f.).

Solche Lerngelegenheiten spielen jedoch nicht nur für bilingual oder mehrsprachig aufwachsende Schüler*innen eine wichtige Rolle, sondern auch für einsprachig aufwachsende. Diese Tatsache erfordert notwendigerweise eine Sensibilisierung der (angehenden) Lehrkräfte für sprachlich bedingte Herausforderungen im Mathematikunterricht. Um verschiedene Schüler*innengruppen nicht unbeabsichtigt im Schulsystem zu benachteiligen, sondern eine Chancengerechtigkeit zu ermöglichen, ist es wichtig, den eigenen Unterricht sprachsensibel zu gestalten, wobei „integriertes Sprach- und Fachlernen statt[finden]" (Schmölzer-Eibinger et al. 2013, S. 24) sollte.

3.3 Sprachbildung in der Lehramtsausbildung Informatik

Fatma Batur und Jan Strobl

3.3.1 Einleitung

Sprachbildung im Informatikunterricht stellt in mehrfacher Hinsicht ein neues und vergleichsweise wenig bearbeitetes Feld dar. Einerseits ist die Menge der wissenschaftlichen Artikel – im deutschsprachigen Raum sei hier insbesondere auf die Veröffentlichungen von Diethelm (z. B. Diethelm et al. 2018) verwiesen – und Praxisveröffentlichungen zu diesem Themenkomplex überschaubar. Andererseits unterliegt das Fach selbst, ebenso wie seine Didaktik, einem steten und schnellen Wandel. Treiber dieses Wandels sind die technologische Weiterentwicklung, die Fachinhalte in deutlich kürzerer Zeit verändert und erweitert, als dies in anderen Fächern der Fall ist, und die kontinuierliche Zunahme der Bedeutung des Faches Informatik im Zuge der Durchdringung vieler Bereiche der Gesellschaft mit informatischen Aspekten.

So ist absehbar, dass Informatik zunehmend als verpflichtendes Fach eingeführt und nicht nur wie bislang als Wahl- oder Wahlpflichtfach angeboten wird. Mit diesem Schritt wird sich die Zielgruppe des Informatikunterrichts verbreitern und heterogener werden, da fortan alle Schüler*innen an ihm teilnehmen müssen und nicht mehr von einem relativ hohen Anteil an Schüler*innen mit besonderem Interesse und vorhandenen Vorkenntnissen ausgegangen werden kann.

Im Zuge des „digitalen Wandels" stellt sich zudem die Frage nach der Breite der Aufgaben des Informatikunterrichts. Soll sich dieser vor allem auf die altersangemessene Vermittlung von Aspekten der Fachwissenschaft Informatik konzentrieren oder soll er auch sozialwissenschaftliche, ethische, politische und andere Aspekte der Digitalisierung im Sinne einer „Digital Literacy" bündeln? Diese Fragestellung ist auch dafür entscheidend, auf welche Vorarbeiten aus anderen Fächern sich die Entwicklung von Ansätzen für einen sprachbildenden Informatikunterricht stützen kann. Welchen Anteil haben Textsorten, die eher denen der Mathematik ähneln, und welchen haben solche, die eher denen aus gesellschaftswissenschaftlichen Fächern gleichen?

» Die Teilhabe an politischen, kulturellen und ökonomischen Prozessen innerhalb der Gesellschaft setzt Fähigkeiten im Umgang mit und zur Analyse, Reflexion und Gestaltung von digitalen Artefakten voraus. Erforderlich hierfür ist die Kenntnis der informatischen Grundlagen sowie der medienwissenschaftlichen und erziehungswissenschaftlichen Zugänge und Diskurse (Brinda et al. 2019, S. 2).

Seit Mitte 2018 besteht an der Universität Duisburg-Essen eine Kooperation zwischen dem Lehrstuhl für Didaktik der Informatik und dem Projekt „ProDaZ. Deutsch als Zweitsprache in allen Fächern", in der es um diese und weitere Fragestellungen geht.

Die gemeinsame Arbeit umfasst unter anderem Veröffentlichungen, Konferenzbeiträge, beratende Tätigkeiten in Arbeitsgemeinschaften der Bezirksregierungen sowie die universitäre Lehre. Auf die Konzeption eines gemeinsamen Seminars sowie die Erfahrungen einer ersten Durchführung wird im Folgenden eingegangen. Hierfür werden auch einige sprachliche Besonderheiten des Informatikunterrichts thematisiert, um auch einen inhaltlichen Einblick in das Seminar zu geben.

3.3.2 Seminarkonzeption

Seit dem Wintersemester 2019/20 wird die Lehrveranstaltung „Sprachbildung im Informatikunterricht" am Lehrstuhl für Didaktik der Informatik als Wahlpflichtfach im Masterstudium angeboten. Da die Anzahl der Studierenden am Lehrstuhl für Didaktik der Informatik im Vergleich zu anderen Fächern meist noch gering ist, sind die Gruppengrößen häufig klein bis sehr klein. Dadurch ergeben sich mehr Freiheiten bei der Seminargestaltung und es ermöglicht eine individuelle Betreuung der Studierenden, jedoch sind kooperative Lernformen, die eine Mindestgruppengröße voraussetzen, nicht oder nur modifiziert durchführbar.

Das interdisziplinäre Seminar „Sprachbildung im Informatikunterricht" wurde an die Konzeption der Veranstaltung „Konstruktion von Lernumgebungen" im Fach Mathema-

3

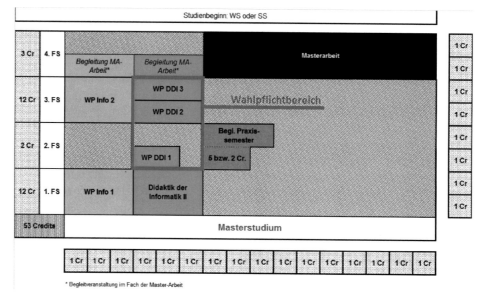

* Begleitveranstaltung im Fach der Master-Arbeit

◘ **Abb. 3.7** Curriculare Verortung des Seminars „Sprachbildung im Informatikunterricht"

tik (vgl. ▶ Abschn. 1.3) angelehnt. Das Seminar erweitert das Angebot der Didaktik-Lehrveranstaltungen im Master-Studiengang Lehramt Informatik (GyGe), um den Studierenden die Möglichkeit zu geben, ihre Kenntnisse aus dem DaZ-Modul[1] im Bachelor-Studium fachspezifisch zu vertiefen und mit fachdidaktischen Ansätzen zu verknüpfen.

▪ **Curriculare Verortung**

Master-Studierende des Lehramts Informatik (GyGe) sind verpflichtet, im Bereich Didaktik der Informatik (DDI) insgesamt 14 Creditpoints (Cr) zu erwerben, wobei 8 Cr auf den Wahlpflichtbereich entfallen. Dies erreichen sie, indem sie das Modul „Didaktik der Informatik 2" und drei Seminare aus dem Wahlpflichtbereich (WP DDI 1, WP DDI 2, WP DDI 3; vgl. ◘ Abb. 3.7[2]) belegen. Durch das Erstere vertiefen sie ihr Wissen zur Fachdidaktik aus dem Bachelor-Studium; die Seminare bieten die Möglichkeit, sich gezielt theorie-, praxis- und unterrichtsorientiert zu spezialisieren. Das Seminar „Sprachbildung im Informatikunterricht" ist dabei dem Modul „Unterrichtsorientierte Vertiefung" zugeordnet. Als Prüfungsleistung erstellen die Studierenden ein semesterbegleitendes Portfolio und stellen einen selbst gewählten Schwerpunkt in einem 30-minütigen Seminarvortrag vor. Das Portfolio enthält dabei u. a. die Ausarbeitung eines selbst gewählten Schwerpunktes (z. B. einen sprachsensiblen Unterrichtsentwurf), die im Laufe des Semesters entstandenen Arbeitsergebnisse (z. B. Analyse von Schulbuchtexten; Aufgabenentwürfe) sowie die Dokumentation und Reflexion des eigenen Lernprozesses.

▪ **Seminargestaltung**

Schwerpunkt der Veranstaltung ist die Thematisierung von Sprachbildung im Fachunterricht Informatik. Am Beispiel verschiedener Themen (wie zum Beispiel *objektorientierte Modellierung und Programmierung*) werden unterschiedliche Aspekte informati-

---

1   ▶ https://www.uni-due.de/daz-daf/daz-modul-faq.shtml.
2   ▶ https://www.ddi.wiwi.uni-due.de/studium-lehre/master-lehramt-informatik-gyge/.

scher Lernumgebungen in sprachbewusster Perspektive thematisiert. Die Studierenden beschäftigen sich mit grundlegenden Methoden und Konzepten des sprachlichen Lernens und machen dieses Wissen für das fachliche Lernen nutzbar. Hierbei werden unterschiedliche Materialien, Aufgaben und Texte auf ihre sprachlichen Anforderungen hin untersucht und herausgearbeitet, wie diese mit Fachkonzepten und fachlichen Anforderungen zusammenhängen und interagieren. Die Studierenden entwickeln anschließend auf Basis der erlernten sprach- und fachdidaktischen Konzepte eigene Ansätze, um das fachliche und sprachliche Lernen zu verbinden und die sprachlichen Voraussetzungen zum expliziten Lerngegenstand zu machen. Sie entwickeln dabei eigene kleine Unterrichtssequenzen, um bereits erste praktische Erfahrungen mit der Erstellung sprachsensibler Unterrichtsmaterialien zu sammeln. Dazu gehört sowohl die Entwicklung von Aufgaben zur Vertiefung prozessbezogener Kompetenzen (z. B. *Modellieren*, *Analysieren* oder *Beschreiben*), die meist die Anwendung bestimmter sprachlicher Handlungen erfordern, als auch die Gestaltung unterschiedlicher Phasen im Informatikunterricht (Einstiege, Systematisierung und Übung) unter besonderer Berücksichtigung der Sprachbildung.

Die Lehrinhalte des Seminars können folgendermaßen zusammengefasst werden:
- Einführung in die Grundlagen der Sprachbildung im Fach Informatik, u. a. Erarbeitung von Leitlinien für einen sprachaufmerksamen Fachunterricht (vgl. Schmölzer-Eibinger et al. 2013, S. 20),
- Analyse der gesprochenen und geschriebenen Sprache im Informatikunterricht,
- Sach- und zielgruppengerechte didaktische Aufbereitung von informatischen Inhalten unter besonderer Berücksichtigung von Sprache.

Das didaktische Konzept des Seminars „Sprachbildung im Informatikunterricht" sieht folgenden Ablauf vor:
- Einführung/Sensibilisierung: Was macht Fachtexte und Sprachverständnis so schwierig?
- Analyse von Schulbuchtexten und Abituraufgaben mit Blick auf sprachliche Herausforderungen
- Analyse der gesprochenen Sprache im Informatikunterricht durch Beobachtung der eigenen Sprache beim Spielen eines Informatik-Spiels (z. B. Informatik-Tabu) unter Einsatz von Videografie bei kleiner Gruppengröße
- Analyse der Operatoren und der dazugehörigen Textsorten und sprachlichen Handlungen im Informatikunterricht der gymnasialen Oberstufe
- Konzepte zur Textproduktion im Informatikunterricht (z. B. Genredidaktik) und Einbindung in den Unterricht
- Sprachstandsdiagnose: Vergleich verschiedener Modelle
- Leseverständnis: Methoden und Strategien zum Lesen und Verstehen von Informatiktexten und -aufgaben

3.3.3 Ausgewählte Aspekte der Fachsprache im Informatikunterricht

Beispielhaft werden im Folgenden sprachliche Anforderungen des Informatikunterrichts vorgestellt, mit denen sich die Studierenden im Seminar befassten. Als Einstiegsaufgabe

3

zu Beginn des Seminars wurden die Studierenden damit konfrontiert, Darstellungs- und Aufgabentexte[3] des Informatikunterrichts zu analysieren. Diese Tätigkeit wurde im Laufe des Semesters wieder aufgegriffen. Dabei konnten die Studierenden das Erlernte in ihren Analysen anwenden und diese mit ihrer Lösung der Einstiegsaufgabe abgleichen.

In den Auseinandersetzungen mit Schulbuchtexten und Abituraufgaben stellten die Studierenden fest, dass insbesondere das zielgerichtete Lesen von Texten mit hoher Informationsdichte eine besondere Herausforderung an Schüler*innen im Informatikunterricht stellt. In der Informatik ist die Übertragung solcher Texte in strukturierte Darstellungsformen eine typische Aufgabenstellung. Die Struktur dieser Darstellungsformen unterstützt einerseits beim gezielten Lesen, ist aufgrund des Anspruches an formale und inhaltliche Korrektheit und Vollständigkeit aber auch besonders herausfordernd. Hieran werden einerseits sprachliche Anforderungen deutlich, die sich aus Konzepten des Faches ergeben, andererseits bietet das Fach Werkzeuge an, mit diesen Herausforderungen umzugehen.

Konkret könnten die Schüler*innen im Informatikunterricht mit folgendem Text innerhalb einer Aufgabenstellung konfrontiert sein, wobei sie hieraus z. B. ein *Klassendiagramm* entwickeln sollen:

》 Eine Comicfigur besitzt einen Namen und ihr wird als Geburtsjahr das Jahr ihres ersten Erscheinens zugerechnet. Jede Comicfigur ist entweder männlich oder weiblich und hat zudem einen Heimatort, in dem sie lebt. Jede Comicfigur kommt hauptsächlich in einem Comic mit einem Namen als Titel vor. Die Comicfiguren Superhelden haben eine übernatürliche Fähigkeit und einige von ihnen können fliegen, sie alle können aber kämpfen. Die Comicfiguren Helden kämpfen wie Superhelden gegen das Böse und benutzen ein besonderes Hilfsmittel. Die Comicfiguren Tierfiguren sind klar einer Tiergattung zuzuordnen. Die Comicfigur Bösewicht ist der Gegner eines Superhelden oder eines Helden und kann gegen diese kämpfen. Bösewichte können Superbösewichte (ähnlich zu Superhelden) oder normale Bösewichte (ähnlich zu Helden) sein (Kempe et al. 2016, S. 127).

Anhand folgender analytischer Leitfragen, die auch als Fragestellung an die Studierenden formuliert werden können, sollen die genannten Aspekte anhand dieses authentischen Beispiels verdeutlicht werden:
- An welchen Stellen des Textes finden sich die relevanten Elemente des Klassendiagramms und wie sind diese sprachlich codiert?
- Vor welchen Herausforderungen stehen die Lernenden bei deren Identifizierung?

- **Welche Informationen müssen im Text identifiziert werden?**
Um ein Klassendiagramm erstellen zu können, müssen Klassen mit ihrer (Vererbungs-)Beziehung sowie ihren Attributen und Methoden gefunden werden. Für die Attribute muss ein geeigneter *Datentyp* festgelegt werden. Dies setzt zusätzlich zum Textverständnis ein entsprechendes Kontextwissen voraus, um zu erkennen, um welche Art von Wert (z. B. Zahl, Datum oder Text) es sich handelt. Häufig müssen auch *Eingabe- und Rückgabewerte* von Methoden gefunden werden, hiervon wird in diesem Beispiel aber abgesehen.

---

3   Kapitel aus verschiedenen Informatik-Schulbüchern für die Sekundarstufen I und II.

Exkurs: Objektorientierung und ihre Darstellungsformen

Das in den Leitfragen genannte Klassendiagramm ist ein Modell der objektorientierten Programmierung. Die objektorientierte Programmierung (OOP) (vgl. Kay 1993) ist ein *Programmierparadigma*, bei dem der zu programmierende Sachverhalt mit sogenannten *Objekten* abgebildet wird und das für viele moderne Programmiersprachen – auch die im Schulunterricht am häufigsten verwendete Sprache *Java* – zentral ist.

Auch innerhalb der Objektorientierung existieren – wie oben dargestellt – verschiedene Darstellungsformen, die nach Anwendungsfall ineinander überführt werden müssen (vgl. ☐ Abb. 3.8).

Im Kontext der Objektorientierung sind Objekte dabei stets konkrete *Instanzen* bestimmter *Klassen*. So ist z. B. eine Klasse Fahrzeug denkbar. Klassen wiederum können bestimmte Merkmale von Objekten – die *Attribute* – vorgeben, im Beispiel Baujahr oder Gewicht. Ebenso können bestimmte Aktivitäten von Objekten vorgesehen werden: hierfür werden *Methoden* definiert. Mehrere Klassen mit gemeinsamen Eigenschaften können von einer *gemeinsamen Superklasse/Oberklasse* abgeleitet sein, so können z. B. Fahrrad und Auto *Spezialisierungen* einer Klasse Fahrzeug sein, dies wird gemeinhin als *Vererbung* bezeichnet. Die *Subklassen/Unterklassen* weisen dabei alle Eigenschaften (Methoden und Attribute) der allgemeineren Klasse auf, erweitern diese aber um zusätzliche.

Ein Sachverhalt aus der realen Welt (☐ Abb. 3.8, links) wird hierbei – häufig – zunächst abstrahiert in einem Modell dargestellt – das bezeichnet man als *informatisches Modellieren*. Das Ergebnis des Modellierens ist in diesem Beispiel ein Klassendiagramm (☐ Abb. 3.8, Mitte oben), in dem die Klassen mit ihren Attributen, Methoden und Vererbungsbeziehungen in einer bestimmten Modellsprache (vgl. OMG 2017) dargestellt werden.

Ein solches Modell kann u. a. beschrieben[4], analysiert oder interpretiert werden, wofür entsprechende sprachliche Handlungen und Textsorten beherrscht und folglich zuvor erlernt werden müssen. Wird der Sachverhalt – entweder direkt oder auf Basis des Modells – in eine Programmiersprache (vgl. ☐ Abb. 3.8, rechts) übersetzt, so wird dies als *Implementieren* bezeichnet (vgl. QUA-LiS NRW 2018).

- **Klassen im Text erkennen**

Basis eines Klassendiagramms sind stets die Klassen. Es wird üblicherweise davon ausgegangen, dass diese als Substantive (in ☐ Abb. 3.9 roter Text) im Text zu finden sind[5].

Tatsächlich sind alle Klassen (in ☐ Abb. 3.9 gelb hinterlegt) als Substantive im Text zu finden, jedoch finden sich auch weitere Substantive im Text.

- **Attribute im Text erkennen**

Hierbei kann es sich um Attribute (in ☐ Abb. 3.9 hellgrau hinterlegt) handeln, es könnten jedoch auch andere nicht-modellrelevante Substantive sein. Da es sich bei den Attributen um Eigenschaften aller durch die Klasse spezifizierten Objekte handelt, sind hier Formulierungen mit *haben*, *besitzen* usw. zu erwarten. Attribute können jedoch auch als

---

4 Das *Beschreiben* eines Klassendiagramms, also die Übersetzung von einem Klassendiagramm (☐ Abb. 3.8, Mitte oben) in eine Diagrammbeschreibung (☐ Abb. 3.8, Mitte unten) unter Verwendung eines genredidaktischen Ansatzes, wurde bereits an anderer Stelle publiziert (vgl. Batur und Strobl 2019).

5 Die „Abbott Textual Analysis" (Abbott 1983) ist ein häufig verwendetes Verfahren in der Informatik.

3

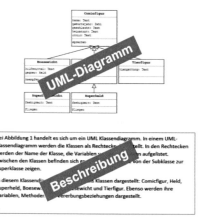

◻ Abb. 3.8 Unterschiedliche Darstellungsformen in der Objektorientierung (eigene Darstellung). (Im ProDaZ-Journal 3 (vgl. Batur und Strobl 2020) findet sich ein weiteres Beispiel für unterschiedliche Darstellungsformen im Informatikunterricht)

Eine Comicfigur besitzt einen Namen und ihr wird als Geburtsjahr das Jahr ihres ersten Erscheinens zugerechnet. Jede Comicfigur ist entweder männlich oder weiblich und hat zudem einen Heimatort, in dem sie lebt. Jede Comicfigur kommt hauptsächlich in einem Comic mit einem Namen als Titel vor. Die Comicfiguren Superhelden haben eine übernatürliche Fähigkeit und einige von ihnen können fliegen, sie alle können aber kämpfen. Die Comicfiguren Helden kämpfen wie Superhelden gegen das Böse und benutzen ein besonderes Hilfsmittel. Die Comicfiguren Tierfiguren sind klar einer Tiergattung zuzuordnen. Die Comicfigur Bösewicht ist der Gegner eines Superhelden oder eines Helden und kann gegen diese kämpfen. Bösewichte können Superbösewichte (ähnlich zu Superhelden) oder normale Bösewichte (ähnlich zu Helden) sein.

◻ Abb. 3.9 Aufgabentext mit Markierungen (Kempe et al. 2016)

mögliche Merkmalsausprägungen – wobei der Name des Attributs dann selbst festgelegt werden muss – also meist als Adjektive (hier männlich oder weiblich) im Text zu finden sein. Das Erkennen von Attributen ist äußerst komplex. Die folgende ◻ Tab. 3.1 listet die Vielzahl an Formulierungen auf, anhand derer in diesem Text Attribute erkannt werden müssen.

Besonders herausfordernd sind in diesem Text die weiteren inhaltlichen Erläuterungen wie „ihr wird als Geburtsjahr das Jahr ihres ersten Erscheinens zugerechnet" und „Comicfigur kommt hauptsächlich in einem Comic mit einem Namen als Titel vor", die selbst für geübte Lesende kaum verständlich sind. Vor allem „zurechnen" kann in dem Fall leicht missverstanden werden, da hier zwei Zahlenwerte einander zugeordnet werden, die jedoch, gerade im Kontext der Fächer Informatik und Mathematik, auch miteinander addiert[6] werden könnten.

---

6   Der Duden nennt drei mögliche Bedeutungen von „zurechnen": die hier gemeinte Zuordnung, die hier leicht anzunehmende Addition und „zur Last legen": ▶ https://www.duden.de/rechtschreibung/zurechnen.

◻ Tab. 3.1 Formulierungen, die Attribute anzeigen können

Formulierung	Bemerkung	Beispiel
… besitzt einen …		Namen
Ihr wird als … … zuge-rechnet	Wird um Angabe ergänzt, welcher Wert (hier dunkelgrau hinterlegt) dem Attribut zugewiesen wird.	Geburtsjahr (Attribut) das Jahr ihres ersten Erscheinens (Wert)
… ist entweder … oder …	Es ist keine Angabe des Attributs, sondern nur die Angabe zweier Aus-prägungen vorhanden. (Könnte damit auch als Boolean modelliert werden.)	Geschlecht (Attribut, muss selbst erschlossen werden) männlich/weiblich (Wert)
Jede … hat eine …/hat einen …		Heimatort
… haben eine …/haben einen …	Name der Klasse im Plural	Fähigkeit
Kommt hauptsächlich in einem … vor		Comictitel
Benutzen ein …		Hilfsmittel
Sind einer/einem … zuzuord-nen	Die Formulierung könnte leicht als Vererbung gelesen werden.	Tiergattung
… ist der/die/das … eines/einer …	Der Attributwert ist eine Referenz auf ein Objekt einer anderen (oder ggfs. der eigenen) Klasse.	Gegner

■ **Methoden im Text erkennen**

Methoden (in ◻ Abb. 3.9 cyan hinterlegt), also die durch die Klasse vorgegebenen mögli-chen Aktionen bzw. Fähigkeiten von Objekten, sind häufig als Verben im Text zu finden. In diesem Text sind sie recht leicht zu erkennen, da sie überwiegend durch das Modalverb „können" markiert werden.

■ **Vererbungsbeziehungen im Text erkennen**

Vererbungsbeziehungen zwischen Klassen (in ◻ Abb. 3.9 unterstrichen), also Spezialisie-rungen und Verallgemeinerungen von Klassen (z. B. `Superheld`, `Held`, `Comicfigur`), müssen im Text ebenfalls erkannt werden. Hierfür werden im Text *enge Appositionen* wie „Die Comicfiguren Helden" verwendet, die anzeigen, dass Helden Comicfiguren sind. Andere typische Formulierungen wären z. B. „ein Held ist eine Comicfigur"/„Helden sind Comicfiguren" oder „Comicfiguren können Helden, Bösewichte oder Tierfiguren sein".

Als Ergebnis der Modellierung entsteht ein Klassendiagramm mit Klassen, Attributen, Methoden und Vererbungsbeziehungen (◻ Abb. 3.10).

Eine weitere Schwierigkeit taucht bei der Benennung der Klassen auf. Während im (deutschsprachigen) Schulunterricht auch von *Ober- und Unterklassen* (vgl. QUA-LiS NRW 2018) gesprochen wird, ist in der Fachliteratur (vgl. Lemay und Cadenhead 2005, S. 47) und im Internet häufig von *Sub- und Superklassen* (bzw. auf Englisch *sub- und*

3

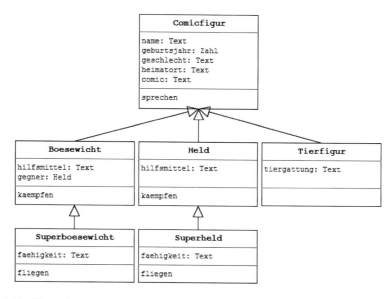

◨ **Abb. 3.10**   Klassendiagramm „Comicfigur" (eigene Darstellung)

superclass) die Rede. Eine *Ober- oder Superklasse* ist dabei die nächsthöhere Klasse innerhalb der Vererbungshierarchie (vgl. ◨ Abb. 3.11), z. B. ist `Held` die *Superklasse* von `Superheld` und `Superheld` eine *Subklasse* von `Held`.

Hier könnte es zu Verwirrung kommen, da `Superheld` und `Superboesewicht` in keinem Zusammenhang *Superklassen* sind (vgl. ◨ Abb. 3.11). Hier zeigt sich ein – auch sprachlicher – Lerninhalt der Informatik, nämlich die Rolle sogenannter *Bezeichner* (z. B. `Superheld`). Bezeichner sind so etwas wie Eigennamen innerhalb von Programmen, die zunächst einmal beliebig gewählt werden können und keinen Einfluss auf Inhalt und

◨ **Abb. 3.11**   Widerspruch zwischen Bezeichner und tatsächlicher Vererbungsbeziehung (eigene Darstellung)

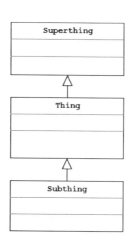

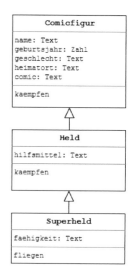

Eigenschaften des von ihnen bezeichneten Gegenstandes haben. Wie etwas heißt und was es ist, sollte aus Lesbarkeitsgründen in den meisten Fällen zwar schon etwas miteinander zu tun haben, es muss technisch aber nicht der Fall sein. Im Extremfall kann, wie in diesem Beispiel, bei bestimmter Lesart das Gegenteil der tatsächlichen Eigenschaft durch den Bezeichner suggeriert werden.

3.3.4 Erste Erfahrungen und Ausblick

Nach dem ersten Durchlauf bekundeten die Seminarteilnehmer*innen in der abschließenden Gruppendiskussion, dass sich ihr Blick auf die Fachtexte des Informatikunterrichts geschärft hätte und somit ein bewussterer Umgang damit angeregt wurde. Insbesondere von der Textlastigkeit der Abituraufgaben im Fach Informatik zeigten sich die Studierenden überrascht und merkten an, dass dies die Lernenden vor große Herausforderungen stellt, auf die sie explizit vorbereitet werden sollten. Auch mit den von Aufgabe zu Aufgabe stark unterschiedlichen Anforderungen und teils verwirrenden, eigentlich der Veranschaulichung dienenden Real-Welt-Bezügen setzten sie sich kritisch auseinander. Zur Vertiefung entwickelten die Studierenden unter anderem Materialien zur Unterstützung der Lesekompetenz in einer Unterrichtsstunde zum Thema „Algorithmen" oder einen genredidaktischen Ansatz für das Schreiben natürlichsprachlicher Erläuterungen von „Methoden in Programmen".

Die Kooperation zwischen dem Lehrstuhl Didaktik der Informatik und dem Projekt ProDaZ soll in Zukunft weiter ausgebaut werden. Dabei wird das erstmalig im WS 2019/20 angebotene Seminar „Sprachbildung im Informatikunterricht" weiterentwickelt und in einem jährlichen Turnus verstetigt. Weiterhin werden Abschlussarbeiten (Bachelor- sowie Masterarbeiten) zu dem Themenbereich „Sprachbildung im Informatikunterricht"/„Sprachsensibler Informatikunterricht" vergeben. Die Ergebnisse dieser Arbeiten sollen u. a. an die bereits erfolgten Analysen anknüpfen und weiterführende Vertiefungen ermöglichen.

Die Studierenden werden im Rahmen des Vorbereitungsseminars für das Praxissemester die Möglichkeit erhalten, ihr Studienprojekt an diesem Themenbereich auszurichten. Dies ermöglicht den Studierenden bereits in der ersten längeren Praxisphase ihrer Lehramtsausbildung verschiedene Ansätze und Konzepte aus dem Seminar im Unterricht anzuwenden und diese zum Beispiel durch teilnehmende Beobachtung oder andere Methoden zu evaluieren. Zudem gewinnt die Mündlichkeit im Informatikunterricht durch die Einführung des Pflichtfachs Informatik eine besondere Bedeutung, sodass bei Studienprojekten beispielsweise der Fokus auf die *Teilfertigkeiten* Sprechen und Hörverstehen gesetzt werden könnte.

Neben weiteren eigenen Veröffentlichungen und Tagungsbeiträgen ist die Entwicklung von Lehrer*innenfortbildungen vorgesehen. Dabei werden die Forschungsergebnisse und aber auch die Arbeitsergebnisse aus der Lehrveranstaltung für die inhaltliche Gestaltung verwendet.

3

3.4 Chemische Konzepte und Sprache im Übergang – Ein Seminarkonzept zur praxisnahen Ausbildung von Lehramtsstudierenden in den Fächern Sachunterricht und Chemie in der Sekundarstufe I

Melanie Beese, Dennis Kirstein und Henning Krake

3.4.1 Einleitung

Im Rahmen dieses Beitrages wird eine gemeinsame Master-Veranstaltung für die Lehramtsstudiengänge Sachunterricht (Grundschule) und Chemie (Haupt-, Real-, Sekundar- und Gesamtschule) beschrieben, in der die Studierenden Lernsequenzen mit 60 min Länge für beide Schulformen planen, durchführen und reflektieren. Ein Ziel der Veranstaltung ist, die Möglichkeiten und Notwendigkeiten des sprachsensiblen Unterrichtens chemischer Inhalte aufzuzeigen. Ein besonderer Fokus wird dabei auf den Übergang vom naturwissenschaftlichen Sachunterricht zum chemischen Fachunterricht gelegt. Durch eine schulformübergreifende Gruppenarbeit wird die Heterogenität der Teilnehmenden unter anderem in Bezug auf Studienfach, chemisches Fachwissen und fächervernetzendes Lernen gewinnbringend aufgegriffen. Auch sehen sich die angehenden Lehrkräfte im späteren Beruf einem wachsenden Bedarf an sprachsensiblem Unterricht gegenüber. Die verstärkte Verzahnung von sprachlichem und fachlichem Lernen wird auf Dozierendenseite durch eine Kooperation der Didaktik der Chemie mit dem Institut DaZ/DaF erreicht und spiegelt sich in den geplanten Lernsequenzen wieder. Im Rahmen je eines Entdeckertages, bei dem je eine Grund- und eine Gesamtschulklasse die Universität besuchen, haben die Studierenden zudem die Gelegenheit, ihre geplanten Lernsequenzen in der Praxis zu erproben und im Anschluss videogestützt zu reflektieren.

3.4.2 Planung von Unterricht

Den zeitlichen wie inhaltlichen Kern der Veranstaltung bildet die theoriebasierte Planung von Unterricht mit chemischen Fachinhalten. Um den Unterricht möglichst lernwirksam zu gestalten, ist es Aufgabe der Studierenden, zentrale Bausteine zu berücksichtigen, die sich für den (experimentgestützten) Unterricht chemischer Inhalte als förderlich erwiesen haben bzw. curricular bindend sind. Dazu zählen die Kontextorientierung, der kumulative Wissensaufbau auf Basis einer Learning Progression, kognitive Aktivierung und inhaltliche Strukturierung als zentrale Qualitätsmerkmale des naturwissenschaftlichen Unterrichts und die Verzahnung von sprachlichem und fachlichem Lernen. Diese Bausteine sind jedoch nur sehr bedingt isoliert zu betrachten, sondern weisen Bezüge zueinander auf und beeinflussen sich immer wieder gegenseitig.

■ **Kontextorientierung**
Den Ausgangspunkt der Unterrichtsplanungen bildet das chemiedidaktische Konzept Chemie im Kontext (ChiK) (Demuth et al. 2008). Ziel ist, dass ein chemisches Konzept nicht rein fachlich, sondern ausgehend von einem für die Lernenden persönlich oder gesellschaftlich relevanten Kontext behandelt wird, der einen zentralen Anreiz und Be-

zugspunkt für die Erarbeitung chemischer Fachinhalte darstellt. Van Vorst et al. (2015) haben sowohl Erklärungsansätze zur positiven Wirkung von Kontexten auf das Interesse der Lernenden und zur intendierten Steigerung der Lernleistung wie auch Merkmale von Kontexten zusammengefasst, die helfen, die Eignung eines Kontextes zu bewerten. Zunächst gilt es also für die Studierenden, geeignete Kontexte auf Basis der Merkmale Bekanntheit, Relevanz, Komplexität und Authentizität (van Vorst, et al. 2015) auszuwählen und auch auf ihren fachlichen Hintergrund hin zu beschreiben. Der Bezug zur Lebenswelt, der über die Kontextorientierung hergestellt wird, eröffnet auch einen Zugang zur Auseinandersetzung mit alltags- und fachsprachlichen Phänomenen, sodass hier eine Anknüpfung an den Planungsbaustein sprachliches und fachliches Lernen existiert.

Das Konzept Chemie in Kontext basiert neben der Säule „Kontextorientierung" auf den Säulen „Vernetzung zu Basiskonzepten" und „Unterrichtsgestaltung". Diese werden in den folgenden Abschnitten aufgegriffen.

■ Learning Progression

Die Säule „Vernetzung zu Basiskonzepten" sieht vor, dass das im Rahmen des Kontextes erworbene Wissen dekontextualisiert, das heißt in bestehende Konzepte integriert wird, um es leichter auf andere Kontexte übertagbar zu machen und einen kumulativen Wissensaufbau zu ermöglichen. Der Kernlehrplan für das Fach Naturwissenschaften an Gesamtschulen in Nordrhein-Westfalen (NRW) (Ministerium für Schule und Weiterbildung des Landes Nordrhein-Westfalen 2012) benennt drei Basiskonzepte: Struktur der Materie, Energie und Chemische Reaktion. Für diese drei Basiskonzepte wurde von Celik und Walpuski (2018) eine Learning Progression in Form einer Strand Map entwickelt und evaluiert (Celik und Walpuski 2018; Rother und Walpuski 2020), die den Aufbau der Basiskonzepte im Laufe der Sekundarstufe I in Form von aufeinander aufbauenden Kernideen beschreibt. Diese Learning Progression wurde von dem Autorenteam dieses Artikels um die chemischen Kernideen des Sachunterrichts an Grundschulen in NRW erweitert (siehe ◘ Abb. 3.12).

In der Abbildung sind die drei Basiskonzepte farblich kodiert. Die Verwendung von Mischfarben (lila und orange) soll hier andeuten, dass eine eindeutige Zuordnung ausgewählter Kernideen zu einem Basiskonzept nicht immer funktioniert. Die gestrichelte Linie markiert den Übergang zwischen Sach- und Fachunterricht. Im Gegensatz zur Learning Progression für die Sekundarstufe I ist der Teil für die Grundschule bisher ein Arbeitspapier, dessen wissenschaftliche Evaluation aber in Planung ist.

Bereits jetzt erweist sich die Strand Map als wertvolle Orientierung bei der Planung der Lernsequenzen. Die Arbeit mit der Learning Progression hilft den Studierenden sowohl bei der Lernzielbestimmung als auch dabei, das aktive Einbringen von Vorwissen zu unterstützen, ein zentrales, lernwirksames Qualitätsmerkmal des experimentgestützten Chemieunterrichts (Schulz 2011). Die Strand Map unterstützt die Studierenden auch bei der Gestaltung des Übergangs von der Grundschule zur Sekundarstufe I. Die Studierenden haben die Aufgabe, die Lernsequenzen für die Grundschule und die Sekundarstufe I anhand der aufeinander aufbauenden Kernideen eines Strangs zu planen. Dabei gibt eine Kernidee den *lower anchor* an, das heißt das Vorwissen der Lernenden, und die darüber liegende Kernidee den *upper anchor*, also das Lernziel der Lernsequenz (Durschl et al. 2011). Das Lernziel der Lernsequenz der Grundschule ist dann in der Regel der *lower anchor* für die Lernsequenz der Sekundarstufe I. Mit den jeweiligen Kernideen sind ebenfalls ein charakteristischer Wortschatz, spezifische Sprachmuster sowie teilweise Darstellung in Modellform verbunden. Damit hilft die Strand Map außerdem dabei,

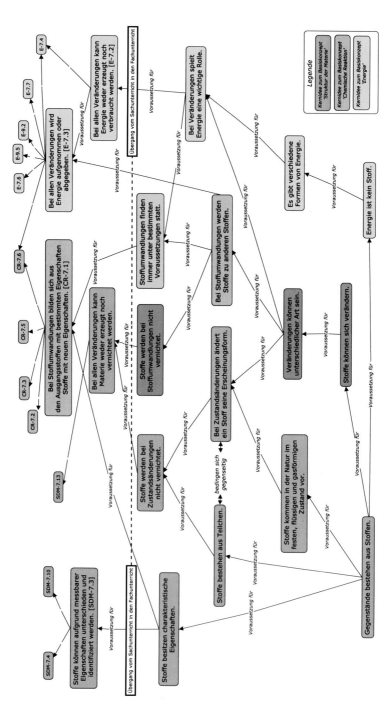

■ **Abb. 3.12** Entwicklung chemischer Kernideen in der Grundschule (modifiziert und erweitert nach Rother und Walpuski 2020)

wesentliche sprachliche Lernziele zu identifizieren und den Übergang auf sprachlicher Ebene zu gestalten.

- **Kognitive Aktivierung und inhaltliche Strukturierung**

Den Unterricht unter Berücksichtigung lernwirksamer Qualitätsmerkmale für naturwissenschaftlichen Unterricht zu gestalten, ist ein weiterer Baustein der Planung von Unterricht. Als zentrale Qualitätsdimensionen werden hier in Anlehnung an Kleickmann (2012) sowie Klieme et al. (2009) kognitive Aktivierung und inhaltliche Strukturierung aufgegriffen.

Bei der kognitiven Aktivierung werden im Seminar die Punkte problemorientierte Aufgabenstellungen und Lebensweltbezug, aktives Einbringen von Vorwissen und die Kommunikation bzw. Kooperation zwischen Lernenden thematisiert (Kleickmann 2012).

Zur inhaltlichen Strukturierung wird den Studierenden als Planungsunterstützung die Möglichkeiten der Tiefenstrukturierung der Lernsequenzen in Anlehnung an die Basismodelle des Lehrens und Lernens von Oser (Oser und Baeriswyl 2001) vorgestellt. In der physikdidaktischen Forschung wurden für drei der zwölf Basismodelle die besondere Bedeutung und deren Lernwirksamkeit hinreichend belegt (Zander 2016; Maurer 2016; Geller 2015). Diese drei werden im Seminar vorgestellt: Lernen durch Eigenerfahrung, Problemlösen, Begriffs- und Konzeptbildung. Für das Seminar wurden die Basismodelle so angepasst, dass jeweils eine experimentelle Phase vorgesehen ist (siehe ◘ Tab. 3.2).

◘ **Tab. 3.2** Basismodelle des naturwissenschaftlichen Unterrichts mit Experiment (modifiziert nach Oser und Baeriswyl 2001)

HKS	(Kognitive) Aktivität des Handlungskettenschrittes (HKS)		
	Basismodell 1: Lernen durch Eigenerfahrung	**Basismodell 3: Problemlösen**	**Basismodell 4: Begriffs- und Konzeptbildung**
1	Planung des Experiments (guided/open inquiry)	Problemgenerierung durch Diskrepanzerlebnis (z. B. unerwartete Beobachtung bei Experiment)	Rückgriff auf und Bewusstmachung von Vorwissen
2	Durchführung des Experiments, Beobachtungen machen	Problemformulierung durch Lernende, um Problemverständnis zu zeigen (guided/open inquiry)	Durchführung eines Experiments
3	Auswertung des Experiments, Deuten der Beobachtungen	Planen von Experimenten zur Lösung des Problems	Sammeln der Beobachtungen und Auswerten des Experiments (Explizierung des neuen Begriffs/Konzepts)
4	Deduktion/Verallgemeinerung der exemplarischen Auswertung	Durchführung der Experimente	Einordnung und In-Beziehung-Setzen des neuen Begriffs/Konzepts zu bereits Bekanntem
5	Herstellen eines Alltagsbezugs/Einbettung in ein Konzept bzw. einen Kontext	Evaluation des Lösungsweges – Abstraktion/Verallgemeinerung/Anwendung des Lösungsweges	Transfer auf/Verwendung des neuen Begriffs in anderen Kontexten

3

Die Basismodelle bieten den Studierenden auf der einen Seite Unterstützung, da die lernzielabhängigen Prozessschritte (Handlungskettenschritte) vorgegeben sind, die methodische Ausgestaltung aber für die Studierenden offen bleibt und die Möglichkeit der Anpassung an die Lernenden bietet. Das Basismodell 4 „Begriffs- und Konzeptbildung" wird dabei von den Studierenden mit Abstand am häufigsten gewählt.

■ **Sprachliches und fachliches Lernen**

Die in der Veranstaltung vermittelten Inhalte basieren auf dem Prinzip, dass die sprachlichen Lernziele des Unterrichts ausgehend von fachlichen Lernzielen, Lerngegenständen und didaktischen Konzepten zu bestimmen sind. Ziel ist, die unterrichtssprachlichen Kompetenzen der Lernenden ausgehend von der Lernausgangslage systematisch zu entwickeln (Gibbons 2015). Hierfür ist es notwendig, Zeit und Arbeitsphasen für die Erarbeitung, Sicherung und Übung des sprachlichen Lernziels einzuplanen (Tajmel und Hägi-Mead 2017). Damit dies realistisch möglich ist, ist es notwendig, sich in der sprachlichen Förderung auf die rezeptiven und produktiven sprachlichen Anforderungen zu fokussieren, die für den Unterricht speziell im Fach Chemie von besonderer Relevanz sind. Analog zu den fachlichen Lernzielen ist hierbei zu unterscheiden zwischen themenspezifischen sprachlichen Anforderungen (v. a. Wortschatz, der speziell für ein Thema eingeführt wird) und den nachhaltigen sprachlichen Anforderungen (Wortschatz, Sprachmuster, Textsorten, Darstellungsformen), die über die Jahrgangsstufen hinweg immer wiederkehren bzw. ausgebaut werden (Beese, et al. 2014). Letztere sind im Sinne einer Learning Progression über die Jahrgangsstufen hinweg aufzubauen (Roll et al. 2019a) und ermöglichen oftmals weitere Zugänge zum Verständnis naturwissenschaftlicher Erkenntnisgewinnung (Enzenbach et al. 2019), chemischer Basiskonzepte und der Trennung von Stoff- und Teilchenebene.

In der Veranstaltung werden den Studierenden vor diesem Hintergrund charakteristische sprachliche Anforderungen der chemischen Inhalte des Sachunterrichts und des Chemieunterrichts der Sekundarstufe I sowie didaktische Grundlagen zum sprachsensiblen Unterricht vermittelt (Beese und Kirstein 2018; Streller et al. 2019). Sie lernen charakteristische, aber oft unbeachtete sprachliche Anforderungen auf Wortschatzebene kennen. Ein besonderer Fokus wird auf drei solcher Phänomene gelegt: (1) die Herausforderungen von Verben durch ihre Vorsilben (einsetzen, aufsetzen, zusetzen, versetzen) und ihre spezifischen Präpositionen, (2) auf chemietypische Wortbildungsverfahren (Adjektivbildung mit der Endsilbe -haltig, Stoffbezeichnungen durch die Endsilbe -oxid) und auf Wortbildung basierenden Wortfeldern (lösen, Lösung, löslich, Löslichkeit; Reaktionsgleichung, reaktionsfreudig, Nachweisreaktion) sowie (3) die Auseinandersetzung mit Alltags- und Fachbegriffen (sauer, Gehalt). Sie lernen außerdem, weitere sprachliche (z.B. grammatische) Phänomene zu identifizieren, die in einer Unterrichtseinheit von besonderer Bedeutung sind und nachhaltig im Chemieunterricht benötigt werden (z.B. die grammatische Formulierung, um Voraussetzungen für Verbrennungsreaktionen zu formulieren). Das Prinzip der Learning Progression wird am Beispiel der Entwicklung von Satzmustern für die Kernidee „Bei Stoffumwandlungen werden Stoff zu anderen Stoffen" vom Sachunterricht bis zum Ende der Sekundarstufe I illustriert, außerdem am Beispiel des Versuchsprotokolls. An diesem Beispiel wird auch das Potenzial des sprachbildenden Unterrichts für die Entwicklung von experimenteller Kompetenz und dem Verständnis für das Prinzip naturwissenschaftlicher Erkenntnisgewinnung verdeutlicht (siehe ■ Tab. 3.3).

◘ Tab. 3.3 Auszug aus den sprachlichen Merkmalen des Versuchsprotokolls (Abschnitt Beobachtung)

	Primarstufe	Jahrgangsstufe 5–7
Sinn	Ich kann sehen/riechen/hören/fühlen, dass ...	Man kann sehen/riechen/hören/fühlen, dass ...
Zeitpunkt der Beobachtung	Am Anfang ... Am Ende ... Wenn ich ... hineinschütte, dann ...	Am Anfang ... Am Ende ... Wenn man ... hinzugibt, dann ... Wenn ... [Zeitpunkt], dann ...
Ort der Beobachtung	Am Boden des Glases ..., In der Flüssigkeit ...,	Am Boden des Glases ..., In der Flüssigkeit ...,
Art der Veränderung	Die Farbe ändert sich. Sie wird ...	Die Farbe ändert sich von ... zu ... Es gibt einen Farbumschlag von ... zu ...
	Es steigen Blasen auf.	Es steigen Blasen auf. Es bildet sich also ein Gas.
	Am Boden ist nun ein fester Stoff. Er ist ...	Es bildet sich ein Feststoff. (Er setzt sich am Boden/an den Rändern ab.) Er ist/hat ... [Eigenschaften].
	Das Glas wird warm.	Die Temperatur steigt.

Die Veranstaltung fokussiert hauptsächlich auf die produktiven sprachlichen Kompetenzen (Klinger et al. 2019). Rezeptive sprachliche Kompetenzen werden jedoch am Beispiel der Lesestrategien für Versuchsvorschriften sowie – als Ausblick auf die höheren Jahrgangsstufen – beim Darstellungswechsel von Modell, Formel- und Schriftsprache thematisiert. Außerdem wird das Potenzial der mehrsprachigen Ressourcen in der Klasse für die Erarbeitung neuer Fachinhalte, die Entwicklung von Textsortenbewusstsein sowie für die Auseinandersetzung mit Schülervorstellungen, die durch Alltags- bzw. mehrdeutige Fachbegriffe hervorgerufen werden, behandelt (Beese und Gürsoy 2019).

Im Rahmen der Planung identifizieren und formulieren die Studierenden angemessene sprachliche Lernziele für ihre Lernsequenzen (Tajmel und Hägi-Mead 2017). Hierbei stehen die Studierenden vor einer besonderen Herausforderung: Normalerweise werden sprachliche Lernziele für Unterrichtsreihen geplant (mit zwei bis drei sprachlichen Lernzielen für eine längere Unterrichtsreihe), da die Erarbeitung eines neuen Fachinhalts idealerweise in einer anderen Unterrichtsstunde stattfindet als die Erarbeitung eines neuen sprachlichen Lernziels und die Übungsphasen für dieses sprachliche Lernziel anschließend auf mehrere Unterrichtsstunden verteilt sind (Kniffka 2012). Da die Studierenden in ihren Lernsequenzen einen neuen Fachinhalt und gleichzeitig das sprachliche Lernziel erarbeiten, sichern und üben lassen sollen, muss das sprachliche Lernziel sehr eng gefasst sein, um eine kognitive Überforderung zu verhindern. So kann ein vom Umfang angemessenes sprachliches Lernziel die Wortbildung mit -haltig sein, Verben der Versuchsdurchführung und ihre Vorsilben, die Verben der Zustandsänderungen, die Formulierung von Bedingungen, einzelne Satzmuster zu einer neu entwickelten Kernidee oder zu einem Abschnitt des Versuchsprotokolls, die Reflektion eines Alltags- und Fachbegriffs wie Stoff, Wasser usw. Diese reduzierte Form ist allerdings ausreichend, damit die Studierenden das Prinzip des sprachsensiblen Fachunterrichts anwenden lernen können.

3

3.4.3 Durchführung und Reflexion von Unterricht

Die Studierenden entwickeln in Kleingruppen je eine Lernsequenz für die Primarstufe (Jahrgangsstufe 3 oder 4) und die Sekundarstufe I (Jahrgangsstufe 6 oder 7), wobei sie von den Lehrenden hinsichtlich der in ▶ Abschn. 3.4.2 genannten Schwerpunkte angeleitet und unterstützt werden. In jeder Kleingruppe sind sowohl Grundschul- als auch HRSGe-Studierende. Dies hat sich als besonders produktiv für die Gruppenarbeit erwiesen, da die HRSGe-Studierenden i. d. R. mehr chemisches Fachwissen und Experimentideen mitbringen, die Grundschulstudierenden hingegen mehr Erfahrung im kontextorientierten Lernen sowie in der Verzahnung fachlichen und sprachlichen Lernens.

Etwa zwei Wochen vor den Entdeckertagen werden die geplanten Lernsequenzen in der Veranstaltung gemeinsam mit den anderen Kursteilnehmenden und den Lehrenden ein erstes Mal durchgeführt und reflektiert (Erprobung, vgl. ◼ Abb. 3.13). Auf der Grundlage des Feedbacks überarbeiten die Planungsgruppen ihre Lernsequenzen. Zum Ende jedes Semesters finden zwei Entdeckertage statt. An dem ersten besucht eine Grundschulkasse, am zweiten eine Gesamtschulklasse die Universität. Die Lernenden stammen vielfach aus sozial schwachen Elternhäusern, verfügen über eher geringe bildungssprachliche Fähigkeiten, dafür jedoch über alltagssprachliche Fähigkeiten in mehreren Sprachen. Einzelne Lernende der Grundschule sind erst seit wenigen Monaten in Deutschland. Bei vielen Studierenden führt die Begegnung mit der Lerngruppe zu einem „Realitätsschock", nach welchem sie – wie sie in der Evaluation angaben – dem sprachsensiblen und differenzierenden Unterrichten einen deutlich höheren Stellenwert beimessen als vorher.

An den Entdeckertagen wird die Kleingruppe der Studierenden halbiert. Die eine Hälfte unterrichtet eine Gruppe von Lernenden, während die andere Hälfte die Durchführung der Lernsequenz mithilfe eines Reflexionsbogens beobachtet, der insbesondere Transparenz und Erreichen des fachlichen und sprachlichen Lernziels sowie Ausgestaltung und Übergang zwischen den Handlungskettenschritten fokussiert. Anschließend wird getauscht. Nun führt die andere Hälfte der Studierenden die Lernsequenz mit einer anderen Schülergruppe durch. Zusätzlich werden die Studierenden bei einer Durchführung videographiert.

Nach den Entdeckertagen wird die Durchführung der Lernsequenzen in zwei Sitzungen videobasiert reflektiert. In der ersten stehen die Qualitätsmerkmale von Unterricht im Fokus der Reflektion, in der zweiten die Verzahnung sprachlichen und fachlichen

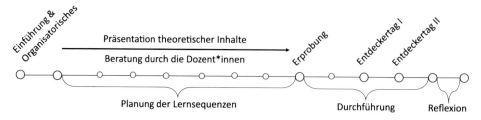

◼ **Abb. 3.13** Struktur der Lehrveranstaltung „Kontextorientierter Sach- und Chemieunterricht"

Lernens. Beide werden sowohl auf der Ebene von Stundenstruktur und Arbeitsmaterial als auch auf der Ebene der Unterrichtsinteraktion betrachtet. Die Studierenden erhalten hierfür ausgewählte Videosequenzen, die sie zunächst in Eigenarbeit reflektieren. Anschließend wählen sie besonders gelungene und verbesserungswürdige Sequenzen aus, die sie mit den übrigen Studierenden gemeinsam reflektieren.

Die Modulabschlussleistung besteht in der semesterbegleitenden Verschriftlichung des gesamten Prozesses, angefangen bei der Planung der Lernsequenzen bis zur Reflexion im Sinne eines prozessbegleitenden Portfolios.

3.4.4 Fazit und Ausblick

Die regelmäßige Evaluation der Veranstaltung am Ende jedes Semesters, in der der allergrößte Teil der Studierenden die Veranstaltung als (sehr) gewinnbringend bewertet, bestätigt die Lehrenden darin, dass das Grundkonzept das Richtige ist. Insbesondere die Möglichkeit der praktischen Umsetzung und die damit verbundene Konfrontation mit Heterogenität sowie die Möglichkeit zur Videoreflexion werden positiv hervorgehoben. Auch die Verzahnung von sprachlichem und fachlichem Lernen wird von den Studierenden geschätzt, ebenso die gemeinsame Veranstaltung, die Einblicke in die jeweils andere Schulform vermittelt. Kritisiert wird hingegen immer wieder die Diskrepanz zwischen der Hervorhebung der Wichtigkeit der korrekten Antizipation der Lernvoraussetzungen der Lernenden sowohl auf sprachlicher wie auch auf fachlicher Seite und der mangelnden Bereitstellung klassenspezifischer Informationen hierzu. Kurzfristig soll dieses Defizit durch die Erstellung von Material abgemildert werden, das den Kenntnisstand der Lernenden in Bezug auf Sprache und Fachwissen näher beschreiben kann. Mittelfristiges Ziel ist es aber, die Lehrkräfte an den Schulen stärker in die Arbeit an und optimalerweise in der Veranstaltung zu integrieren.

Insgesamt ist im Laufe der Zeit eine Lehrveranstaltung in der Lehramtsausbildung entstanden, die eine theoriegeleitete Sicht auf Unterricht mit Erfahrungen aus der Praxis in Beziehung setzt. Besonders für den Aufbau professioneller Kompetenz im Bereich Sprachbildung ist dies von zentraler Bedeutung, um angehende Lehrkräfte bereits in der ersten Phase der Ausbildung auf die komplexen, aber auch bereichernden Herausforderungen und Chancen sprachlicher Diversität im Schulalltag zeitgemäß und effektiv vorzubereiten.

3.5 Ausblick

Die in diesem Buch vorgestellten Konzepte und Materialien für eine sprachbewusste und gleichsam fachbezogene Hochschullehre in der Lehramtsausbildung Mathematik bilden einerseits den Mittelpunkt der Kooperation des Autorenteams, sie stehen andererseits im Zusammenhang mit weiteren gemeinsamen Aktivitäten. Wir möchten daher abschließend einen größeren Rahmen aufspannen, der auch Anregungen für weitere interdisziplinäre Kooperationen geben soll.

3

3.5.1   Aktivitäten im Rahmen der Kooperation

Eine für die sprachbewusste Hochschullehre in mehrfacher Hinsicht wichtige Schnittstelle bildet die **Zusammenarbeit mit Schulen**. So stand am Beginn der hier vorgestellten interdisziplinären Kooperation die Beratungsanfrage eines Gymnasiums mit dem Ziel, den Mathematikunterricht sprachbewusster zu gestalten. Wir haben diese Anfrage zum Anlass genommen, um uns am Beispiel eines klar abgegrenzten Themengebiets – Wahrscheinlichkeitsrechnung in der 10. Klasse – zunächst über zentrale Inhalte unserer Disziplinen zu verständigen. Als besonders hilfreich erwies sich dabei die gemeinsame, mehrperspektivische Analyse von Materialien aus dem Mathematikunterricht, die uns die Lehrkräfte zur Verfügung stellten (z. B. Aufgaben aus dem verwendeten Lehrwerk, Schülerlösungen zu Klausuren und Beobachtungsdaten aus dem Unterricht). Über die exemplarische Diskussion dieser Materialien kristallisierte sich sukzessive heraus, welche didaktischen Prinzipien und theoretischen Konzepte für die jeweilige Disziplin von Bedeutung sind und wo sich Synergien zeigen, die im besten Fall Sprachbildung als selbstverständlichen Bestandteil des Mathematikunterrichts erkennbar werden lassen. Die Erkenntnisse bildeten die Grundlage für die **wissenschaftliche Begleitung** der Schule, die zum einen Impulse für die unterrichtliche Entwicklung und die gemeinsame Arbeit an Lehrmaterialien umfasste, zum anderen eine Masterarbeit zur sprachlichen Unterstützung neu zugewanderter Schüler im Mathematikunterricht (Schulze Osthoff 2017) ermöglichte.

Ein zweites Beispiel für den engen Austausch mit einer Schule ist die SchlaU-Schule in München, mit der wir über einen längeren Zeitraum zusammengearbeitet haben. Die Schule ermöglicht geflüchteten Jugendlichen im Alter zwischen 16 und 21 Jahren schulanalogen Unterricht, bereitet sie auf den Ersten allgemeinbildenden Schulabschluss (ESA) vor und begleitet ihren Übergang in die Berufsausbildung. In der zugehörigen SchlaU-Werkstatt für Migrationspädagogik werden zielgruppenadäquate Lehr-Lern-Materialien für Deutsch als Zweitsprache und sprachsensiblen Fachunterricht entwickelt und publiziert. Wir begleiteten die **Konzeption von Lehr-Lern-Materialien** für das Fach Mathematik (z. B. SchlaU-Werkstatt für Migrationspädagogik 2020) mit Workshops, durch die Kommentierung von Materialentwürfen aus mathematikdidaktischer und sprachbildender Sicht sowie durch die **Einbindung von Studierenden**, die im Rahmen von Bachelor- bzw. Masterarbeiten (Scharnofske 2019, Schmitt 2019) ausgewählte Materialien erprobten, adaptierten und Rückmeldungen dazu gaben. So erweist sich die Zusammenarbeit auch unter dem Forschungsaspekt als weiterführend.

Konzeptbildung durch Studierende in der Schule begleiten

Viele Studierende erleben in Praxisphasen des Studiums, dass die Fachgruppen Mathematik an den Schulen sich fragen, wie sich fachdidaktische Konzepte für einen sprachbewussten Mathematikunterricht für das eigene bzw. in der Fachgruppe abgestimmte unterrichtliche Handeln nutzen lassen – so etwa die in ▶ Abschn. 2.3 dargestellten Aufgabenvariationen als Beispiele für die Adressierung von Sprachbildung durch die Nutzung unterschiedlicher Repräsentationsmittel im Mathematikunterricht. Diskutiert werden dabei ebenso fachbezogene Anlässe, um etwa die Arbeit an Aufgaben und Aufgabenvariationen für die konzeptionelle Arbeit in fruchtbarer Weise zu nutzen.

Viele Schulen haben mittlerweile Konzepte zur Sprachbildung erstellt. Ein Mangel dieser Konzepte wird von vielen Kolleginnen und Kollegen häufig aber noch darin gesehen, dass ihnen der konkrete fachspezifische Übertrag schwerfällt bzw. die Ausführungen häufig als sehr allgemein empfunden werden und dadurch nur bedingt für den eigenen Unterricht adaptierbar sind. Daher besteht ein besonderes Potential darin, allgemeine Konzepte zur Sprachbildung um jeweils fachspezifische Teile zu ergänzen. Einen Beitrag kann in diesem Zusammenhang die Entwicklung eines abgestimmten Konzepts zur Sprachbildung im Fachunterricht leisten. Ein solches Konzept wollte eine Fachgruppe Mathematik an einer weiterführenden Schule für sich erarbeiten, bei der eine Studierende ihr Praxissemester absolvierte. Die Studierende verknüpfte die Arbeit an diesem Konzept mit ihrem Studienprojekt, das sich thematisch der Begleitung des Entwicklungsprozesses widmete. Eine vertiefende Betrachtung konnte im Anschluss im Rahmen der Masterarbeit im Fach Mathematik vorgenommen werden. Ausgangspunkt für die Entwicklung eines solchen Konzeptes bildete in dem hier vorgestellten Beispiel die Arbeit an und Variation von Aufgaben.

Anlass war zunächst der große Bedarf an Sprachbildung im Unterricht generell, bedingt durch eine sprachlich sehr heterogene Schülerschaft. Im Rahmen der Arbeit mit der Fachgruppe wurde zunächst der oben beschriebene inhaltliche Schwerpunkt gesetzt: Die Fachgruppe entschied sich, Darstellungsvernetzung als Mittel der Sprachbildung im Mathematikunterricht gezielt zu nutzen. Da das im Unterricht genutzte Mathematikbuch Darstellungswechsel eher sparsam einsetzte, hat die Fachgruppe sich dafür entschieden, zunächst einige Beispielaufgaben zu unterschiedlichen Themen unterschiedlicher Jahrgänge auszuwählen und zu diskutieren. Vor diesem Hintergrund wurden dann gemeinsame Aufgabenvariationen mit dem Ziel vorgenommen, die Aufgaben im Sinne der Sprachbildung durch gezielte Darstellungsvernetzung zu verändern. Um vor diesem Hintergrund den Prozess der Konzepterstellung gezielt anzustoßen, wurden folgende Leitfragen entwickelt, die von der Studierenden im Rahmen der Arbeit qualitativ ausgewertet wurden:

- Welche Bedarfe an Sprachbildung im Fach bestehen aus Sicht der Lehrkräfte bzw. des jeweiligen Fachunterrichts?
- Wie wurde bei der Variation der Aufgaben vorgegangen?
- Worauf muss bei der Aufgabenvariation geachtet werden?
- Welche Kriterien sind bei der Formulierung eines Konzeptes zur Sprachbildung im Fach notwendig?

Auf diese Weise wurden von den Lehrkräften zunächst – ausgehend vom genutzten Mathematikbuch – Aufgabenvariationen entwickelt, anhand derer der Prozess der Erstellung eines solchen Konzeptes zur fachbezogenen Sprachbildung initiiert wurde. Die Studierende hat im Rahmen dieses Prozesses gleichzeitig einen Beitrag zur Innovation von unterrichtlichen Entwicklungsprozessen geleistet und konnte wertvolle Einsichten in die konzeptionelle Arbeit von Lehrkräften gewinnen.

Einen ganz anderen Aspekt unserer Kooperation stellt die **Weiterentwicklung der gemeinsamen Lehrveranstaltungen** dar. Für Studierende bedeutet das Lernen und Forschen unter Berücksichtigung zweier Disziplinen oft eine große Herausforderung: Sie

3

müssen die Doppelperspektive von Fach und Sprache einnehmen, ggf. auch in besonders beanspruchenden Kontexten wie dem forschenden Lernen in Praxisphasen oder bei der Anfertigung einer Abschlussarbeit. Um den Studierenden eine optimale Verknüpfung von fach- und sprachdidaktischen Elementen in der Lehramtsausbildung zu bieten, entwickeln wir die Lehre kontinuierlich weiter. Zentrale Fragen hierbei sind u. a.:

- Wie kann das Thema Sprachbildung in fachdidaktischen Veranstaltungen selbst durchgängig umgesetzt werden?
- Wie kann eine Ausgewogenheit von fachlichen/fachdidaktischen und sprachlichen/sprachdidaktischen Inhalten hergestellt werden?
- Welche Materialien und Übungen eignen sich, um die Studierenden insbesondere beim forschenden Lernen zu unterstützen?
- Wie kann eine enge Verknüpfung von universitären Ausbildungsinhalten und schulpraktischen Erfahrungen hergestellt werden?
- Welche Inhalte, Forschungsmethoden und Formen der kollegialen Zusammenarbeit können die Studierenden langfristig in ihren Schulalltag integrieren?

Dafür erweisen sich regelmäßige studentische Rückmeldungen während des Seminars und im Rückblick als hilfreich, wie in ▶ Abschn. 3.1 dargelegt. Ein Forschungsdesiderat bildet die längerfristige systematische Begleitung ehemaliger Studierender in ihrer schulischen Praxis.

Die Frage, wie sich Sprachbildung in allen Fächern und für spezifische Lernendengruppen bestmöglich umsetzen lässt und wie eine entsprechende Vorbereitung angehender Lehrkräfte aussehen kann, ist international weiterhin von großer Bedeutung. Daher spielen selbstverständlich auch der **intensive Austausch und die Vernetzung mit Forschenden aus dem In- und Ausland** sowie entsprechende Publikationstätigkeiten eine wichtige Rolle.

3.5.2 Sprachbildung in der Hochschule: Ansatzpunkte zur Vernetzung

Abschließend seien an dieser Stelle einige Anregungen genannt, um eine interdisziplinäre Vernetzung auf Hochschulebene zu initiieren. Um nicht missverstanden zu werden: Auch wenn die hier beschriebenen Konzepte in einer Kooperation von Mathematikdidaktik und Sprachdidaktik entstanden sind, so lässt sich vieles natürlich auch ohne eine solche interdisziplinäre Zusammenarbeit im eigenen Fach auf den Weg bringen. Die hier beschriebenen Konzepte und Ideen eignen sich aus unserer Sicht insbesondere auch als Beispiele und Anregungen für die Adaption in der eigenen Lehre (im Fach).

Gleichwohl kann eine bewusste Kooperation zwischen Sprachbildung und Fach hilfreiche und wichtige Impulse für die Weiterentwicklung der eigenen Lehre und darüber hinaus liefern. Zu Beginn einer solchen Kooperation kann es sinnvoll sein, sich über zentrale Konzepte auszutauschen, die die jeweilige Disziplin kennzeichnen. Dafür ist es lohnenswert, zunächst einige Themen zusammenzustellen, die regulärer Bestandteil der fachinhaltlichen, fachdidaktischen bzw. DaZ-/sprachdidaktischen Veranstaltungen sind und die eventuell schon Anknüpfungspunkte zur jeweils anderen Disziplin eröffnen könnten.

- Beispiel Fachdidaktik Mathematik: Vorstellungsorientierung und kognitive Aktivierung; Begriffsbildung; Rolle von Darstellungen; prozessbezogene Kompetenzen („Argumentieren", „Kommunizieren"), Lernen mit digitalen Werkzeugen usw.
- Beispiel DaZ-/Sprachdidaktik: Linguistische Analyse von Fachtexten und Schülerdokumenten aus dem Fachunterricht; Leitlinien zur Sprachbildung im Fach; Ansätze wie Scaffolding, SIOP, genrepädagogischer Lehr-Lern-Zyklus; Mehrsprachigkeit im Fachunterricht; Sprachvergleich usw.

Im gemeinsamen Austausch – idealerweise anhand konkreter praxisnaher Materialien (z. B. Aufgabenstellungen und Texte aus Lehrwerken, schriftliche Lernendendokumente, von Lehrkräften erstelltes Lern- oder Prüfungsmaterial, Videos aus dem Fachunterricht, Lehrpläne usw.) – lassen sich Aspekte identifizieren, bei denen Gemeinsamkeiten und Anregungen für die Zusammenarbeit sichtbar werden. Für den Einstieg in eine Kooperation kann es sinnvoll sein, einen konkreten Anlass für die Zusammenarbeit zu definieren. Dabei sind natürlich viele Varianten denkbar, zum Beispiel:

- Planung einer gemeinsamen Lehrveranstaltung oder einzelner gemeinsamer Sitzungen
- Entwicklung und Pilotierung von sprachbildenden Unterrichtsmaterialien
- wissenschaftliche Begleitung einer Schule bei der Entwicklung eines sprachbewussten Unterrichtskonzepts
- interdisziplinäre Betreuung von Studierenden im Kontext einer Praxisphase oder bei einer Abschlussarbeit
- Forschung an der Schnittstelle von Fach und Sprache zur Vorbereitung eines Tagungsbeitrags/einer Publikation/eines Projekts

Wir wünschen den Leserinnen und Lesern dieses Buches nicht nur eine anregende Arbeit bei der Weiterentwicklung der eigenen Lehre, sondern auch spannende neue Einsichten durch Kooperationen, die auch den Blick auf das eigene Fach erweitern können.

Serviceteil

Literatur

Abbott, R. J. (1983). Program Design by Informal English Descriptions. *Communications of the ACM, 26*(11), 882–894.

Abshagen, M. (2015). *Praxishandbuch Sprachbildung Mathematik. Sprachsensibel unterrichten Sprache Fördern*. Sprachen: Klett.

Ackeren, van, I., & Herzig, S. (2016). Hochschulbeiträge zum Praxissemester. Die Bedeutung von Studienprojekten. Das Praxissemester auf dem Prüfstand. Zur Evaluation des Praxissemesters in Nordrhein-Westfalen. Schule NRW. *Amtsblatt des Ministeriums für Schule und Weiterbildung* (Beilage November 2016), 4–6.

Altrichter, H., Posch, P., & Spann, H. (2018). *Lehrerinnen und Lehrer erforschen ihren Unterricht*. Klinkhardt.

Barab, S., & Squire, K. (2004). Design-based research: Putting a stake in the ground. *Journal of the Learning Sciences, 13*(1), 1–14.

Backus, A. (2013). Turkish as an Immigrant Language in Europe. In T. K. Bhatia & C. R. William (Hrsg.), *The handbook of bilingualism and multilingualism* (S. 770–790). Blackwell.

Batur, F., & Strobl, J. (2019). *Discipline-Specific Language Learning in a Mainstream Computer Science Classroom: Using a Genre-Based Approach*. 14th Workshop in Primary and Secondary Computing Education (WiPSCE'19), Glasgow, Scotland, October 23–25, 2019. Bd. 1–4. ACM Press. https://doi.org/10.1145/3361721.3362115.

Batur, F., & Strobl, J. (2020). Von formalen und natürlichen Sprachen: Eine Kooperation zwischen der Didaktik der Informatik und ProDaZ. *In ProDaZ-Journal, 3*(4), 3. Abgerufen am 19.01.2021 von https://www.uni-due.de/imperia/md/content/prodaz/prodaz_journal_3_a4.pdf.

Barzel, B., & Selter, C. (2015). Die DZLM-Gestaltungsprinzipien für Fortbildungen. *Journal für Mathematik-Didaktik, 36*(2), 259–284. https://doi.org/10.1007/s13138-015-0076-y.

Baumann, B., & Becker-Mrotzek, M. (2014). *Sprachförderung und Deutsch als Zweitsprache an deutschen Schulen: Was leistet die Lehrerbildung? Überblick, Analyse und Handlungsempfehlungen*. Mercator-Institut für Sprachförderung und Deutsch als Zweitsprache.

Baumann, B. (2017). Deutsch als Zweitsprache in der Lehrerbildung. Ein deutschlandweiter Überblick. In M. Becker-Mrotzek, P. Rosenberg, C. Schroeder & A. Witte (Hrsg.), *Deutsch als Zweitsprache in der Lehrerbildung* (S. 9–26). Waxmann.

Becker-Mrotzek, M., Schramm, K., Thürmann, E., & Vollmer, H. J. (Hrsg.). (2013). *Sprache im Fach: Sprachlichkeit und fachliches Lernen*. Waxmann.

Beese, M., Benholz, C., Chlosta, C., Gürsoy, E., Hinrichs, B., Niederhaus, C., & Oleschko, S. (2014). *Sprachbildung in allen Fächern*. DLL, Bd. 16. Klett-Langenscheidt.

Beese, M., Kleinpaß, A., Krämer, S., Reschke, M., Rzeha, S., & Wiethoff, M. (2017). *Praxishandbuch Sprachbildung Biologie. Sprachsensibel unterrichten – Sprache fördern*. Klett.

Beese, M., & Gürsoy, E. (2019). Biologie hat viele Sprachen. Mehrsprachigkeit im Biologieunterricht nutzen. *Lernende Schule, 86*, 32–37.

Beese, M., & Kirstein, D. (2018). Mehr als nur Fachbegriffe – Sprachsensibler Chemieunterricht. *Unterricht Chemie, 168*, 2–7.

Bell, A. (1983). Diagnostic teaching. The design of teaching using research on understanding. *ZDM, 15*(2), 83–89.

Benholz, C., Frank, M., & Gürsoy, E. (Hrsg.). (2015). *Deutsch als Zweitsprache in allen Fächern. Konzepte für Lehrerbildung und Unterricht*. Klett.

Benholz, C., Reimann, D., Reschke, M., Strobl, J., & Venus, T. (2017). Sprachbildung und Mehrsprachigkeit in der Lehrerausbildung – eine Befragung von Lehramtsstudierenden des Zusatzzertifikats „Sprachbildung in mehrsprachiger Gesellschaft" an der Universität Duisburg-Essen. *Zielsprache DEUTSCH, 44*(1), 5–36.

Boeckmann, K.-B., Feigl-Bogenreiter, E., & Reininger-Stressler, D. (2010). *Forschendes Lehren. Aktionsforschung im Fremdsprachenunterricht*. VÖV Edition Sprachen, Bd. 4.

Boubakri, C., Krabbe, H., & Fischer, E. H. (2018). Schreiben im Physikunterricht anhand der Textsorte Versuchsprotokoll Eine empirische Studie zu den Einflussgrößen auf die Schreibfähigkeiten im Physikunterricht. In C. Maurer (Hrsg.), *Qualitätsvoller Chemie- und Physikunterricht – normative und empirische Dimensionen Gesellschaft für Didaktik der Chemie und Physik Jahrestagung in Regensburg 2017* (S. 258–261). Universität Regensburg.

Bolland, A. (2011). *Forschendes und biografisches Lernen. Das Modellprojekt Forschungswerkstatt in der Lehrerbildung.* Klinkhardt.

Borko, H. (2004). Professional development and teacher learning: Mapping the terrain. *Educational Researcher, 33*(8), 3–15.

Böss-Ostendorf, A., & Senft, H. (2018). *Einführung in Die Hochschul-Lehre: Der Didaktik-Coach.* Bd. 3. Budrich.

Brinda, T., Brüggen, N., Diethelm, I., Knaus, T., Kommer, S., Kopf, C., Missomelius, P., Leschke, R., Tilemann, F., & Weich, A. (2019). Frankfurt-Dreieck zur Bildung in der digital vernetzten Welt – Ein interdisziplinäres Modell. In A. Pasternak (Hrsg.), *Informatik für alle.* 18. GI-Fachtagung Informatik und Schule. (S. 25–33). Bonn: Köllen. Abgerufen am 19.01.2021 von https://dagstuhl.gi.de/fileadmin/GI/Allgemein/PDF/Frankfurt-Dreieck-zur-Bildung-in-der-digitalen-Welt.pdf.

Brown, A. L. (1992). Design experiments: Theoretical and methodological challenges in creating complex interventions in classroom settings. *Journal of the Learning Sciences, 2*(2), 141–178.

Brown, C., & Flood, J. (2018). Lost in translation? Can the use of theories of action be effective in helping teachers develop and scale up research-informed practices? *Teaching and Teacher Education, 72*(2018), 144–154.

Bruder, R. (2010). Lernaufgaben im Mathematikunterricht. In H. Kiper, W. Meints, S. Peters, S. Schlump & S. Schmit (Hrsg.), *Lernaufgaben und Lernmaterialien im kompetenzorientierten Unterricht* (S. 114–124). Kohlhammer.

Bruder, R., & Reibold, J. (2012). Erfahrungen mit Elementen offener Differenzierung im Mathematikunterricht der Sekundarstufe I im niedersächsischen Modellprojekt MABIKOM. In R. Lazarides & A. Ittel (Hrsg.), *Differenzierung im mathematisch-naturwissenschaftlichen Unterricht – Implikationen für Theorie und Praxis* (S. 67–92). Klinkhardt.

Bruder, R., Heitzer, J., Hochmuth, R., Lippert, M., & Schiemann, S. (2018). Unterstützungsangebote vor und zum Studienbeginn. *Der Mathematikunterricht, 64*(5), 40–47.

Bruner, J. S. (1985). Vygotsky: a Historical and Conceptual Perspective. In J. V. Wertsch (Hrsg.), *Culture, Communication, and Cognition: Vygotskian Perspectives* (S. 21–34). Cambridge University Press.

Büchter, A., & Leuders, T. (2005). *Mathematikaufgaben selbst entwickeln. Lernen fördern – Leistung überprüfen.* Cornelsen Scriptor.

Büchter, A., & Leuders, T. (2016). *Mathematikaufgaben selbst entwickeln. Lernen fördern – Leistung überprüfen* (3. Aufl.). Cornelsen Scriptor.

Büchter, A., & Henn, H.-W. (2007). *Elementare Stochastik. Eine Einführung in die Mathematik der Daten und des Zufalls.* Bd. 2. Springer.

Büchter, A., Scheibke, N., & Wilzek, W. (2017). *Zur Problematik des Übergangs von der Schule in die Hochschule – Zielsetzungen, Eingangsvoraussetzungen und Wirksamkeit von Vorkursen Mathematik.* Beiträge zum Mathematikunterricht, Bd. 2017 (S. 155–158). WTM.

Büttner, D., & Gürsoy, E. (2018). Mehrsprachig-inklusive Sprachbildung: Ein (Zukunfts-)Modell. In M. Gutzmann (Hrsg.), *Sprachen und Kulturen* (S. 96–111). Grundschulverband.

Burkhardt, H. (2006). From design research to large-scale impact. Engineering research in education. In J. van den Akker, K. Gravemeijer, S. McKenney & N. Nieveen (Hrsg.), *Educational design research* (S. 121–150). Routledge.

Caspari, D. (2016). Erfassen von unterrichtsbezogenen Produkten. In D. Caspari, F. Klippel, M. K. Legutke & K. Schramm (Hrsg.), *Forschungsmethoden in der Fremdsprachendidaktik. Ein Handbuch* (S. 193–205). Narr Francke Attempto.

Celik, K., & Walpuski, M. (2018). Development and Validation of Learning Progressions on Chemical Concepts. In O. E. Finlayson, E. McLoughlin, S. Erduran & P. Childs (Hrsg.), *Electronic Proceedings of the ESERA 2017 Conference. Research, Practice and Collaboration in Science Education* (S. 358–366). Dublin City University.

Collins, A. (1992). Towards a design science in education. In E. Scanlon & T. O'Shea (Hrsg.), *New directions in educational technology* (S. 15–22). Springer.

Dansie, B. (2001). Scaffolding oral language. In J. Hammond & P. Gibbons (Hrsg.), *Scaffolding. Teachind and learning in language and literacy education* (S. 49–67). PETA.

Demuth, R., Gräsel, C., Parchmann, I., & Ralle, B. (Hrsg.). (2008). *Chemie im Kontext: Von der Innovation zur nachhaltigen Verbreitung eines Unterrichtskonzepts.* Waxmann.

Diethelm, I., Goschler, J., & Lampe, T. (2018). Language and Computing. In S. Sentance, E. Barendsen & C. Schulte (Hrsg.), *Computer science education. Perspectives on teaching and learning in school* (S. 207–219). Bloomsbury Academic.

Dirim, I. (2009). „Ondan sonra gine schleifen yapiyorsunuz": Migrationsspezifisches Türkisch in Schreibproben von Jugendlichen. In U. Neumann & H. H. Reich (Hrsg.), *Erwerb des Türkischen in einsprachigen und mehrsprachigen Situationen* (S. 129–146). Waxmann.

Dirim, I., & Mecheril, P. (2010). Die Sprache(n) der Migrationsgesellschaft. In M. Paul, S. Andresen, K. Hurrelmann, C. Palentien & W. Schröer (Hrsg.), *Migrationspädagogik* (S. 99–120). Beltz.

DMV, GDM, & MNU (2008). Standards für die Lehrerbildung im Fach Mathematik. https://madipedia.de/images/2/21/Standards_Lehrerbildung_Mathematik.pdf. Zugegriffen: 29. Juli 2020.

Drinck, B. (2013). *Forschen in der Schule. Ein Lehrbuch für (angehende) Lehrerinnen und Lehrer.* Budrich.

Duarte, J. (2019). Translanguaging in mainstream education. A sociocultural approach. *International Journal of Bilingual Education and Bilingualism, 22*(2), 150–164. https://doi.org/10.1080/13670050.2016.1231774.

Duit, R. (1996). Lernen als Konzeptwechsel. In R. Duit & C. von Rhöneck (Hrsg.), *Lernen in den Naturwissenschaften* (S. 145–162). IPN.

Durschl, R., Maeng, S., & Sezen, A. (2011). Learning progressions and teaching sequences: a review and analysis. *Studies in Science Education, 47*, 123–182.

Duval, R. (2006). A cognitive analysis of problems of comprehension in a learning of mathematics. *Educational Studies in Mathematics, 61*(1–2), 103–131.

Ehlich, K. (1994). Verweisungen und Kohärenz in Bedienungsanleitungen. Einige Aspekte der Verständlichkeit von Texten. In K. Ehlich, C. Noack & S. Scheiter (Hrsg.), *Instruktion durch Text und Diskurs. Zur Linguistik ,Technischer Texte'* (S. 116–149). Westdeutscher Verlag.

Ehlich, K. (2015). Sprachbildung und demokratische Wissensgesellschaft – auf dem Weg zu einem Gesamtsprachencurriculum. ProDaZ. https://www.uni-due.de/imperia/md/content/prodaz/ehlich_sprachbildung_und_demokratische_wissensgesellschaft.pdf. Zugegriffen: 19. Juni 2020.

Eichler, A., & Vogel, M. (2010). Die (Bild-)Formel von Bayes. *Praxis der Mathematik in der Schule, 52*(32), 25–30.

Ellerton, N., & Clarkson, P. (1996). Language Factors in Mathematics Teaching and Learning. In A. J. Bishop, M. A. K. Clements, C. Keitel-Kreidt, J. Kilpatrick & C. Laborde (Hrsg.), *International Handbook of Mathematics Education* (S. 987–1033). Kluwer Academic Publishers.

Enzenbach, C., Krabbe, H., & Fischer, H. (2019). Textsortenfähigkeiten und fachliches Verständnis beim Schreiben im Physikunterricht. In H. Roll, M. Bernhardt, C. Enzenbach, H. Fischer, E. Gürsoy & H. Krabbe, et al. (Hrsg.), *Schreiben im Fachunterricht der Sekundarstufe I unter Einbeziehung des Türkischen. Empirische Befunde aus den Fächern Geschichte, Physik, Technik, Politik, Deutsch und Türkisch* (S. 173–194). Waxmann.

Europarat (2001). *Gemeinsamer europäischer Referenzrahmen für Sprachen: lernen, lehren, beurteilen.* Klett-Langenscheidt.

Europarat (2020). *Gemeinsamer europäischer Referenzrahmen für Sprachen: lernen, lehren, beurteilen.* Klett-Langenscheidt. Begleitband

Feindt, A. (2010). *Kompetenzorientierter Unterricht – wie geht das? Didaktische Herausforderungen im Zentrum der Lehrerarbeit.* Friedrich Jahresheft, Bd. 2010 (S. 85–89).

Fichten, W. (2009). Forschendes Lernen in der Lehrerbildung. In U. Eberhardt (Hrsg.), *Neue Impulse in der Hochschuldidaktik. Sprach- und Literaturwissenschaften* (S. 127–182). VS.

Filler, A. (2010). Geometrisch veranschaulichen – algebraisch verstehen. Lineare Gleichungssysteme in den Sekundarstufen I und II. *Praxis der Mathematik in der Schule. Sekundarstufen 1 und 2, 32*, 31–36.

Frank, M., & Gürsoy, E. (2014). Professionskompetenzen von Mathematiklehrkräften in der Mehrsprachigkeit – Zu Analyse und Diagnose mathematisch-sprachlicher Anforderungen und Schülerkompetenzen in der Sekundarstufe I. ProDaZ.

Frank, M., & Gürsoy, E. (2015). Sprachliches Verstehen im Mathematikunterricht – Studien zum Umgang mit Textaufgaben in der Sekundarstufe I und Perspektiven für die Lehrerbildung. In C. Benholz, M. Frank & E. Gürsoy (Hrsg.), *Deutsch als Zweitsprache in allen Fächern. Konzepte für Lehrerbildung und Unterricht* (S. 135–161). Klett.

Freudenthal, H. (1991). *Revisiting mathematics education.* Kluwer.

Fürstenau, S., & Niedrig, H. (2018). Unterricht mit neu zugewanderten Schülerinnen und Schülern. Wie Praktiken der Mehrsprachigkeit für das Lernen genutzt werden können. In N. von Dewitz, H. Terhart & M. Massumi (Hrsg.), *Neuzuwanderung und Bildung. Eine interdisziplinäre Perspektive auf Übergänge in das deutsche Bildungssystem* (S. 214–230). Beltz.

Gantefort, C., & Maahs, I.-M. (2020). Translanguaging. Mehrsprachige Kompetenzen von Lernenden im Unterricht aktivieren und wertschätzen. ProDaZ.

García, O., & Wei, L. (2015). Translanguaging, Bilingualism, and Bilingual Education. In W. E. Wright, S. Boun & O. García (Hrsg.), *The Handbook of Bilingual and Multilingual Education* (S. 223–240). John Wiley & Sons.

Geller, C. (2015). *Lernprozessorientierte Sequenzierung des Physikunterrichts im Zusammenhang mit Fachwissenserwerb: Eine Videostudie in Finnland, Deutschland und der Schweiz.* Studien zum Physik- und Chemielernen, Bd. 191. Logos.

George, A. (2015). Wer die höhere Zahl hat, gewinnt! Spielerische Begegnung mit Wahrscheinlichkeiten in Klasse 5. *PM, 66,* 10–14.

Gibbons, P. (1998). Classroom Talk and the Learning of New Registers in a Second Language. *Language and Education, 12*(2), 1998. dt. 2006: Unterrichtsgespräche und das Erlernen neuer Register in der Zweitsprache. In P. Mecheril, & T. Quehl (Hrsg.), Die Macht der Sprachen. Englische Perspektiven auf die mehrsprachige Schule (S. 269–290). Waxmann.

Gibbons, P. (2006). Unterrichtsgespräche und das Erlernen neuer Register in der Zweitsprache. In P. Mecheril & T. Quehl (Hrsg.), *Die Macht der Sprachen. Englische Perspektiven auf die mehrsprachige Schule* (S. 269–290). Waxmann.

Gibbons, P. (2015). *Scaffolding language, scaffolding learning. Teaching English Language Learners in the Mainstream Classroom.* Heinemann.

Gogolin, I. (2006). Sprachliche Heterogenität und der monolinguale Habitus der plurilingualen Schule. In A. Tanner, H. Badertscher, R. Holzer, A. Schindler & U. Streckeisen (Hrsg.), *Heterogenität und Integration. Umgang mit Ungleichheit und Differenz in Schule und Kindergarten* (S. 291–229). Seismo.

Gogolin, I., & Lange, I. (2010). Bildungssprache und Durchgängige Sprachbildung. In S. Fürstenau & M. Gomolla (Hrsg.), *Migration und schulischer Wandel: Mehrsprachigkeit* (S. 107–127). VS.

Gogolin, I., Lange, I., Hawighorst, B., Bainski, C., Heintze, A., Rutten, S., & Saalman, W. (2011). Durchgängige Sprachbildung: Qualitätsmerkmale für den Unterricht. FörMig Material 3. Waxmann. https://www.foermig.uni-hamburg.de/pdf-dokumente/openaccess.pdf. Zugegriffen: 7. Sept. 2020.

Götze, D. (2013). „Weil ich die Wörter, die ich noch nicht kannte, einfach gebraucht habe" – Förderung (fach)sprachlicher Kompetenzen im Mathematikunterricht der Grundschule. In G. Greefrath, F. Käpnick & M. Stein (Hrsg.), *Beiträge zum Mathematikunterricht 2013.* Vorträge auf der 47. Tagung für Didaktik der Mathematik vom 04.03.2012 bis 08.03.2013, Münster. (Bd. I, S. 368–371).

Götze, D. (2019). Schriftliches Erklären operativer Muster fördern. *Journal für Mathematikdidaktik, 40*(1), 95–121. https://doi.org/10.1007/s13138-018-00138-4.

Gravemeijer, K. (1994). Educational development and developmental research in mathematics education. *Jounal for Research in Mathematics Education, 25*(5), 443–471.

Gravemeijer, K., & Cobb, P. (2006). Design research from the learning design perspective. In J. van den Akker, K. Gravemeijer, S. McKenney & N. Nieveen (Hrsg.), *Educational design research: The design, development and evaluation of programs, processes and products* (S. 45–85). Routledge.

Grieser, D., Hoffmann, M., Koepf, W., & Kramer, J. (2018). Anfängervorlesungen. *Der Mathematikunterricht, 64*(5), 48–54.

Grießhaber, W., Özel, B., & Rehbein, J. (1996). Aspekte von Arbeits- und Denksprache türkischer Schüler. *Unterrichtswissenschaft, 24*(1996), 3–20. urn:nbn:de:0111-opus-79241.

Guckelsberger, S., & Schacht, F. (2018). Bedingt wahrscheinlich? Perspektiven für einen sprachbewussten Stochastikunterricht. *mathematik lehren, 206,* 29–33.

Gürsoy, E. (2010). Language Awareness und Mehrsprachigkeit. Prodaz.

Gürsoy, E. (2016). *Kohäsion und Kohärenz in mathematischen Prüfungstexten türkisch-deutschsprachiger Schülerinnen und Schüler. Eine multiperspektivische Untersuchung.* Waxmann.

Gürsoy, E. (2018). Genredidaktik. Ein Modell zum generischen Lernen in allen Fächern mit besonderem Fokus auf Unterrichtsplanung. ProDaZ. https://www.uni-due.de/imperia/md/content/prodaz/guersoy_genredidaktik.pdf. Zugegriffen: 11. Mai 2020.

Gürsoy, E., Benholz, C., Renk, N., Prediger, S., & Büchter, A. (2013). Erlös = Erlösung? – Sprachliche und konzeptuelle Hürden in Prüfungsaufgaben zur Mathematik. *Deutsch als Zweitsprache, 1*(2013), 14–24.

Hammond, J., & Gibbons, P. (2001). What is scaffolding? In J. Hammond & P. Gibbons (Hrsg.), *Scaffolding. Teachind and learning in language and literacy education* (S. 1–14). PETA.

Hammond, J., & Gibbons, P. (2005). Putting scaffolding to work: The contribution of scaffolding in articulating ESL education. *Prospect, 20*(1), 6–30.

Heinemann, A. M. B., & Dirim, I. (2016). „Die sprechen bestimmt (schlecht) über mich". Sprache als ordnendes System im Bildungssystem. In E. Arslan & K. Bozay (Hrsg.), *Symbolische Ordnung und Bildungsungleichheit in der Migrationsgesellschaft* (S. 199–214). Springer.

Heinze, A., Rudolph-Albert, F., Reiss, K., Herwartz-Emden, L., & Braun, C. (2009). The development of mathematical competence of migrant children in German primary schools. In M. Tzekaki, M. Kaldrimidou & S. Haralambos (Hrsg.), *Proceedings of the 33rd Conference of the International Group for the Psychology of Mathematics Education* (Bd. 3, S. 145–152). PME.

Helmke, A. (2009). *Unterrichtsqualität und Lehrerprofessionalität. Diagnose, Evaluation und Verbesserung* (2. Aufl.). Klett.

Herberg, S., & Reschke, M. (2017). Sprachbildung in mehrsprachiger Gesellschaft – eine Zusatzqualifikation für Lehramtsstudierende an der Universität Duisburg-Essen. In L. Di Venanzio, I. Lammers & H. Roll (Hrsg.), *DaZu und DaFür – Neue Perspektiven für das Fach Deutsch als Zweit- und Fremdsprache zwischen Flüchtlingsintegration und weltweitem Bedarf* (S. 355–368). Göttingen University Press.

vom Hofe, R. (2001). Mathematik entdecken. Alte und neue Argumente für entdeckendes Lernen. *mathematik lehren, 105*, 4–8.

vom Hofe, R. (2003). Grundbildung durch Grundvorstellungen. *mathematik lehren, 118*, 4–8.

vom Hofe, R., & Hattermann, M. (2014). Zugänge zu negativen Zahlen. *mathematik lehren, 14*(183), 2–8.

Hölzl, R. (1996). How does ,dragging' affect the learning of geometry. *International Journal of Computers for Mathematical Learning, 2*(1), 169–187.

Hußmann, S. (2003). *Mathematik entdecken und erforschen – Theorie und Praxis des Selbstlernens in der Sekundarstufe II*. Cornelsen.

Hußmann, S. (2015). Die beste Wahl gewinnt – Gewinnchancen vergleichen. In S. Hußmann, T. Leuders, S. Prediger & B. Barzel (Hrsg.), *Handreichungen zur Mathewerkstatt* Bd. 8. Kosima. Abgerufen am 07.09.2020 von http://www.ko-si-ma.de/front_content.php%3Fidcat=990&lang=12.html.

Hußmann, S., Leuders, T., & Prediger, S. (2007). Schülerleistungen verstehen – Diagnose im Alltag. *Praxis der Mathematik in der Schule, 49*(15), 1–8.

Hußmann, S., Leuders, T., Prediger, S., & Barzel, B. (2011). *Kontexte für sinnstiftendes Mathematiklernen (KO-SIMA) – ein fachdidaktisches Forschungs- und Entwicklungsprojekt Beiträge zum Mathematikunterricht*. WTM.

Hußmann, S., Leuders, T., Prediger, S., & Barzel, B. (2015). *Mathewerkstatt*. Bd. 8. Cornelsen.

Hußmann, S., & Prediger, S. (2016). Specifying and structuring mathematical topics – a four-level approach for combining formal, semantic, concrete, and empirical levels exemplified for exponential growth. *Journal für Mathematik-Didaktik, 37*(1), 33–67.

Jahn, S. (2020). Texte schreiben im Mathematikunterricht: Begründungstexte zur Wahrscheinlichkeitsrechnung. Ein Unterrichtsbaustein auf der Basis der Genredidaktik. ProDaZ. https://www.uni-due.de/imperia/md/content/prodaz/jahn_texte_schreiben_im_mathematikunterricht.pdf

Kant, I. (1999). Kritik der reinen Vernunft. In I. Kant (Hrsg.), *Die drei Kritiken* Bd. I. Parkland.

Kaur, H. (2015). Two aspects of young children's thinking about different types of dynamic triangles: prototypicality and inclusion. *ZDM, 47*(3), 407–420. https://doi.org/10.1007/s11858-014-0658-z.

Kay, A. (1993). *The early history of Smalltalk*. ACM. https://doi.org/10.1145/155360.155364.

Keim, I. (2008). *Die „türkischen Powergirls". Lebenswelt und kommunikativer Stil einer Migrantinnengruppe in Mannheim*. Narr.

Keim, I. (2012). *Mehrsprachige Lebenswelten: Sprechen und Schreiben der türkischstämmigen Kinder und Jugendlichen*. Narr.

Kempe, T., Löhr, A., & Tepaße, D. (Hrsg.). (2016). *Informatik* (1. Aufl.). Schöningh-Schulbuch.

Kempen, L. (2019). *Begründen und Beweisen im Übergang von der Schule zur Hochschule. Theoretische Begründung, Weiterentwicklung und Evaluation einer universitären Erstsemesterveranstaltung unter der Perspektive der doppelten Diskontinuität*. Springer Spektrum.

Kempen, L., & Biehler, R. (2019). Fostering first-year pre-service teachers' proof competencies. *ZDM, 51*(5), 27–55.

Kleickmann, T. (2012). *Kognitiv aktivieren und inhaltlich strukturieren im naturwissenschaftlichen Sachunterricht*. IPN Leibniz-Institut f. d. Pädagogik d. Naturwissenschaften an d. Universität Kiel.

Klewin, G., Schüssler, R., & Schicht, S. (2017). Forschend lernen – Studentische Forschungsvorhaben im Praxissemester. In R. Schüssler, V. Schwier, G. Klewin, S. Schicht, A. Schöning & U. Weyland (Hrsg.), *Das Praxissemester im Lehramtsstudium: Forschen, Unterrichten, Reflektieren* (S. 131–171). Klinkhardt.

Klieme, E., Pauli, C., & Reusser, K. (2009). The Pythagoras Study: Investigating effects of teaching and learning in Swiss and German mathematics classrooms. In T. Janik & T. Seidel (Hrsg.), *The power of video studies in investigating teaching and learning in the classroom* (S. 137–160). Münster: Waxmann.

Klinger, T., Usanova, I., & Gogolin, I. (2019). Entwicklung rezeptiver und produktiver schriftsprachlicher Fähigkeiten im Deutschen. *Zeitschrift für Erziehungswissenschaft, 22*(1), 75–103.

KMK (2003). Beschluss der Kultusministerkonferenz vom 6. März 2003: „Maßnahmen zur Verbesserung der Professionalität der Lehrertätigkeit, insbesondere im Hinblick auf diagnostische und methodische Kompetenz als Bestandteil systematischer Schulentwicklung". https://www.kmk.org/presse/pressearchiv/mitteilung/kultusministerkonferenz-fasst-beschluss-zu-vertiefendem-pisa-bericht.html. Zugegriffen: 29. Juli 2020.

KMK (2005). *Bildungsstandards der Kultusministerkonferenz. Erläuterungen zur Konzeption und Entwicklung.* Luchterhand.

KMK (2012). Bildungsstandards im Fach Mathematik für die Allgemeine Hochschulreife. (Beschluss der Kultusministerkonferenz vom 18.10.2012). https://www.kmk.org/fileadmin/veroeffentlichungen_beschluesse/2012/2012_10_18-Bildungsstandards-Mathe-Abi.pdf. Zugegriffen: 7. Sept. 2020.

KMK (2019). Bildungssprachliche Kompetenzen in der deutschen Sprache stärken. Beschluss der Kultusministerkonferenz vom 05.12.2019. https://www.kmk.org/fileadmin/Dateien/pdf/PresseUndAktuelles/2019/2019-12-06_Bildungssprache/2019-368-KMK-Bildungssprache-Empfehlung.pdf. Zugegriffen: 6. März 2020.

Kniffka, G., & Neuer, B. S. (2008). „Wo geht's hier nach Aldi?" – Fachsprachen lernen im kulturell heterogenen Klassenzimmer. In A. Budke (Hrsg.), *Interkulturelles Lernen im Geographieunterricht* (S. 121–135). Universitätsverlag.

Kniffka, G. (2010). Scaffolding. ProDaZ. https://www.uni-due.de/imperia/md/content/prodaz/scaffolding.pdf. Zugegriffen: 7. Sept. 2020.

Kniffka, G. (2012). Scaffolding – Möglichkeiten, im Fachunterricht sprachliche Kompetenzen zu vermitteln. In M. Michalak & M. Kuchenreuther (Hrsg.), *Grundlagen der Sprachdidaktik Deutsch als Zweitsprache* (S. 208–225). Schneider Verlag Hohengehren.

Körtling, J., & Eichler, A. (2019). Entwicklung der mathematischen Sprache im ersten Studienjahr. In A. Frank, S. Krauss & K. Binder (Hrsg.), *Beiträge zum Mathematikunterricht 2019* Bd. 1361. WTM–Verlag.

Krüger, K., Sill, H.-D., & Sikora, C. (2015). *Didaktik der Stochastik in der Sekundarstufe I.* Springer Spektrum.

von Kügelgen, R. (1994). *Diskurs Mathematik. Kommunikationsanalysen zum reflektierenden Lernen.* Peter Lang.

Kuntze, S., & Prediger, S. (2005). Ich schreibe, also denk' ich. Über Mathematik schreiben. *Praxis der Mathematik in der Schule, 47*(5), 1–6.

Kuzu, T. E. (2019). *Mehrsprachige Vorstellungsentwicklungsprozesse. Lernprozessstudie zum Anteilskonzept bei deutsch-türkischen Lernenden.* Springer.

Krummheuer, G., & Voigt, J. (1991). Interaktionsanalysen von Mathematikunterricht – Ein Überblick über Bielefelder Arbeiten. In H. Maier & J. Voigt (Hrsg.), *Interpretative Unterrichtsforschung* (S. 13–32). Aulis.

Laakmann, H., & Schnell, S. (2015). Mit Zufall durch die Schule – Wahrscheinlichkeit. *PM, 66,* 2–9.

Lambacher Schweizer (2017). *Lambacher Schweizer 6, Mathematik für Gymnasien.* Klett. Nordrhein-Westfalen

Lemay, L., & Cadenhead, R. (2005). *Java 5 in 21 Tagen. Schritt für Schritt zum Profi.* Markt und Technik.

Leisen, J. (2005). Wechsel der Darstellungsformen. Ein Unterrichtsprinzip für alle Fächer. *Der Fremdsprachliche Unterricht Englisch, 78,* 9–11.

Leisen, J. (2010). *Handbuch Sprachförderung im Fach. Sprachsensibler Fachunterricht in der Praxis.* Varus.

Leisen, J. (2016). Ausbildungsaufgaben als Instrument der universitären fachdidaktischen Ausbildung. In B. Hinger (Hrsg.), *Sprachsensibler Sach-Fach-Unterricht – Sprachen im Sprachunterricht.* Zweite „Tagung der Fachdidaktik" 2015. (S. 51–74). innsbruck university press.

Leisen, J. (2019). Sprachsensible Moderation und Rückmeldung im Fachunterricht der Sekundarstufe (Video). BildungsTV. https://youtu.be/KP4vxAnb1c0. Zugegriffen: 29. Dez. 2020.

Leiss, D., Plath, J., & Schwippert, K. (2019). Language and mathematics–key factors influencing the comprehension process in reality-based tasks. *Mathematical Thinking and Learning, 21*(2), 131–153.

Leuders, T. (2009). Intelligent üben und Mathematik erleben. In T. Leuders, L. Hefendehl-Hebeker & H.-G. Weigand (Hrsg.), *Mathemagische Momente* (S. 130–143). Cornelsen.

Leuders, T. (2011). Entdeckendes Lernen – Produktives Üben. In H. Linneweber (Hrsg.), *Mathematikdidaktik, Bildungsstandards und mathematische Kompetenz.* Lehren lernen – Basiswissen für die Lehrerinnen- und Lehrerbildung. (S. 237–264). Klett & Balmer.

Leuders, T. (2015). Aufgaben in Forschung und Praxis. In R. Bruder, L. Hefendehl-Hebeker, B. Schmidt-Thieme & H. G. Weigand (Hrsg.), *Handbuch der Mathematikdidaktik* (S. 435–460). Springer.

Leuders, T., Hußmann, S., Barzel, B., & Prediger, S. (2011). „Das macht Sinn!" Sinnstiftung mit Kontexten und Kernideen. *Praxis der Mathematik in der Schule, 53*(37), 2–9.

Liebendörfer, M. (2018). *Motivationsentwicklung im Mathematikstudium.* Springer Spektrum.

Lipowsky, F., & Rzejak, D. (2012). Lehrerinnen und Lehrer als Lerner – Wann gelingt der Rollentausch? Merkmale und Wirkungen effektiver Lehrerfortbildungen. *Schulpädagogik heute, 5*(3), 1–17.

Luchtenberg, S. (2002). Mehrsprachigkeit und Deutschunterricht: Widerspruch oder Chance? Zu den Möglichkeiten von Language Awareness in interkultureller Deutschdidaktik. *ide – Informationen zur Deutschdidaktik, 3*, 27–46.

Maier, H., & Schweiger, F. (1999). *Mathematik und Sprache. Zum Verstehen und Verwenden von Fachsprache im Mathematikunterricht.* Mathematik für Schule und Praxis, Bd. 4. öbv&hpt.

Maisano, M. L. (2019). *Beschreiben und Erklären beim Lernen Von Mathematik. Rekonstruktion mündlicher Sprachhandlungen von mehrsprachigen Grundschulkindern.* Springer.

Maurer, C. (2016). *Strukturierung von Lehr-Lern-Sequenzen.* Studien zum Physik- und Chemielernen, Bd. 199. Logos.

Mavruk, G., Pitton, A., Weis, I., & Wiethoff, M. (2017). DaZ und Praxisphasen – ein innovatives Konzept an der Universität Duisburg-Essen. In C. Benholz, M. Frank & E. Gürsoy (Hrsg.), *Deutsch als Zweitsprache in allen Fächern – Konzepte für Lehrerbildung und Unterricht* (S. 319–342). Klett.

Meyer, M., & Prediger, S. (2011). Vom Nutzen der Erstsprache beim Mathematiklernen. In S. Prediger & E. Özdil (Hrsg.), *Mathematiklernen unter Bedingungen der Mehrsprachigkeit – Stand und Perspektiven der Forschung und Entwicklung in Deutschland* (S. 185–204). Waxmann.

Meyer, M., & Prediger, S. (2012). Sprachenvielfalt im Mathematikunterricht – Herausforderungen, Chancen und Förderansätze. *Praxis der Mathematik in der Schule, 54*(45), 1–8.

Meyer, M., & Tiedemann, K. (2017). *Sprache im Fach Mathematik.* Springer Spektrum.

Miller, J. E., & Groccia, J. E. (1997). Are Four Heads Better Than One? A Comparison of Cooperative and Traditional Teaching Formats in an Introductory Biology Course. *Innovative Higer Education, 21*(4), 253–273.

Ministerium für Schule und Weiterbildung des Landes Nordrhein-Westfalen (2012). *Kernlehrplan für die Gesamtschule – Sekundarstufe I in Nordrhein-Westfalen Naturwissenschaften Biologie, Chemie, Physik.* Ritterbach.

Moraitis, A., Mavruk, G., Schäfer, A., & Schmidt, E. (Hrsg.). (2018). *Sprachförderung durch kulturelles und ästhetisches Lernen. Sprachbildende Konzepte für die Lehrerausbildung.* Waxmann.

Morris-Lange, S., Wagner, K., & Altinay, L. (2016). Lehrerbildung in der Einwanderungsgesellschaft. Qualifizierung für den Normalfall Vielfalt. Policy Brief des SVR-Forschungsbereichs und des Mercator-Instituts für Sprachförderung und Deutsch als Zweitsprache. https://www.svr-migration.de/wp-content/uploads/2016/09/Policy_Brief_Lehrerfortbildung_2016.pdf. Zugegriffen: 7. Sept. 2020.

Moschkovich, J. N. (1998). Resources for Refining Mathematical Conceptions: Case Studies in Learning about Linear Functions. *The Journal of the Learning Sciences, 7*(2), 209–237.

Moschkovich, J. (2005). Using two languages when learning mathematics. *Educational Studies in Mathematics, 64*, 121–144.

Moschkovich, J., Schoenfeld, A., & Arcavi, A. (1993). Aspects of Understanding: On Multiple Perspectives and Representations of Linear Relations and Connections Among Them. In T. A. Romberg, E. Fennema & T. P. Carpenter (Hrsg.), *Studies in mathematical thinking and learning. Integrating research on the graphical representation of functions* (S. 69–100). Lawrence Erlbaum.

Moser Opitz, E. (2007). *Rechenschwäche/Dyskalkulie. Theoretische Klärungen und empirische Studien an betroffenen Schülerinnen und Schülern.* Haupt.

Moser Opitz, E., & Nührenbörger, M. (2015). Diagnostik und Leistungsbeurteilung. In R. Bruder, L. Hefendehl-Hebeker, B. Schmidt-Thieme & H.-G. Weigand (Hrsg.), *Handbuch der Mathematikdidaktik* (S. 489–510). Springer.

MSJK (1999). Förderung in der deutschen Sprache als Aufgabe des Unterrichts in allen Fächern. Zusammenfassung der Empfehlungen des MSWWF. Schriftenreihe Schule in NRW. Nr. 5008 /1999. https://www.schulentwicklung.nrw.de/cms/upload/fids/downloads/zusammenfassung_empfehlungen.pdf. Zugegriffen: 7. Sept. 2020.

MSW NRW (2009). Gesetz über die Ausbildung für Lehrämter an öffentlichen Schulen (Lehrerausbildungsgesetz – LABG) vom 12. Mai 2009 (GV. NRW. S. 308) zuletzt geändert durch Gesetz vom 29. Mai 2020 (SGV. NRW. 223). https://bass.schul-welt.de/pdf/9767.pdf?20200830154534. Zugegriffen: 7. Sept. 2020.

MSW NRW (2015). Referenzrahmen Schulqualität. Schule in NRW Nr. 9051. http://www.schulentwicklung.nrw.de/referenzrahmen. Zugegriffen: 6. Sept. 2020.

MSW NRW (2016). Das Praxissemester auf dem Prüfstand. Zur Evaluation des Praxissemesters. In Amtsblatt des Ministeriums für Schule und Weiterbildung des Landes Nordrhein-Westfalen. Beilage November 2016.

Mukhopadhyay, S. (1997). Story Telling as Sense-Making: Children's Ideas about Negative Numbers. *Hiroshima Journal of Mathematics Education, 5*, 35–50.

Neubrand, J. (2002). *Eine Klassifikation mathematischer Aufgaben zur Analyse von Unterrichtssituationen. Selbsttätiges Arbeiten in Schülerarbeitsphasen in den Stunden der TIMSS-Video-Studie.* Franzbecker.

Object Management Group (OMG) (2017). About the Unified Modeling Language Specification, Version 2.5.1. https://www.omg.org/spec/UML/. Zugegriffen: 19. Jan. 2021.

Obolenski, A., & Meyer, H. (Hrsg.). (2006). *Forschendes Lernen. Theorie und Praxis einer professionellen LehrerInnenausbildung* (2. Aufl.). Didaktisches Zentrum der Uni Oldenburg.

OECD – Organization for Economic Cooperation and Development (2007). *Science Competencies for Tomorrow's World (PISA 2006).* Bd. 2. OECD.

Oomen-Welke, I. (2016). Mehrsprachigkeit – Language Awareness – Sprachbewusstheit. Eine persönliche Einführung. *Zeitschrift für Interkulturellen Fremdsprachenunterricht, 21*(2), 5–12.

Oser, F. K., & Baeriswyl, F. J. (2001). Choreographies of Teaching: Bridging Instruction to Learning. In V. Richardson (Hrsg.), *Handbook of research on teaching* (S. 1031–1065). AERA.

Österreichisches Sprachen-Kompetenz-Zentrum (ÖSZ) (2014). *Basiskompetenzen Sprachliche Bildung für alle Lehrenden: Deutsch als Unterrichtssprache – Deutsch als Zweitsprache – alle mitgebrachten und schulisch erlernten (Bildungs-)Sprachen – Sprache/n in den Sachfächern.* ÖSZ. Ein Rahmenmodell für die Umsetzung in der Pädagog/innenbildung

Peled, I., Mukhopadhyay, S., & Resnick, L. B. (1989). Formal and informal sources of mental models for negative numbers. In G. Vergnaud, J. Rogalski & M. Artigue (Hrsg.), *Proceedings of the Annual Conference of the International Group for the Psychology of Mathematics Education.* Paris, France, July 9–13, 1989. (Bd. 13, S. 106–110).

Pimm, D. (1987). *Speaking Mathematically. Communication in Mathematics Classroom.* Routledge/Keagan Paul.

Pitton, A., & Scholten-Akoun, D. (2013). Deutsch als Zweitsprache als verpflichtender Bestandteil der Lehramtsausbildung in Nordrhein-Westfalen – eine vorläufige Bestandsaufnahme. In C. Röhner & B. Hövelbrinks (Hrsg.), *Fachbezogene Sprachförderung in Deutsch als Zweitsprache. Theoretische Konzepte und empirische Befunde zum Erwerb bildungssprachlicher Kompetenzen* (S. 176–197). Juventa.

Planas, N., & Schütte, M. (2018). Research frameworks for the study of language in mathematics education. *ZDM Mathematics Education, 50*(6), 965–974.

Prediger, S. (2003). *Ausgangspunkt: Die unsortierte Fülle. Systematisierungen am Beispiel des Mathematikunterrichts.* Friedrich Jahresheft: Aufgaben. Lernen fördern – Selbständigkeit entwickeln, S. 93–95.

Prediger, S. (2006). Vorstellungen zum Operieren mit Brüchen entwickeln und erheben. Vorschläge für vorstellungsorientierte Zugänge und diagnostische Aufgaben. *PM, 48*(11), 8–12.

Prediger, S. (2008). The relevance of didactical categories for analysing obstacles in conceptual change – Revisiting the case of multiplication of fractions. *Learning and Instruction, 18*(1), 3–17.

Prediger, S. (2009). Inhaltliches Denken vor Kalkül – Ein didaktisches Prinzip zur Vorbeugung und Förderung bei Rechenschwierigkeiten. In A. Fritz & S. Schmidt (Hrsg.), *Fördernder Mathematikunterricht in der Sekundarstufe I* (S. 213–234). Beltz.

Prediger, S. (2010). Zur Rolle der Sprache beim Mathematiklernen – Herausforderungen von Mehrsprachigkeit aus Sicht einer Fachdidaktik. In R. Baur & D. Scholten-Akoun (Hrsg.), *Deutsch als Zweitsprache in der Lehrerausbildung. Bedarf – Umsetzung – Perspektiven. Dokumentation der Fachtagungen zur Situation in Deutschland und in Nordrhein-Westfalen. 10. Dez. 2009.* (S. 172–181). Stiftung Mercator.

Prediger, S. (2013). Darstellungen, Register und mentale Konstruktion von Bedeutungen und Beziehungen – Mathematikspezifische sprachliche Herausforderungen identifizieren und bearbeiten. In M. Becker-Mrotzek, K. Schramm, E. Thürmann & H. J. Vollmer (Hrsg.), *Sprache im Fach: Sprachlichkeit und fachliches Lernen* (S. 167–183). Waxmann.

Prediger, S. (2019). Fortbildungsdidaktische Kompetenz ist mehr als unterrichtsbezogene plus fortbildungsmethodische Kompetenz – Zur notwendigen fortbildungsdidaktischen Qualifizierung von Fortbildenden am Beispiel des verstehensfördernden Umgangs mit Darstellungen. In A. Büchter, M. Glade, R. Herold-Blasius, M. Klinger, F. Schacht & P. Scherer (Hrsg.), *Vielfältige Zugänge zum Mathematikunterricht: Konzepte und Beispiele aus Forschung und Praxis. Festschrift für Bärbel Barzel* (S. 311–325). Springer Spektrum. https://doi.org/10.1007/978-3-658-24292-3_22.

Prediger, S. (Hrsg.). (2020). *Sprachbildender Mathematikunterricht in der Sekundarstufe. Ein forschungsbasiertes Praxisbuch.* Cornelsen.

Prediger, S., & Redder, A. (2020). Mehrsprachigkeit im Fachunterricht am Beispiel Mathematik. In I. Gogolin, A. Hansen, S. McMonagle & D. Rauch (Hrsg.), *Handbuch Mehrsprachigkeit und Bildung* (S. 189–194). Springer. https://doi.org/10.1007/978-3-658-20285-9_27.

Prediger, S., & Wessel, L. (2011). Darstellen – Deuten – Darstellungen vernetzen. Ein fach- und sprachintegrierter Förderansatz für mehrsprachige Lernende im Mathematikunterricht. In S. Prediger & E. Özdil (Hrsg.), *Mathematiklernen unter Bedingungen der Mehrsprachigkeit: Stand und Perspektiven der Forschung und Entwicklung in Deutschland* (S. 163–184). Waxmann.

Prediger, S., & Wessel, L. (2013). Fostering German language learners' constructions of meanings for fractions: Design and effects of a language- and mathematics-integrated intervention. *Mathematics Education Research Journal, 25*(3), 435–456.

Prediger, S., & Zindel, C. (2017). School Academic Language Demands for Understanding Functional Relationships: A Design Research Project on the Role of Language in Reading and Learning. *EURASIA Journal of Mathematics, Science and Technology Education, 13,* 4157–4188.

Prediger, S., Barzel, B., Leuders, L., & Hußmann, S. (2011). Systematisieren und Sichern. Nachhaltiges Lernen durch aktives Ordnen. *mathematik lehren, 164,* 2–9.

Prediger, S., Hußmann, S., Leuders, T., & Barzel, B. (2014). Kernprozesse – Ein Modell zur Strukturierung von Unterrichtsdesign und Unterrichtshandeln. In I. Bausch, G. Pinkernell & O. Schmitt (Hrsg.), *Unterrichtsentwicklung und Kompetenzorientierung. Festschrift für Regina Bruder* (S. 81–92). WTM Verlag.

Prediger, S., Wilhelm, N., Büchter, A., Benholz, C., & Gürsoy, E. (2015). Sprachkompetenz und Mathematikleistung – Empirische Untersuchung sprachlich bedingter Hürden in den Zentralen Prüfungen 10. *Journal für Mathematik-Didaktik, 36*(1), 77–104.

Prediger, S., Wilhelm, N., Büchter, A., Gürsoy, E., & Benholz, C. (2018). Language proficiency and mathematics achievement – Empirical study of language-induced obstacles in a high stakes test, the central exam ZP10. *Journal für Mathematik-Didaktik, 39*(1), 1–26. https://doi.org/10.1007/s13138-018-0126-3.

Prediger, S., Kuzu, T., Schüler-Meyer, A., & Wagner, J. (2019a). One mind, two languages – separate conceptualisations? A case study of students' bilingual modes for dealing with language-related conceptualisations of fractions. *Research in Mathematics Education, 21*(2), 188–207. https://doi.org/10.1080/14794802.2019.1602561.

Prediger, S., Uribe, Á., & Kuzu, T. (2019b). Mehrsprachigkeit als Ressource im Fachunterricht. Ansätze und Hintergründe aus dem Mathematikunterricht. *Lernende Schule, 86,* 20–24.

QUA-LiS NRW – Qualitäts- und UnterstützungsAgentur – Landesinstitut für Schule (2018). Beispiel für einen schulinternen Lehrplan zum Kernlehrplan für die gymnasiale Oberstufe – Informatik. https://www.schulentwicklung.nrw.de/lehrplaene/upload/klp_SII/if/SiLP_GOSt_IF.pdf. Zugegriffen: 19. Jan. 2021.

Rach, S. (2019). Lehramtsstudierende im Fach Mathematik – Wie hilft uns die Analyse von Lernvoraussetzungen für eine kohärente Lehrerbildung. In K. Hellmann, J. Kreutz, M. Schwichow & K. Zaki (Hrsg.), *Kohärenz in der Lehrerbildung: Theorien, Modelle und empirische Befunde* (S. 69–84). Springer VS.

Radatz, H. (1991). Einige Beobachtungen bei rechenschwachen Grundschülern. In J. H. Lorenz (Hrsg.), *Störungen beim Mathematiklernen* (S. 74–89). Aulis.

Redder, A., Guckelsberger, S., & Graßer, B. (2013). *Mündliche Wissensprozessierung und Konnektierung. Sprachliche Handlungsfähigkeiten in der Primarstufe.* Waxmann.

Redder, A., Çelikkol, M., Wagner, J., & Rehbein, J. (2018). *Mehrsprachiges Handeln im Mathematikunterricht.* Waxmann.

Rehbein, J. (2011). ,Arbeitssprache' Türkisch im mathematisch-naturwissenschaftlichen Unterricht der deutschen Schule – ein Plädoyer. In S. Prediger & E. Özdil (Hrsg.), *Mathematiklernen unter Bedingungen der Mehrsprachigkeit* (S. 205–232). Waxmann.

Rehbein, J. (2012). Mehrsprachige Erziehung heute – für eine zeitgemäße Erweiterung des „Memorandums zum Muttersprachlichen Unterricht in der Bundesrepublik Deutschland" von 1985. In E. Winters-Ohle, B. Seipp & B. Ralle (Hrsg.), *Teachers for Students with Migrant Biographies: Linguistic Competencies in the Light of International Concepts of Teacher Formation. [Lehrer für Schüler mit Migrationsgeschichte: Sprachliche Kompetenz im Kontext internationaler Konzepte der Lehrerbildung.]* (S. 55–76). In: Waxmann.

Rehbein, J., & Çelikkol, M. (2018). Mehrsprachige Unterrichtsstile und Verstehen. In A. Redder, M. Çelikkol, J. Wagner & J. Rehbein (Hrsg.), *Mehrsprachiges Handeln im Mathematikunterricht* (S. 29–214). Waxmann.

Reiff, R. (2006). *Selbst- und Partnerdiagnose im Mathematikunterricht.* Friedrich Jahresheft, Bd. 2006 (S. 68–73).

Reusser, K. (1997). Erwerb mathematischer Kompetenzen: Literaturüberblick. In F. E. Weinert & A. Helmke (Hrsg.), *Entwicklung im Grundschulalter* (S. 141–155). Beltz.

Riemer, C. (2014). Forschungsmethodologie Deutsch als Fremd- und Zweitsprache. In J. Settinieri, S. Demirka-ya, A. Feldmeier, N. Gültekin-Karakoç & C. Riemer (Hrsg.), *Empirische Forschungsmethoden für Deutsch als Fremd- und Zweitsprache* (S. 15–31). Schöningh.

Roll, H., Baur, R. S., Okonska, D., & Schäfer, A. (2017). *Sprache durch Kunst. Lehr- und Lernmaterialien für einen fächerübergreifenden Deutsch- und Kunstunterricht.* Waxmann.

Roll, H., Bernhardt, M., Enzenbach, C., Fischer, H. E., Gürsoy, E., Krabbe, H., Lang, M., Manzel, S., & Uluçam-Wegmann, I. (Hrsg.). (2019a). *Schreiben im Fachunterricht der Sekundarstufe I unter Einbeziehung des Türkischen. Empirische Befunde aus den Fächern Geschichte, Physik, Technik, Politik, Deutsch und Tür-kisch.* Waxmann.

Roll, H., Bernhardt, M., Enzenbach, C., Fischer, H. E., Gürsoy, E., Lang, M., Krabbe, H., Manzel, S., Steck, C., Uluçam-Wegmann, I., & Wickner, M.-C. (2019b). Schreiben im Fachunterricht in der Sekundarstufe I unter Einbeziehung des Türkischen. Ausgangsannahmen, Forschungsdesign und fächerübergreifende Befunde. In H. Roll, M. Bernhardt, C. Enzenbach, H. E. Fischer, E. Gürsoy, H. Krabbe, M. Lang, S. Manzel & I. Uluçam-Wegmann (Hrsg.), *Schreiben im Fachunterricht der Sekundarstufe I unter Einbeziehung des Tür-kischen. Empirische Befunde aus den Fächern Geschichte, Physik, Technik, Politik, Deutsch und Türkisch* (S. 21–47). Waxmann.

Romberg, T. A., Fennema, E., & Carpenter, T. P. (Hrsg.). (1993). *Studies in mathematical thinking and learning. Integrating research on the graphical representation of functions.* Lawrence Erlbaum.

Roth, H.-J. (2018). Sprachliche Bildung und Neuzuwanderung. Auf dem Weg zu einer Didaktik des Deutschen als Zweitsprache im Kontext von Mehrsprachigkeit. In N. von Dewitz, H. Terhart & M. Massumi (Hrsg.), *Neuzuwanderung und Bildung. Eine interdisziplinäre Perspektive auf Übergänge in das deutsche Bildungs-system* (S. 196–213). Beltz.

Rother, A., & Walpuski, M. (2020). Vernetztes Lernen im Chemieunterricht. In J. Roß (Hrsg.), *SINUS.NRW: Motivation durch kognitive Aktivierung. Impulse zur Weiterentwicklung des Unterrichts in den MINT-Fächern* (S. 83–100). WBV Media.

Ruf, U., & Gallin, P. (1998). *Dialogisches Lernen in Sprache und Mathematik.* Bd. 1 + 2. Kallmeyer.

Rütten, C. (2016). *Sichtweisen von Grundschulkindern auf negative Zahlen. Metaphernanalytisch orientierte Erkundung im Rahmen didaktischer Rekonstruktion.* Springer.

Schacht, F. (2012). *Mathematische Begriffsbildung zwischen Implizitem und Explizitem. Individuelle Begriffs-bildungsprozesse zum Muster- und Variablenbegriff.* Vieweg+Teubner.

Schacht, F. (2015). Student Documentations in Mathematics Classrooms Using CAS: Theoretical Considerati-ons and Empirical Findings. *The Electronic Journal of Mathematics and Technology, 9*(5), 320–339.

Schacht, F. (2017). Between the Conceptual and the Signified: How Language Changes when Using Dynamic Geometry Software for Construction Tasks. *Digital Experiences in Mathematics Education, 4*(1), 20–47. https://doi.org/10.1007/s40751-017-0037-9.

Schacht, F., Guckelsberger, S., & Erbay, S. (i. V.). „Das ist eine Unparallele" – Ein Beitrag aus der Perspekti-ve der universitären Lehrkräfteausbildung zum Umgang mit sprachlicher Diversität im Fach Mathematik. In K. Cantone, E. Gürsoy, & H. Roll (Hrsg.), *Sprachliche Vielfalt in der inklusiven Schule. Evaluationen und Gelingensbedingungen.* Waxmann.

Schacht, F., Guckelsberger, S., & Prediger, S. (2020). Bedingte Wahrscheinlichkeiten in Klasse 9–11. In S. Prediger (Hrsg.), *Sprachbildender Mathematikunterricht in der Sekundarstufe – ein forschungsbasiertes Praxisbuch* (S. 181–185). Cornelsen.

Scharnofske, R. (2019). Eine empirische Untersuchung zur Rolle der Sprache im Mathematikunterricht am Beispiel „Ganze Zahlen" bei DaZ-SchülerInnen der dritten Jahrgangsstufe. Bachelorarbeit, Universität Duisburg-Essen.

Schindler, M. (2014). *Auf dem Weg zum Begriff der negativen Zahlen. Empirische Studie zur Ordnungsrelation für ganze Zahlen aus inferentieller Perspektive.* Springer.

SchlaU-Werkstatt für Migrationspädagogik (2020). *Mathematik in DaZ. Ganze Zahlen: Rechnen mit negativen Zahlen.* SchlaU-Werkstatt für Migrationspädagogik.

Schmitt, J. (2019). Eine empirische Erhebung zur Thematisierung negativer Zahlen bei Lernenden in interna-tionalen Förderklassen im Berufskolleg. Bachelorarbeit, Universität Duisburg-Essen.

Schmölzer-Eibinger, S., Dorner, M., Langer, E., & Helten-Pacher, M.-R. (2013). *Sprachförderung im Fachun-terricht in sprachlich heterogenen Klassen.* Klett.

Schmölzer-Eibinger, S., & Thürmann, E. (2015). *Schreiben als Medium des Lernens. Kompetenzentwicklung durch Schreiben im Fachunterricht.* Fachdidaktische Forschungen, Bd. 8. Waxmann.

Schneider, R. (2010). *Forschendes Lernen in der Lehrerausbildung. Entwicklung einer Neukonzeption von Praxisstudien am Beispiel des Curriculumbausteins „Schulentwicklung". Eine empirisch-qualitative Untersuchung zur Ermittlung hochschuldidaktischer Potentiale.* Südwestdeutscher Verlag für Hochschulschriften.

Schneider, W., Baumert, J., Becker-Mrotzek, M., Hasselhorn, M., Kammermeyer, G., Rauschenbach, T., Roßbach, H.-G., Roth, H.-J., Rothweiler, M., & Stanat, P. (2012). Expertise „Bildung durch Sprache und Schrift (BiSS)". Bund-Länder-Initiative zur Sprachförderung, Sprachdiagnostik und Leseförderung. BMBF. https://www.bmbf.de/files/BISS_Expertise.pdf. Zugegriffen: 7. Sept. 2020.

Schnell, S. (2014). *Muster und Variabilität erkunden – Konstruktionsprozesse kontextspezifischer Vorstellungen zum Phänomen Zufall.* Springer Spektrum.

Schulz, A. (2011). *Experimentierspezifische Qualitätsmerkmale im Chemieunterricht: Eine Videostudie.* Studien zum Physik- und Chemielernen, Bd. 113. Logos.

Schulze Osthoff, K. (2017). Eine empirische Erhebung zur Sprache und Rolle des Darstellungswechsels im Rahmen einer sprachsensiblen Unterrichtsreihe zum Thema Wahrscheinlichkeitsrechnung. Masterarbeit, Universität Duisburg-Essen.

Schupp, H. (2002). *Thema mit Variationen – Aufgabenvariation im Mathematikunterricht.* Franzbecker.

Secada, W. G. (1992). Race, ethnicity, social class, language and achievement in mathematics. In D. A. Grouws (Hrsg.), *Handbook of Research on Mathematics Teaching and Learning* (S. 623–660). MacMillan.

Shimizu, Y., Kaur, B., Huang, R., & Clarke, D. (Hrsg.). (2010). *Mathematical tasks in classrooms around the world.* ense Publishers.

Sill, H.-D. (2016). Inhaltliche Vorstellungen zum arithmetischen Mittel. *mathematik lehren, 197,* 8–14.

Sinclair, N., & Yurita, V. (2008). To be or to become: How dynamic geometry changes discourse. *Research in Mathematics Education, 10*(2), 135–150.

Sjuts, J. (2007). Kompetenzdiagnostik im Lernprozess – auf theoriegeleitete Aufgabengestaltung und -auswertung kommt es an. *mathematica didactica, 30*(2), 33–51.

Sprachen – Bilden – Chancen (2018). Zentrale Ergebnisse des Projekts „Sprachen – Bilden – Chancen: Innovationen für das Berliner Lehramt". https://www.sprachen-bilden-chancen.de/images/Abschlusstagung/Ergebnisse_Sprachen-Bilden-Chancen.pdf. Zugegriffen: 7. Sept. 2020.

Stanat, P. (2006). Disparitäten im schulischen Erfolg: Forschungsstand zur Rolle des Migrationshintergrunds. *Unterrichtswissenschaft, 36*(2), 98–124.

Stephany, S., Linnemann, M., & Wrobbel, L. (2015). Unterstützende Schreibarrangements im Mathematikunterricht. Kriterien, Umsetzung und Grenzen. In S. Schmölzer-Eibinger & E. Thürmann (Hrsg.), *Schreiben als Medium des Lernens* (S. 131–156). Waxmann.

Streller, S., Bolte, C., Dietz, D., & Noto La Diega, R. (2019). Sprache und Chemieunterricht. In S. Streller, C. Bolte, D. Dietz & R. Noto La Diega (Hrsg.), *Chemiedidaktik an Fallbeispielen.* Springer Spektrum.

Svinicki, M. D., & McKeachie, W. J. (2014). *McKeachie's Teaching Tips. Strategies, Research, and Theory for College and University Teachers.* Wadsworth.

Tajmel, T. (2011). Wortschatzarbeit im mathematisch-naturwissenschaftlichen Unterricht. *ide. informationen zur deutschdidaktik: „Wort.Schatz", 2011*(1), 83–93. Studienverlag Innsbruck.

Tajmel, T. (2017). *Naturwissenschaftliche Bildung in der Migrationsgesellschaft. Grundzüge einer reflexiven Physikdidaktik und kritisch-sprachbewussten Praxis.* Springer VS.

Tajmel, T., & Hägi-Mead, S. (2017). *Sprachbewusste Unterrichtsplanung. Prinzipien, Methoden und Beispiele für die Umsetzung.* Waxmann.

Timperley, H., Wilson, A., Barrar, H., & Fung, I. (2007). *Teacher professional learning and development. Best Evidence Synthesis Iteration.* Ministry of Education.

Thürmann, E., Vollmer, J. H., & Pieper, I. (2010). *Language(s) of schooling: focusing on vulnerable learners. The linguistic and educational integration of children and adolescents from migrant backgrounds.* Studies and resources, Bd. 2. Council of Europe.

Tyson, L. M., Venville, G. J., Harrison, A. G., & Treagust, D. F. (1997). A Multidimensional Framework for Interpreting Conceptual Change Events in the Classroom. *Science Education, 81*(4), 387–404.

Ufer, S., Reiss, K., & Mehringer, V. (2013). Sprachstand, soziale Herkunft und Bilingualität: Effekte auf Facetten mathematischer Kompetenz. In M. Becker-Mrotzek, K. Schramm, E. Thürmann & H. J. Vollmer (Hrsg.), *Sprache im Fach* (S. 185–202). Waxmann.

van Vorst, H., Dorschu, A., Fechner, S., Kauertz, A., Krabbe, H., & Sumfleth, E. (2015). Charakterisierung und Strukturierung von Kontexten im naturwissenschaftlichen Unterricht – Vorschlag einer theoretischen Modellierung. *Zeitschrift für Didaktik der Naturwissenschaften, 21*(1), 29–39.

Verboom, L. (2012). *„Ich kann das jetzt viel besser bedrücken". Gezielter Aufbau fachbezogener Redemittel.* Praxis der Mathematik in der Schule. Sekundarstufen 1 und 2, Bd. 45 (S. 13–17).

Veiga-Pfeifer, R., Maahs, I.-M., Triulzi, M., & Hacısalihoğlu, E. (2020). Linguistik für die Praxis: Eine Handreichung zur kompetenzenorientierten Lernertextanalyse. ProDaZ.

Voigt, J. (1984). *Interaktionsmuster und Routinen im Mathematikunterricht – Theoretische Grundlagen und mikroethnographische Falluntersuchungen.* Weinheim: Beltz.

Voigt, J. (1994). Entwicklung mathematischer Themen und Normen im Unterricht. In H. Maier & J. Voigt (Hrsg.), *Verstehen und Verständigung im Mathematikunterricht – Arbeiten zur interpretativen Unterrichtsforschung* (S. 77–111). Aulis.

Vollrath, H. J. (1989). Funktionales Denken. *Journal für Mathematikdidaktik, 10,* 3–37.

Vygotskij, L. S. (1934/2002). Denken und Sprechen. Beltz.

Wagner, J., Kuzu, T., Prediger, S., & Redder, A. (2018). Vernetzung von Sprachen und Darstellungen in einer mehrsprachigen Matheförderung – linguistische und mathematikdidaktische Fallanalysen. *Fachsprache – International Journal of Specialized Communication, 40*(1), 2–23.

Wei, L. (2013). Codeswitching. In R. Bayley (Hrsg.), *The Oxford Handbook of Sociolinguistics* (S. 360–378). OUP.

Weigand, H.-G. (2013). Tests and Examinations in a CAS-Environment – The Meaning of Mental, Digital and Paper Representations. In B. Ubuz, C. Haser & M. A. Mariotti (Hrsg.), *Proceedings of the Eighth Congress of the European Society for Research in Mathematics Education* (S. 2764–2773). Ankara: Middle East Technical University.

Weinrich, H. (1989). *Formen der Wissenschaftssprache. In Wissenschaftssprache und Sprachkultur.* 15. Bayerischer Hochschultag. Tutzinger Materialie, Bd. 61 (S. 3–21). Evangelische Akademie.

Wessel, L. (2015). *Fach- und sprachintegrierte Förderung durch Darstellungsvernetzung und Scaffolding. Ein Entwicklungsforschungsprojekt zum Anteilbegriff.* Springer Spektrum.

Wessel, L., & Prediger, S. (2017). Differentielle Förderbedarfe je nach Sprachhintergrund? Analysen zu Unterschieden und Gemeinsamkeiten zwischen sprachlich starken und schwachen, einsprachigen und mehrsprachigen Lernenden. In D. Leiss, M. Hagena, A. Neumann & K. Schwippert (Hrsg.), *Mathematik und Sprache. Empirischer Forschungsstand und unterrichtliche Herausforderungen* (S. 165–188). Waxmann.

Wessel, L., Büchter, A., & Prediger, S. (2018). Weil Sprache zählt – Sprachsensibel Mathematikunterricht planen, durchführen und auswerten. *mathematik lehren, 206,* 2–7.

Weyland, U. (2019). Forschendes Lernen in Langzeitpraktika. Hintergründe, Chancen und Herausforderungen. In M. Degeling, N. Franken, S. Freund, S. Greiten, D. Neuhaus & J. Schellenbach-Zell (Hrsg.), *Herausforderung Kohärenz: Praxisphasen in der universitären Lehrerbildung. Bildungswissenschaftliche und fachdidaktische Perspektiven* (S. 25–64). Klinkhardt.

Wilhelm, N. (2016). *Zusammenhänge zwischen Sprachkompetenz und Bearbeitung mathematischer Textaufgaben: Quantitative und qualitative Analysen sprachlicher und konzeptueller Hürden.* Wiesbaden: Springer.

Winter, H. (1985). *Sachrechnen in der Grundschule.* Cornelsen.

Winter, H. (1989a). *Entdeckendes Lernen im Mathematikunterricht.* Springer.

Winter, H. (1989b). Da ist weniger mehr – die verdrehte Welt der negativen Zahlen. *mathematik lehren, 35,* 22–25.

Witte, A. (2017). Sprachbildung in der Lehrerausbildung. In M. Becker-Mrotzek & H.-J. Roth (Hrsg.), *Sprachliche Bildung – Grundlagen und Handlungsfelder* (S. 351–363). Waxmann.

Wittenberg, A. I. (1968). *Vom Denken in Begriffen.* Birkhäuser.

Wittmann, E. C. (1992). Wider die Flut der bunten Hunde und der grauen Päckchen: Die Konzeption des aktiv entdeckenden Lernens und produktiven Übens. In G. N. Müller & E. C. Wittmann (Hrsg.), *Handbuch produktiver Rechenübungen* (S. 152–166). Klett.

Wittmann, E. C. (1995). Mathematics education as a 'design science'. *Educational Studies in Mathematics, 29*(4), 355–374.

Wood, D. J., Bruner, J. S., & Ross, G. (1976). The role of tutoring in problem solving. *Journal of Child Psychiatry and Psychology, 17*(2), 89–100.

Zander, S. (2016). *Lehrerfortbildung zu Basismodellen und Zusammenhänge zum Fachwissen.* Studien zum Physik- und Chemielernen, Bd. 201. Logos.

Zech, F. (1998). *Grundkurs Mathematikdidaktik: Theoretische und praktische Anleitungen für das Lehren und Lernen von Mathematik.* Beltz.

Zindel, C. (2019). *Den Kern des Funktionsbegriffs verstehen – Eine Entwicklungsforschungsstudie zur fach- und sprachintegrierten Förderung.* Springer.

ZLB – Zentrum für Lehrerbildung der Universität Duisburg-Essen (2019). Hinweise zur Durchführung von Studienprojekten. https://zlb.uni-due.de/imperia/praxissemester/leitfaden/kompetenzerwerb-und-pruefungen/2019-12-01_Hinweise-zur-Durchfuehrung-von-Studienprojekten.pdf. Zugegriffen: 7. Sept. 2020.

Springer

Willkommen zu den Springer Alerts

Unser Neuerscheinungs-Service für Sie:
aktuell | kostenlos | passgenau | flexibel

Mit dem Springer Alert-Service informieren wir Sie individuell und kostenlos über aktuelle Entwicklungen in Ihren Fachgebieten.

Jetzt anmelden!

Abonnieren Sie unseren Service und erhalten Sie per E-Mail frühzeitig Meldungen zu neuen Zeitschrifteninhalten, bevorstehenden Buchveröffentlichungen und speziellen Angeboten.

Sie können Ihr Springer Alerts-Profil individuell an Ihre Bedürfnisse anpassen. Wählen Sie aus über 500 Fachgebieten Ihre Interessensgebiete aus.

Bleiben Sie informiert mit den Springer Alerts.

Mehr Infos unter: springer.com/alert

Part of **SPRINGER NATURE**

Printed in the United States
by Baker & Taylor Publisher Services